博碩文化

博碩文化

胡昭民 著

ChatGPT
社群行銷圈粉力

FB×LINE×IG×抖音×YouTube
打造爆紅商機的行銷工作術

+ 活用 ChatGPT 寫 FB、IG、Google、短影片文案
+ 精選最新社群行銷實務案例，輔以簡潔圖文介紹，輕鬆了解重要議題
+ 行銷名詞 Tips、章末問題討論，幫助讀者回顧及深入思考

作　　者：胡昭民
責任編輯：Lucy

董 事 長：陳來勝
總 編 輯：陳錦輝

出　　版：博碩文化股份有限公司
地　　址：221 新北市汐止區新台五路一段 112 號 10 樓 A 棟
　　　　　電話 (02) 2696-2869　傳真 (02) 2696-2867

發　　行：博碩文化股份有限公司
郵撥帳號：17484299　戶名：博碩文化股份有限公司
博碩網站：http://www.drmaster.com.tw
讀者服務信箱：dr26962869@gmail.com
訂購服務專線：(02) 2696-2869 分機 238、519
（週一至週五 09:30 ～ 12:00；13:30 ～ 17:00）

版　　次：2023 年 5 月初版

建議零售價：新台幣 680 元
I S B N：978-626-333-489-2
律師顧問：鳴權法律事務所 陳曉鳴律師

本書如有破損或裝訂錯誤，請寄回本公司更換

國家圖書館出版品預行編目資料

ChatGPT 社群行銷圈粉力：FB x LINE x IG x
　　抖音 x YouTube, 打造爆紅商機的行銷工作術
　　/ 胡昭民著 . -- 新北市：博碩文化股份有限公
　　司 , 2023.05

　　面；　公分

ISBN 978-626-333-489-2(平裝)

1.CST: 網路行銷 2.CST: 網路社群

496　　　　　　　　　　　　112007401

Printed in Taiwan

博 碩 粉 絲 團　歡迎團體訂購，另有優惠，請洽服務專線
　　　　　　　　(02) 2696-2869 分機 238、519

序言

網路社群的觀念可從早期的 BBS 論壇、PTT，一直到部落格、Plurk（噗浪）、Twitter（推特）、Pinterest、Instagram、Line、WeChat、微博或者 Facebook。所謂網路社群代表著一群彼此互動關係密切，且有著共同興趣、或是特定目的而聚集在一起的共同族群。社群中的人們彼此會交流資訊，利用「按讚」、「分享」與「評論」等功能，對感興趣的各種資訊與朋友進行互動，經營管理自己的人際關係，甚至把店家或企業行銷的內容與訊息擴散給更多人看到。

全書完整且詳實介紹抖音、臉書、LINE、YouTube、IG 行銷實戰相關議題、重要觀念及最新社群行銷工具，精彩篇幅包括：

- 進入社群新媒體的異想世界
- 社群商務與品牌社群行銷攻略
- 指尖下的行動社群行銷商機
- 社群大數據與人工智慧的創新應用
- 社群資安、倫理與法律議題
- 臉書行銷的關鍵熱門心法
- 視覺化 Instagram 行銷實戰
- 成功店家的 LINE 超級賺錢秘笈
- YouTube 的超級網紅工作術
- 直播帶貨的秒殺集客搶錢密技
- 打造集客瘋潮的抖音律動行銷
- 課堂上學不到的社群 SEO 行銷
- 風格獨具的播客戀戀語音行銷
- 社群行銷最強魔法師 -ChatGPT
- 不可不知的社群行銷專業術語

OpenAI 推出免費試用的 ChatGPT 聊天機器人，最近在網路上爆紅，它不僅僅是個聊天機器人，還可以幫忙回答各種問題，例如寫程式、寫文章、寫信⋯⋯等，本書加入了「社群行銷最強魔法師 -ChatGPT」，精彩單元如下：

- 認識聊天機器人
- ChatGPT 初體驗
- ChatGPT 在行銷領域的應用
- 讓 ChatGPT 將 Youtube 影片轉成音檔（mp3）
- 活用 GPT-4 撰寫行銷文案
- AI 寫 FB、IG、Google、短影片文案
- 利用 ChatGPT 發想行銷企劃案

本書中各種社群行銷的實例，儘量輔以簡潔的介紹方式，期許各位能以最輕鬆的方式幫助各位了解這些重要新議題，筆者深信這會是一本學習社群行銷最新理論與實務兼備的必備工具書。

目錄

01 進入社群新媒體的異想世界

1-1　認識社群 1-3

　　1-1-1　六度分隔理論 1-3

1-2　Web 發展與社群新媒體 1-4

　　1-2-1　WWW 的運作原理 1-5

　　1-2-2　Web 發展與演進史—— Web 1.0～Web 4.0 1-7

　　1-2-3　快速崛起的新媒體 1-10

1-3　當紅社群平台簡介 1-12

　　1-3-1　批踢踢（PTT）... 1-13

　　1-3-2　臉書（Facebook）.. 1-13

　　1-3-3　Instagram 1-14

　　1-3-4　微博（Weibo）.. 1-15

　　1-3-5　推特（Twitter）... 1-15

　　1-3-6　噗浪（Plurk）... 1-16

　　1-3-7　LinkedIn 1-17

　　1-3-8　Pinterest 1-18

　　1-3-9　YouTube 1-19

　　1-3-10　部落格 1-20

　　1-3-11　LINE 1-21

　　1-3-12　微信（WeChat）.. 1-21

本章 Q&A 練習 1-22

02 社群商務與品牌社群行銷攻略

2-1 網路經濟與社群商務 2-3

    2-1-1 社群商務的定義 2-4

    2-1-2 同溫層效應 2-6

    2-1-3 社群行銷簡介 2-7

2-2 社群行銷的特性 2-8

    2-2-1 分享性 2-9

    2-2-2 多元性 2-10

    2-2-3 黏著性 2-12

    2-2-4 傳染性 2-12

2-3 品牌社群行銷簡介 2-14

    2-3-1 建立品牌定位原則 2-15

    2-3-2 打造完美互動體驗 2-16

    2-3-3 引爆社群連結技巧 2-17

    2-3-4 定期追蹤行銷成果 2-17

2-4 社群行銷的隱藏密技 2-19

    2-4-1 病毒式行銷 2-19

    2-4-2 飢餓行銷 2-21

    2-4-3 原生廣告 2-22

    2-4-4 簡訊與電子郵件行銷 2-23

    2-4-5 電子報行銷 2-25

    2-4-6 內容行銷 2-26

本章 Q&A 練習 2-28

03 指尖下的行動社群行銷大商機

3-1 行動社群的發展 3-2

    3-1-1 SoLoMo 模式 3-3

3-2 行動社群行銷的特性 3-4

3-2-1　隨處性 3-4

3-2-2　即時性 3-5

3-2-3　個人化 3-6

3-2-4　定位性 3-7

3-3　APP 商機與全通路行銷 3-8

3-3-1　行動線上服務平台 3-8

3-3-2　智慧無人商店 3-10

3-3-3　APP 與社群行銷 3-11

3-3-4　全通路與社群的完美整合 3-12

3-4　行動支付的熱潮 3-14

3-4-1　QR Code 支付 3-15

3-4-2　條碼支付 3-16

3-4-3　NFC 行動支付 -TSM 與 HCE 3-16

本章 Q&A 練習 3-19

04 社群大數據與人工智慧的創新應用

4-1　大數據商機與應用 4-3

4-1-1　解析大數據 4-3

4-1-2　大數據的衍生應用 4-6

4-2　社群大數據行銷的優點 4-8

4-2-1　更精準個人化行銷 4-8

4-2-2　找出最有價值的顧客 4-11

4-2-3　提升消費者購物體驗 4-12

4-3　人工智慧與社群行銷 4-14

4-3-1　人工智慧簡介 4-15

4-3-2　人工智慧的種類 4-16

4-3-3　機器學習 4-19

4-3-4　深度學習 4-22

本章 Q&A 練習 4-26

05 社群資安、倫理與法律議題研究

5-1　社群與資訊安全..5-3

　　5-1-1　認識資訊安全..5-3

5-2　社群犯罪與攻擊模式..5-4

　　5-2-1　駭客攻擊...5-5

　　5-2-2　網路釣魚...5-6

　　5-2-3　盜用密碼...5-7

　　5-2-4　服務拒絕攻擊與殭屍網路.........................5-9

　　5-2-5　電腦病毒...5-9

5-3　社群商務交易安全機制.......................................5-11

　　5-3-1　SSL/TLS 協定..5-11

　　5-3-2　SET 協定..5-13

5-4　社群與資訊倫理...5-13

　　5-4-1　資訊隱私權...5-15

　　5-4-2　資訊精確性...5-18

　　5-4-3　資訊財產權...5-19

　　5-4-4　資訊存取權...5-20

5-5　社群行銷與智慧財產權相關法規與爭議............5-22

　　5-5-1　認識智慧財產權..5-22

　　5-5-2　著作權的內容..5-23

　　5-5-3　合理使用原則..5-24

　　5-5-4　個人資料保護法..5-25

　　5-5-5　創用 CC 授權..5-26

　　5-5-6　社群圖片或文字..5-28

　　5-5-7　影片上傳問題..5-29

　　5-5-8　網域名稱權爭議..5-30

本章 Q&A 練習...5-32

06 臉書行銷的關鍵熱門心法

6-1　臉書行銷的第一步 6-3

　　6-1-1　申請帳號 6-3

　　6-1-2　登入臉書 6-4

6-2　臉書最新功能簡介 6-6

　　6-2-1　最新相機功能 6-8

　　6-2-2　放送限時動態 6-9

　　6-2-3　新增預約功能 6-10

　　6-2-4　主辦付費線上活動 6-11

　　6-2-5　發佈徵才貼文 6-12

　　6-2-6　在網站新增聊天室 6-12

6-3　臉書熱門行銷密技 6-13

　　6-3-1　隨時放送的「最新動態」 6-13

　　6-3-2　聊天室與 Messenger 6-15

　　6-3-3　上傳相片與標註人物 6-19

　　6-3-4　將相簿 / 相片「連結」分享 6-22

6-4　最強小編必學粉專經營技巧 6-23

　　6-4-1　粉絲專頁類別 6-24

6-5　菜鳥小編手把手熱身操 6-26

　　6-5-1　大頭貼照及封面相片 6-27

　　6-5-2　用戶名稱的亮點 6-29

　　6-5-3　粉專編輯功能 6-33

　　6-5-4　邀請朋友來按讚 6-34

　　6-5-5　邀請 Messenger 聯絡人 6-35

　　6-5-6　建立限時動態分享粉專 6-35

本章 Q&A 練習 6-38

07 視覺化 Instagram 行銷實戰

7-1 初探 IG 的奇幻之旅 7-2

    7-1-1 安裝 Instagram APP 7-3

    7-1-2 登入 IG 帳號 7-4

7-2 個人檔案建立要領 7-6

    7-2-1 大頭貼的設計 7-7

    7-2-2 帳號公開 / 不公開 7-8

    7-2-3 贏家的命名思維 7-10

    7-2-4 新增商業帳號 7-10

7-3 IG 聚粉不求人 7-12

    7-3-1 探索用戶 7-13

    7-3-2 推薦追蹤名單 7-13

    7-3-3 廣邀朋友加入 7-15

    7-3-4 以 Facebook/Messenger/LINE 邀請朋友 7-16

7-4 IG 介面操作功能 7-16

7-5 爆量成交的 PO 文心法 7-19

    7-5-1 貼文撰寫的小心思 7-21

    7-5-2 按讚與留言 7-22

    7-5-3 開啟貼文通知 7-23

    7-5-4 貼文加入驚喜元素 7-25

    7-5-5 跟人物 / 地點説 Hello 7-27

    7-5-6 推播通知設定 7-28

7-6 豐富貼文的變身技 7-29

    7-6-1 建立限時動態文字 7-30

    7-6-2 吸睛 100 的文字貼文 7-32

    7-6-3 重新編輯上傳貼文 7-32

    7-6-4 分享至其他社群網站 7-33

    7-6-5 加入官方連結與聯絡資訊 7-34

本章 Q&A 練習 7-35

08 成功店家的 LINE 超級賺錢秘笈

8-1 LINE 行銷簡介 8-3

8-2 LINE 行銷的集客風情 8-3

8-3 LINE 貼圖 8-4

8-3-1 企業貼圖療癒行銷 8-5

8-4 個人檔案的貼心設定 8-7

8-4-1 設定大頭貼照 8-8

8-4-2 變更背景相片 8-10

8-5 建立 LINE 群組 8-12

8-5-1 開始建立新群組 8-13

8-5-2 聊天設定 8-15

8-5-3 邀請新成員 8-15

8-6 認識 LINE 官方帳號 8-19

8-6-1 LINE 官方帳號功能總覽 8-21

8-6-2 聊天也能蹭出好業績 8-22

8-6-3 業績翻倍的行銷工具 8-23

8-6-4 多元商家曝光方式 8-25

8-6-5 申請一般帳號 8-26

8-6-6 大頭貼與封面照片 8-32

本章 Q&A 練習 8-36

09 YouTube 的超級網紅工作術

9-1 YouTube 影音社群王國 9-2

9-2 Pro 級影片享用 9-3

9-2-1 影片搜尋 9-4

9-2-2 全螢幕 / 戲劇模式觀賞 9-5

9-2-3 訂閱影音頻道 9-6

9-2-4 自動加中文字幕 9-6

9-2-5 YouTube 影片下載 9-7

9-3 認識網紅行銷 9-8

9-3-1 網紅（KOL）簡介 9-9

9-4 YouTuber 網紅淘金術 9-11

9-4-1 YouTuber 的精采生活 9-11

9-4-2 建置我的品牌頻道 9-12

9-4-3 輕鬆切換帳戶 9-15

9-5 美化你的頻道外觀 9-16

9-5-1 頻道圖示的亮點 9-16

9-5-2 新增頻道圖片 9-19

9-5-3 變更頻道圖示／圖片 9-21

9-5-4 加入頻道說明與連結 9-22

9-6 頻道管理宮心計 9-24

9-6-1 新增／移除頻道管理員 9-25

9-6-2 品牌頻道 ID 9-27

9-6-3 預設品牌頻道 9-28

9-6-4 轉移／刪除頻道 9-28

9-7 影片優化的戲精行銷技巧 9-29

9-7-1 活用結束畫面 9-29

9-7-2 資訊卡的魔力 9-35

9-7-3 省心的播放清單 9-37

本章 Q&A 練習 9-41

10 直播帶貨的秒殺集客搶錢密技

10-1 我的直播人生 10-2

10-1-1 認識直播帶貨 10-4

10-1-2 直播帶貨隱藏版心得 10-5

10-1-3 直播帶貨設備─ Know How 10-8

10-2 熱門直播平台介紹 10-10

10-2-1　臉書直播 10-12

10-2-2　Instagram 直播 10-14

10-2-3　YouTube 直播 10-15

10-3　OBS 直播工具軟體 10-23

本章 Q&A 練習 10-27

11 打造集客瘋潮的抖音律動行銷

11-1　手機安裝與註冊 TikTok APP 11-3

11-2　一看就懂的 TikTok 操作介面 11-5

11-2-1　「首頁」頁面 11-6

11-2-2　「發現」頁面 11-8

11-2-3　「新增」頁面 11-8

11-2-4　「收件匣」頁面 11-9

11-2-5　「我」頁面 11-10

11-3　個人檔案建立要領 11-10

11-3-1　更換個人照片 11-11

11-3-2　設定使用者名稱 11-12

11-3-3　加入個人簡介 11-13

11-3-4　社群平台的連結 11-14

11-3-5　帳戶安全設定 11-16

11-4　觸及率翻倍的 15 秒短影片 11-16

11-4-1　拍攝基本功 11-17

11-5　花樣百出的工具應用 11-19

11-5-1　拍攝速度 11-19

11-5-2　美顏開 11-20

11-5-3　加入濾鏡效果 11-21

11-5-4　加入特效 11-21

本章 Q&A 練習 11-23

12 課堂上學不到的社群 SEO 行銷

12-1 臉書不能說的 SEO 技巧 12-3

    12-1-1 優化貼文才是王道 12-4

    12-1-2 關鍵字與粉專命名 12-4

    12-1-3 聊天機器人的應用 12-6

12-2 IG 吸粉的 SEO 筆記 12-7

    12-2-1 用戶名稱的 SEO 眉角 12-7

    12-2-2 主題標籤的魔術 12-8

    12-2-3 視覺化內容的加持 12-9

12-3 YouTube SEO 的私房技巧 12-10

    12-3-1 玩轉影片的關鍵字 12-11

    12-3-2 優化導流與分享 12-13

    12-3-3 縮圖的致命吸睛力 12-14

    12-3-4 字幕、高清影像與時間軸的重要 12-15

本章 Q&A 練習 12-17

13 風格獨具的播客戀戀語音行銷

13-1 Podcast 行銷初體驗 13-2

    13-1-1 Podcast 和 YouTube、傳統廣播的差異 13-5

    13-1-2 Podcast 適合的閱聽場景 13-7

    13-1-3 Podcast 的收聽模式 13-9

13-2 訂閱優質的 Podcast 節目 13-9

    13-2-1 搜尋 Podcast 節目 13-10

    13-2-2 在 iPhone 上追蹤 Podcast 13-13

    13-2-3 取消追蹤 Podcast 13-15

    13-2-4 付費訂閱 Podcast 節目 13-16

    13-2-5 取消訂閱 Podcast 節目 13-20

13-2-6 調整單集播放速度 13-22

13-2-7 選擇單集播放順序 13-23

13-3 輕鬆製作 Podcast 節目 13-24

13-3-1 製作 Podcast 的設備建議 13-27

13-3-2 選定 Hosting 託管商 13-28

13-3-3 編輯 Podcast 節目的技巧 13-29

13-3-4 準備讓 Podcast 上線 13-34

13-3-5 行銷你的 Podcast 節目 13-35

本章 Q&A 練習 13-37

14 社群行銷最強魔法師 – ChatGPT

14-1 認識聊天機器人 14-4

14-1-1 聊天機器人的種類 14-6

14-2 ChatGPT 初體驗 14-8

14-2-1 註冊免費 ChatGPT 帳號 14-9

14-2-2 更換新的機器人 14-14

14-3 ChatGPT 在行銷領域的應用 14-17

14-3-1 發想廣告郵件與官方電子報 14-21

14-3-2 生成社群與部落格標題與貼文 14-22

14-3-3 速覽 YouTube 影片摘要（YouTube Summary
with ChatGPT） 14-26

14-4 讓 ChatGPT 將 YouTube 影片轉成音檔（mp3） 14-32

14-4-1 請 ChatGPT 寫程式 14-33

14-4-2 安裝 pytube 套件 14-34

14-4-3 修改影片網址及儲存路徑 14-34

14-4-4 執行與下載影片音檔（mp3） 14-36

14-5 活用 GPT-4 撰寫行銷文案 14-38

14-5-1 利用 ChatGPT 發想產品特點、關鍵字與標題 14-39

14-6　讓 AI 寫 FB、IG、Google、短影片文案 14-40

　　14-6-1　撰寫 Facebook 社群行銷文案 14-41

　　14-6-2　撰寫 IG 社群行銷文案 14-42

　　14-6-3　撰寫 Google 平台的廣告文案 14-42

　　14-6-4　撰寫抖音短影片腳本 14-43

　　14-6-5　撰寫演講推廣的流程大網 14-44

14-7　利用 ChatGPT 發想行銷企劃案 14-45

　　14-7-1　請 ChatGPT 寫三個行銷企劃案 14-45

　　14-7-2　請 ChatGPT 推薦其他的行銷方式 14-46

　　14-7-3　請 ChatGPT 總結行銷方式的效果 14-47

A　不可不知的社群行銷專業術語

01
Chapter

進入社群新媒體的
異想世界

時至今日，現代人已經離不開網路，網路正是改變一切的重要推手，而與網路最形影不離的就是「社群」，**社群早已經成為現代人衣食住行中第五個不可或缺的要素**。社群的觀念可從早期的 BBS、論壇，一直到部落格、Instagram、微博或者 Facebook、Plurk（噗浪）、Twitter（推特）、Pinterest、Instagram、或者微博，主導了整個網路世界中人跟人的對話，網路傳遞的主控權已快速移轉到社群粉絲手上。

▲ 臉書當年不但引發轟動，更是掀起一股「偷菜」熱潮

例如臉書（Facebook）在 2021 年初時全球使用人數已突破 28 億，臉書的出現令民眾生活形態有不少改變，在台灣更有爆炸性成長，打卡（在臉書上標示所到之處的地理位置）是特普遍流行的現象，台灣人喜歡隨時隨地透過臉書打卡與分享照片，是國人最愛用的社群網站，讓學生、上班族、家庭主婦都為之瘋狂。

> **TIPS** 　打卡（在臉書上標示所到之處的地理位置）是如今普遍流行的現象，透過臉書打卡與分享照片，更讓學生、上班族、家庭主婦都為之瘋狂。例如餐廳給來店消費打卡者折扣優惠，利用臉書粉絲團商店增加品牌業績，對店家來說也是接觸普羅大眾最普遍的管道之一。

1-1 認識社群

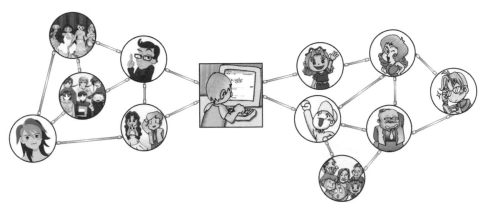

▲ 社群的網狀結構示意圖

「社群」最簡單的定義，可以看成是一種由節點（node）與邊（edge）所組成的圖形結構（graph），其中節點所代表的是人，至於邊所代表的是人與人之間的各種相互連結的多重關係，新成員的出現又會產生更多的新連結關係，節點間相連結邊的定義具有彈性，甚至於允許節點間具有多重關係，整個社群所帶來的價值就是每個連結創造出價值的總和，**節點越多，行銷價值越大**，進而形成連接全世界的社群網路。

1-1-1 六度分隔理論

「社群網路服務」（Social Networking Service, SNS）的核心在於透過提供有價值的內容與訊息，社群中的人們彼此會分享資訊，相互交流間接產生了依賴與歸屬感。由於這些網路服務具有互動性，除了能夠幫助使用者認識新朋友，還可以透過社群力量，利用「按讚」、「分享」與「評論」等功能，對感興趣的各種資訊與朋友們進行互動，能夠讓大家在共同平台上，經營管理自己的人際關係，甚至把店家或企業行銷的內容與訊息擴散給更多人看到。

「社群網路服務」（SNS）就是 Web 體系下的一個技術應用架構，基於哈佛大學心理學教授米爾格藍（Stanely Milgram）所提出的「六度分隔理論」（Six Degrees of Separation）來運作。這個理論主要是說在人際網路中，平均而言只需在社群網路中走六步即可到達，簡單來說，即使位於地球另一端的你，想要結識另一端任何一位陌生的朋友，中間最多只要通過六個朋友就可以。從內涵上講，就是社會型網路社區，即社群關係的網路化。通常 SNS 網站都會提供許多方式讓使用者進行互動，包括聊天、寄信、影音、分享檔案、參加討論群組等等。

▲ 美國前總統川普經常在推特上發文表達政見

美國影星威爾史密斯曾演過一部電影《六度分隔》，劇情是描述威爾史密斯為了想要實踐六度分離的理論而去偷了朋友的電話簿，並進行冒充的舉動。簡單來說，這個世界事實上是緊密相連著的，只是人們察覺不出來，地球就像 6 人小世界，假如你想認識美國總統川普，只要找到對的人在 6 個人之間就能得到連結。隨著全球行動化網路與資訊的普及，我們可以預測這個數字還會不斷下降，根據最近 Facebook 與米蘭大學所做的一個研究，六度分隔理論已經走入歷史，現在是「四度分隔理論」了。

1-2 Web 發展與社群新媒體

隨著網際網路的快速興起，電腦系統不再只是一堆網路設備及電腦的集合體，更爆發為一股深入日常生活各角落的強大力量。在網際網路所提供的服務中，又以「全球資訊網」（WWW）的發展最為快速與多元化。「全球資訊網」（World Wide Web，WWW），又簡稱為 Web，可說是目前 Internet 上最流行的一種新興工具。

▲ Web 上有數以億計五花八門的網站資源

Web 主要是由全球大大小小的網站所組成的,是一種建構在 Internet 的多媒體整合資訊系統,透過一種超文件(Hypertext)上的表達方式,將整合在 WWW 上的資訊連接在一起。WWW 主要是以「主從式架構」(Client/Server)為主,並區分為「用戶端」(Client)與「伺服端」(Server)兩部份,它利用超媒體(Hypermedia)的資料擷取技術,透過一種超文件(Hypertext)上的表達方式,將整合在 Internet 上的資訊連接在一起,也就是說只要透過 Web,就可以連結全世界所有的資訊!

> **TIPS** 所謂超連結就是 Web 上的連結技巧,透過已定義好的關鍵字與圖形,只要點取某個圖示或某段文字,就可以直接連結上相對應的文件。而「超文件」是指具有超連結功能的文件,至於瀏覽器用來連上 Web 網站的軟體程式,如 Chrome、Edge、IE。

1-2-1 WWW 的運作原理

Web 的運作原理就是透過網路客戶端(Client)的程式去讀取指定的文件,並將其顯示於你的電腦螢幕上,而這個客戶端(好比我們的電腦)的程式,就稱為「瀏覽器」(Browser)。目前市面上常見的瀏覽器種類相當多,各有其特色。

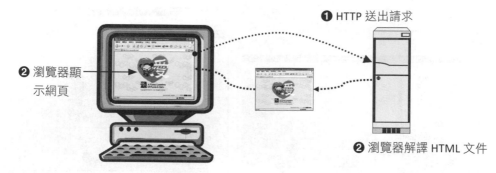

❶ HTTP 送出請求

❷ 瀏覽器顯示網頁

❷ 瀏覽器解譯 HTML 文件

當各位打算連結到某一個網站時，首先必須知道這個網站的「網址」，網址的正式名稱應為「全球資源定位器」（URL），也就是 WWW 伺服主機的位址用來指出某一項資訊的所在位置及存取方式。嚴格一點來說，URL 就是在 WWW 上指明通訊協定與位址，來享用網路上各式各樣的服務功能。我們可以使用家中的電腦（客戶端），並透過瀏覽器與輸入 URL 來開啟某個購物網站的網頁。這時家中的電腦會向購物網站的伺服端提出顯示網頁內容的請求。一旦網站伺服器收到請求時，隨即會將網頁內容傳送給家中的電腦，並且經過瀏覽器的解譯後，再顯示成各位所看到的內容。例如「http://www.yahoo.com.tw」就是yahoo! 奇摩網站的 URL，而正式 URL 的標準格式如下：

protocol://host[:Port]/path/filename

其中 protocol 代表通訊協定或是擷取資料的方法，常用的通訊協定如下表：

通訊協定	說明	範例
http	HyperText Transfer Protocol，超文件傳輸協定，用來存取 WWW 上的超文字文件（hypertext document）。	http://www.yam.com.tw（蕃薯藤 URL）
ftp	File Transfer Protocol，是一種檔案傳輸協定，用來存取伺服器的檔案。	ftp://ftp.nsysu.edu.tw/（中山大學 FTP 伺服器）
mailto	寄送 E-Mail 的服務	mailto:eileen@mail.com.tw
telnet	遠端登入服務	telnet ptt.cc（批踢踢實業坊）
gopher	存取 gopher 伺服器資料	gopher://gopher.edu.tw/（教育部 gopher 伺服器）

host 可以輸入 Domain Name 或 IP Address，[:port] 是埠號，用來指定用哪個通訊埠溝通，每部主機內所提供之服務都有內定之埠號，在輸入 URL 時，它的埠號與內定埠號不同時，就必須輸入埠號，否則就可以省略，例如 http 的埠號為 80，所以當我們輸入 yahoo! 奇摩的 URL 時，可以如下表示：

http://www.yahoo.com.tw:80/

由於埠號與內定埠號相同，所以可以省略「:80」，寫成下方：

http://www.yahoo.com.tw/

1-2-2　Web 發展與演進史──Web 1.0~Web 4.0

▲ Web 發展帶來了現代社會的巨大變革

（圖片來源：http://www.disney.com.tw）

隨著網際網路的快速興起，從最早期的 Web 1.0 到目前即將邁入 Web 4.0 的時代，每個階段都有其象徵的意義與功能，對人類生活與網路文明的創新也影響越來越大，尤其目前即將進入了 Web 4.0 世代，帶來了智慧更高的網路服務與無線寬頻的大量普及，更是徹底改變了現代人工作、休閒、學習、行銷與獲取訊息方式。

在 Web 1.0 時代，受限於網路頻寬及電腦配備，對於 Web 上網站內容，主要是由網路內容提供者所提供，使用者只能單純下載、瀏覽與查詢，例如我們連上某個政府網站去看公告與查資料，使用者只能乖乖被動接受，不能輸入或修改網站上的任何資料，單向傳遞訊息給閱聽大眾。

Web 2.0 時期寬頻及上網人口的普及，其主要精神在於鼓勵使用者的參與，讓使用者可以參與網站這個平台上內容的產生，如部落格、網頁相簿的編寫等，這個時期帶給傳統媒體的最大衝擊，是打破長久以來由媒體主導資訊傳播的藩籬。PChome OnLINE 網路家庭董事長詹宏志就曾對 Web 2.0 作了個論述：如果說 Web 1.0 時代，網路的使用是下載與閱讀，那麼 Web 2.0 時代，則是上傳與分享。

▲ 部落格是 Web 2.0 時相當熱門的新媒體創作平台

在網路及通訊科技迅速進展的情勢下，Web 3.0 跟 Web 2.0 的核心精神一樣，仍然不是技術的創新，而是思想的創新，強調的是任何人在任何地點都可以創新，人們可以隨心所欲地獲取各種知識，而這樣的創新改變，也使得各種網路相關產業開始轉變出不同的樣貌。Web 3.0 能自動傳遞比單純瀏覽網頁更多的訊息，還能提供具有人工智慧功能的網路系統，隨著網路資訊的爆炸與泛濫，

整理、分析、過濾、歸納資料更顯得重要，網路也能越來越了解你的偏好，而且基於不同需求來篩選，同時還能夠幫助使用者輕鬆獲取感興趣的資訊。

▲ Web 3.0 時代，許多電商網站還能根據臉書來提出產品建議

Web 4.0 雖然到目前為止還沒有一致的定義，廣泛**被認為是網路技術的重大變革，屬於人工智慧（AI）與實體經濟的真正融合，將在人類與機器之間建立新的共生關係**，除了資料與數據收集分析外，也可以透過回饋進行各種控制，關鍵在於它在任何時候、任何地方能夠提供給你任何需要的資訊。例如「智慧物聯網（AIoT）」將會是電商與網路行銷產業未來最熱門的趨勢，未來電商可藉由智慧型設備與 AI 來了解用戶的日常行為，包括輔助消費者進行產品選擇或採購建議等，並將其轉化為真正的客戶商業價值。

> **TIPS** 　物聯網（Internet of Things, IoT）是指將網路與物件相互連接，實際操作上是將各種具裝置感測設備的物品，例如 RFID、環境感測器、全球定位系統（GPS）雷射掃描器等種種裝置與網際網路結合起來而形成的一個巨大網路系統，AI 結合物聯網（IoT）的智慧物聯網（AIoT）將會是電商產業未來最熱門的趨勢，未來電商可藉由智慧型設備來了解用戶的日常行為，包括輔助消費者進行產品選擇或採購建議等，並將其轉化為真正的客戶商業價值。

1-2-3　快速崛起的新媒體

隨著 Web 技術的快速發展，打破過去被傳統媒體壟斷的藩籬，與新媒體息息相關的各個領域出現了日新月異的變化，而這一切轉變主要是來自於網路的大量普及。「新媒體」可以視為是一種結合了電腦與網路的新科技，讓使用者能有完善分享、娛樂、互動與取得資訊的平台，具有資訊分享的互動性與即時性。今天以社群網路為主的新媒體，除了匯集許多的資訊與資源，真正的價值在於它讓人們聚集在一起了，更是現代數位行銷成長的重要推手，傳統媒體也受到了威脅而逐漸式微，因為在網路工具的精準分析下，新媒體能夠創造更精準有價值的消費客群。

▲ 社群新媒體讓許多默默無名的商品一夕爆紅

新媒體（New Media）就是目前相當流行的網路新興數位傳播媒介，相對傳統四大媒體 - 電視、電台廣播、報紙和雜誌，在形式、內容、速度及類型所產生的根本質變，讓使用者能有完善分享、娛樂、互動與取得資訊的平台，具有資訊分享的互動性與即時性。因為閱聽者不只可以瀏覽資訊，還能在網路上集結社群，發表並交流彼此想法，包括目前炙手可熱的臉書、推特、App Store、行動影音、網路電視（IPTV）等都可以算是新媒體的一種。

TIPS 網路電視（Internet Protocol Television, IPTV）是一種目前快速發展的新媒體模式，就是透過網際網路來進行視訊節目的直播，並可利用機上盒（Set-Top-Box, STB）透過普通電視機播放的一種新興服務型態，提供觀眾在任何時間、任何地點來自行選擇節目，能充份滿足現代人對數位影音內容即時且大量的需求。

新媒體型態與平台一直快速轉變，在網路如此發達的數位時代，很難想像沒有手機，沒有上網的生活如何打發。過去的媒體通路各自獨立，未來的新媒體通路必定互相交錯。傳統媒體必須嘗試滿足現代消費者隨時隨地都能閱聽的習慣，尤其是行動用戶增長強勁，各種新的應用和服務不斷出現，經營方向必須將手機、平板、電腦、Smart TV 等各種裝置都視為是新興通路，節目內容也要跨越各種裝置與平台的界線，真正讓媒體的影響力延伸到每一個角落。

在 Web 3.0 時代，網路的發展加上公民力量的崛起後，吸引網民最有效的管道，無疑就是社群媒體，趁勢而起的社群力量也造就了新媒體進一步的成長。例如 2011 年「茉莉花革命」（或稱為阿拉伯之春）如秋風掃落葉般地從北非席捲到阿拉伯地區，引爆點卻是臉書這樣的新媒體，一位突尼西亞年輕人因為被警察欺壓，無法忍受憤而自

▲ 愛奇藝出品的《延禧攻略》透過網路新媒體下載超過 180 億次

焚的畫面，透過臉書（Facebook）等社群快速傳播，頓時讓長期積累的民怨爆發為全國性反政府示威潮，進而導致獨裁 23 年領導人流亡海外，接著迅速地影響到鄰近阿拉伯地區，如埃及等威權政府土崩瓦解，這就是由網路鄉民所產生的新媒體力量。

1-3 當紅社群平台簡介

從西元 1990 年代開始，網際網路商業化後至今三十年中，隨著網際網路本身就具有社群的特性，人類從面對面交流的實體社群，轉化為一張張隱匿在網路背後所組成的廣大虛擬好友。隨著社群網路的使用度不斷提高，社群網路平台一直如何依據讓訊息和人之間的關係更加貼近的最大準則，在台灣由學生的奇蹟 - 所創造的 BBS 堪稱是最早的網路社群模式，然後從即時通訊、部落格，演進到 Facebook、Instagram、微博、LINE 等模式。

> **TIPS** BBS（Bulletin Board System）就是所謂的電子佈告欄，主要是提供一個資訊公告交流的空間，它的功能包括發表意見、線上交談、收發電子郵件等等，早期以大專院校的校園 BBS 最為風行。BBS 具有下列幾項優點，包括完全免費、資訊傳播迅速、完全以鍵盤操作、匿名性、資訊公開等，因此到現在仍然在各大校園相當受到歡迎。

```
************** National Sun Yat Sen University **************
************** Computer Center **************
************** - FORMOSA BBS - **************

            請多多利用  http://bbs.nsysu.edu.tw

FORMOSA BBS: 140.117.11.2 , WEST BBS: 140.117.11.6
FORMOSA BBS 線上人數 [647] , WEST BBS 線上人數 [532]
總線上人數 : (1179), FORMOSA CLIENT 使用人數 (0)

歡迎光臨 中山大學-美麗之島BBS, 目前線上有 [649/4000] 人
系統 (1.10.15) 分鐘的平均負荷分別為, 0.01, 0.03, 0.02

若想註冊新帳號, 請輸入 'new' (參觀請輸入 'guest') 第二連線埠為, Port 9001
請輸入代號(user id) : guest
```

現在社群媒體影響力無遠弗屆，橫跨政治、經濟、娛樂與社會文化等層面，從企業到政府與個人，社群在今日已經是各行各業中人們溝通與工作合作的關鍵滿足人們即時互動、分享資訊、並獲得被肯定的滿足感，在每個品牌或店家都擁有數個社群行銷平台的狀況下，如何針對不同平台的特性做出差異化行銷是贏家關鍵。接下來我們要跟各位介紹目前國內外最當紅的幾個網路社群平台。

1-3-1　批踢踢（PTT）

中文名「批踢踢實業坊」，以電子佈告欄（BBS）系統架設，以學術性質為原始目的，提供線上言論空間，是一個知名度很高的電子佈告欄類平台的網路論壇，批踢踢有相當豐富且龐大的資源，包括流行用語、名人、板面、時事，新聞等資源。PTT 維持中立、不商業化、不政治化，鄉民百科只要遵守簡單的編寫規則，即可自由編寫，每天收錄 4 萬多篇文章，相當於不到 2 秒鐘就有一篇新文章，多元種類的話題都能在批踢踢上迅速激盪出討論的熱潮。目前由台灣大學電子佈告欄系統研究社維護運作，大部份的程式碼目前由就讀或已畢業於資訊工程學系的學生進行維護，它有兩個分站，分別為批踢踢兔與批踢踢參，批踢踢在使用者人數漸增的情況下，目前在批踢踢實業坊與批踢踢兔註冊總人數超過 150 萬人以上，逐漸成為台灣最大的網路討論空間。

▲ 批踢踢（PTT）是台灣本土最大的網路討論空間

1-3-2　臉書（Facebook）

提到「社群網站」，許多人首先會聯想到社群網站的代表品牌──臉書（Facebook），創辦人馬克・祖克柏（Mark Elliot Zuckerberg）開發出 Facebook，簡稱為 FB，中文被稱為臉書，是目前最熱門且擁有最多會員人數的社群網站，

也是目前眾多社群網站之中，最為廣泛地連結每個人日常生活圈朋友和家庭成員的社群，對店家來說也是連接普羅大眾最普遍的管道之一。

▲ 臉書在全球擁有超過 25 億以上的使用者

1-3-3　Instagram

從行動生活發跡的 Instagram（IG），就和時下的年輕消費者一樣，具有活潑、多變、有趣的特色，尤其是 15~30 歲的受眾群體。根據天下雜誌調查，Instagram 在台灣 24 歲以下的年輕用戶占 46.1%，許多年輕人幾乎每天一睜開眼就先上 Instagram，關注朋友們的最新動態，不但可以利用手機將拍攝下來的相片，透過濾鏡效果處理後變成美美的藝術相片，還可以加入心情文字，隨意塗鴉讓相片更有趣生動，然後直接分享到 Facebook、Twitter、Flickr 等社群網站。

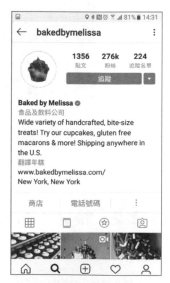

▲ Instagram 用戶陶醉於 IG 優異的視覺效果

1-3-4　微博（Weibo）

「微博客」或「微型博客」是一種允許用戶即時更新簡短文字，並可以公開發布的微型部落格，是全球最熱門與最多華人使用的微網誌。在中國大陸常常使用其簡稱「微博」，在這些微博服務之中，新浪微博和騰訊微博是訪問量最大的兩個微博網站。「微博」允許任何人閱讀，或者由用戶自己選擇的群組閱讀，企業進行微博行銷必須把更多的注意力放在用戶的心理和與粉絲互動的訊息上，這些訊息可以透過簡訊、即時訊息軟體、電子郵件、網頁、或是行動應用程式來傳送，並且能夠發布文字、圖片或視訊影音，隨時和粉絲分享最新資訊。

▲ 微博是目前中國最火紅的社群網站

1-3-5　推特（Twitter）

Twitter 是一個風行歐美的主流社群網站，是排名全球十大網路瀏覽量之一的網站，Twitter 在台灣比較不流行，如果比較 Twitter 與臉書，可以看出用戶的主要族群不同，能夠打動人心的貼文特色也不盡相同。各位要利用 Twitter 吸引用戶目光，重點在於題材的趣味性以及話題性。由於照片和影片越來越受歡迎，為提供用戶多樣化的使用經驗，Twitter 的資訊流現在能分享照片及影片，有許多品牌都以 Twitter 作為主要的社群網路，但成功的關鍵在於品牌的特性必須符合 Twitter 的使用者特性。

▲ Twitter 官方網站：https://twitter.com/

> **TIPS** 微網誌，即微部落格的簡稱，是一個基於使用者關係的訊息分享、傳播以及取得平台。微網誌從幾年前於美國誕生的 Twitter（推特）開始盛行，相對於部落格需要長篇大論來陳述事實，微網誌強調快速即時、字數限定在一百多字以內，簡短的一句話也能引發網友熱烈討論。

1-3-6 噗浪（Plurk）

Plurk 中文叫「噗浪」，是一種微網誌，Plurk 噗浪就是一種兼具交友及聊生活點滴或傳送相關訊息的網站，在這個網站也可以聊一些八卦，甚至國外的最近新聞、資訊、生活科技、八卦或新知，在國內新聞還沒報導前，或許早在 Plurk 噗浪早已傳開。噗浪網站創設於 2008 年 5 月 12 日，可說是完全創新的概念，噗浪最大的特色就是在一條時間河上顯示了自己與好友的所有訊息，允許多人在同一則文章內相互討論的功能，獨創的 Karma 值制度，只要每天固定和其他網友進行互動的人，就可以慢慢提升 Karma 值，在達到某個標準，就可以開啟進階的功能，也增加了使用者的黏著度。

▲ 在 Plurk 上面活動的人又叫「噗浪客」

1-3-7 LinkedIn

美國職業社交網站——LinkedIn 是專業人士跨國求職的重要利器,由於定位明確,確實吸引不少商業人士來此交流,比起臉書或 Instagram,LinkedIn 這類典型的商業型社交服務網站走的是更職業化的服務方向,不但顛覆傳統的人才媒合方式,還改變了勞動市場的規則,更提供來自全世界用戶上傳編輯自己的職業經歷,能夠幫助用戶有效推廣品牌與行銷自己。

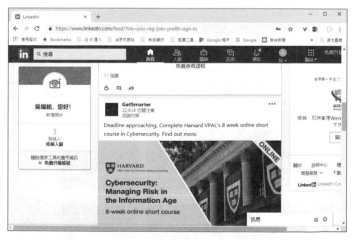

▲ LinkedIn 是全球最大專業人士社交網站

任何想在世界其他國家找到工作的人，都可以在 LinkedIn 發布個人簡歷的平台，時常會有許多全球各地工作機會主動上門，能將履歷互相連接成人脈網路，就如同一個職場版的 Facebook，並且開放接受各種可能的職位。同時 LinkedIn 也提供多種不同語言，搜尋功能更是專業強大，能直接搜尋包括人名、工作、公司資訊、團體以及學校，由於決策者在面試前後多半會搜尋此人的社群頁面，因此相較於 Facebook 和 Instagram 等社群網站，LinkedIn 更容易讓行銷者直接接觸到決策人員，越來越多人發現它也是一個絕佳的內容與品牌行銷平台。

1-3-8　Pinterest

「Pinterest」的名字由「Pin」和「Interest」組成，是接觸女性用戶最高 CP 值的社群平台，算是一個強烈以興趣為取向的社群平台，擁有豐富的飲食、時尚、美容的最新訊息，也是一個圖片分享類的社群網站，無論是購物還是資訊，大多數用戶會利用 Pinterest 直接找尋他們所想要的資訊。Pinterest 目前有超過 500 億張 Pin（圖釘），每個圖片稱之為一個「Pin」，Pin 的範圍包含了圖片、影片等。

Pinterest 能整理與分享你在日常生活或網路上所發現能夠帶來靈感或趣味的圖片，可以單純用來做為個人線上圖片目錄，讓使用者將在網路上感興趣的內容儲存起來，並按主題分類添加和管理自己的收藏，更可以依照主題分類來整理所有的「Pin」，品牌也能輕易無限延伸一個 Pin 可觸及的使用者，並能與廣大眾多好友分享，不過目前台灣使用 Pinterest 的人數相對較少。

▲ Pinterest 在社群行銷導購上成效都十分亮眼

1-3-9　YouTube

根據 Yahoo! 的最新調查顯示，平均每月有 84% 的網友瀏覽線上影音、70% 的網友表示期待看到專業製作的線上影音。YouTube 是目前設立在美國的一個全世界最大線上影音社群網站，也是繼 Google 之後第二大的搜尋引擎，更是影音搜尋引擎的霸主，任何人都可以在 YouTube 網站上觀看影片，只要有 Google 帳號者則可以上傳影片或留言。上傳的影片內容包括電視短片、音樂 MV、預告片、也有自製的業餘短片，全球每日瀏覽影片的總量就將近 50 億，利用 YouTube 觀看影片儼然成為現代人生活中不可或缺的重心。

▲ YouTube 目前已成為全球最大的影音網站

1-3-10　部落格

Blog 是 weblog 的簡稱，是一種新興的網路社群應用技術，就算不懂任何網頁編輯技術的一般使用者，也能自行建立自己的專屬的創作站台。並且能夠在網路世界裡與他人分享自己的生活感想、心情記事等等，這是繼 2000 年網路泡沫化後，另一波網路社群平台的路線發展。

▲ 部落格常用來記載每個人的心情故事

通常傳統的部落格使用者多半是使用固定一處的個人電腦作為書寫的工具，當行動通訊設備普所興起的行動部落格潮流後，則可以不限時間地點的隨時寫下內容，隨時隨地都能上網與分享自己的創作。部落格絕大多數是業餘者的分享，最早出現的作用是讓網友在網路上寫日誌，分享自己對某些事務或話題的實際經驗與個人觀點。

1-3-11　LINE

LINE 軟體就是智慧型手機上可以使用的一種免費
通訊軟體，也算是一種即時通訊社群平台，它能
讓各位在一天 24 小時中，隨時隨地盡情享受免
費通話與通訊，甚至透過方便不用錢的「視訊通
話」和遠在外地的親朋好友通話。LINE 主要是由
韓國最大網路集團 NHN 的日本分公司開發設計完
成，NHN 母公司位於韓國，主要服務為搜尋引擎
NAVER 與遊戲入口 HANGAME，就好像 Skype 即
時通軟體的功能一樣，也可以打電話與留訊息。

▲ LINE 的好友畫面

1-3-12　微信（WeChat）

LINE 和 WeChat 可說是目前亞洲最火熱的即時通
訊 APP，WeChat 微信本身是騰訊推出的即時通訊
軟體，可藉由智慧型手機來傳送各種多媒體的訊
息，功能與之前騰訊推出的 QQ 類似，目前已超過
9 億人使用 WeChat 來作為和親朋好友聯繫與分享
的工具。WeChat 可以透過 WeChat ID 或手機號碼
來快速找到並新增好友。

用戶除了可以隨心所欲地透過文字、圖片、影片等
媒體來和好友分享生活趣事外，也可以透過豐富的
貼圖來表達個人無法言語的情感覺受，還擁有免費
的語音和視訊通話功能，讓用戶們隨時隨地都能聽
到好友的聲音，看見對方的影像，甚至是建立多人
聊天的群組，或是玩時下熱門的遊戲。除此之外，

▲ 微信行銷最有效益的對象
還是中國用戶

WeChat 支援多語言介面、提供訊息翻譯功能、能建立 500 人的群組、還能即
時分享地理位置等。

本章 Q&A 練習

1. 請簡介「社群」的定義。

2. 試簡述維基百科中 McMillan & Chavis（1986）如何定義社群意識（Sense of Community）？

3. 何謂「社群網路服務」（Social Networking Service, SNS ）？

4. 試簡介「六度分隔理論」（Six Degrees of Separation）。

5. 什麼是同溫層效應？試簡述之。

6. 請簡介新媒體的特色。

7. 什麼是網路電視（IPTV）？

8. 試說明 URL 的意義。

9. 請說明 Web 3.0 的特色。

10. 請介紹 BBS 的優點。

11. 試簡述微博（Weibo）的特色。

12. 什麼是微網誌？

13. 請簡介網路電話（IP Phone）。

14. 請簡介 LinkedIn 的特色。

02
Chapter

社群商務與品牌社群
行銷攻略

隨著資訊科技與網際網路的高速發展，手機和網路覆蓋率不斷提高的刺激下，新經濟現象帶來許多數位化的衝擊與變革，加上雲端科技進步與網路交易平台購物流程的改善，讓網路購物越來越便利與順暢，不但改變了企業經營模式，也改變了全球市場的消費習慣，目前正在以無國界、零時差的優勢，讓全年無休的電子商務（Electronic Commerce, EC）新興市場的快速崛起。

▲ 透過電子商務模式，小資族就可在樂天市集上開店

電子商務市場能有現在的發展，主要歸功於網路上無所不在的社群消費者與建立了更優惠的價格和快速出貨的平台。2020 年以來，網路電商更在新冠肺炎疫情的推波助瀾下，許多國家紛紛採取封城禁足措施，讓全球「無接觸經濟」崛起，雖然實體店業績受到疫情影響，嚴峻的疫情局勢更促使全球電子商務規模快速增長，多數消費者選擇傾向在家上網採購取代實體購物，且購買的商品類別越來越廣泛，電商平台銷售額更是大幅迅速成長，例如亞馬遜（Amazon）就成為新冠病毒大流行病的最大業績受益者之一，不論是傳統產業或新興科技產業都深深受到電子商務這股潮流的影響。

▲ Amazon 在疫情期間大量徵募新員工

（圖片來源：https://www.ithome.com.tw/news/136405）

 2-1 網路經濟與社群商務

在二十世紀末期，隨著電腦的平價化、作業系統操作簡單化、網際網路興起等種種因素組合起來，也同時帶動了網路經濟的盛行。從技術的角度來看，人類利用網路通訊方式進行交易活動已有幾十年的歷史了，蒸氣機的發明帶動了工業革命，工業革命由機器取代了勞力，網路的發明則帶動了網路經濟與商業革命，網路經濟就是利用網路通訊來進行傳統經濟活動的新模式，而這樣的方式也成為繼工業革命之後，另一個徹底改變人們生活型態的重大變革。

網路經濟算是一種分散式的經濟，最重要的優點就是可以去除傳統中間化，降低市場交易成本，整個經濟體系的市場結構也出現了劇烈變化，這種現象讓自由市場更有效率地靈活運作。在傳統經濟時代，價值來自產品的稀少珍貴性，對於網路經濟所帶來的「網路效應」（Network Effect）而言，有一個很大的特性就是產品的價值取決於其總使用人數，透過網路無遠弗屆的特性，一旦使用者數目跨過門檻，也就是越多人有這個產品，那麼它的價值自然越高。

網際網路的快速發展產生了新的外部環境與經濟法則，全面改變了世界經濟的營運法則，Downes and Mui 提出了出現四大定律促動了全球化網路經濟：

- **梅特卡夫定律（Metcalfe's Law）**：1995 年 10 月 2 日是 3Com 公司的創始人，電腦網路先驅羅伯特·梅特卡夫（B. Metcalfe）於專欄上提出網路的價值是和使用者的平方成正比，稱為「梅特卡夫定律」（Metcalfe's Law），是一種網路技術發展規律，也就是使用者越多，其價值便大幅增加，產生大者恆大之現象，對原來的使用者而言，反而產生的效用會越大。

- **摩爾定律（Moore's Law）**：是由英特爾（Intel）名譽董事長摩爾（Gordon Moore）於 1965 年所提出，表示電子計算相關設備不斷向前快速發展的定律，主要是指一個尺寸相同的 IC 晶片上，所容納的電晶體數量，因為製程技術的不斷提升與進步，造成電腦的普及運用，每隔約十八個月會加倍，執行運算的速度也會加倍，但製造成本卻不會改變。

- **擾亂定律（Law of Disruption）**：是由唐斯及梅振家所提出，結合了「摩爾定律」與「梅特卡夫定律」的第二級效應，主要是指出社會、商業體制與架構以漸進的方式演進，但是科技卻以幾何級數發展，社會、商業體制都已不符合網路經濟時代的運作方式，遠遠落後於科技變化速度，當這兩者之間的鴻溝愈來愈擴大，使原來的科技、商業、社會、法律間的漸進式演化平衡被擾亂，因此產生了所謂的失衡現象與鴻溝（Gap），就很可能產生革命性的創新與改變。

- **公司遞減定律（Law of Diminishing Firms）**：是指由於摩爾定律及梅特卡夫定律的影響之下，網路經濟透過全球化分工的合作團隊，加上縮編、分工、外包、聯盟、虛擬組織等模式運作，將比傳統業界來的更為經濟有績效，進而使得現有公司的規模有呈現逐步遞減的現象。

2-1-1　社群商務的定義

在尚未談到社群商務之前，我們先來簡介電子商務的主功能，主要是將供應商、經銷商與零售商結合在一起，透過網際網路提供訂單、貨物及帳務的流動

與管理，大量節省傳統作業的時程及成本，從買方到賣方都能產生極大的助益。如果正式說明電子商務的定義，美國學者 Kalakota and Whinston 認為所謂電子商務就是一種現代化的經營模式，就是利用網際網路進行購買、銷售或交換產品與服務，並達到降低大幅成本的要求。

近年來隨著電子商務的快速發展與崛起，也興起了社群商務的模式，由於社群網路服務更具有互動性，電商網站必須往社群發展，才能加強黏著度，創造更多營收，還能夠把行銷內容與訊息擴散給更多人看到，讓大家在共同平台上彼此快速溝通、交流與進行交易。臉書（Facebook）創辦人馬克·祖克柏曾說：「如果我一定要猜的話，下一個爆發式成長的領域就是「社群商務」（Social

▲ 電商網站已經是目前全球商務往來的主流平台

Commerce）。今日的社群媒體，已進化成擁有策略思考與商務能力的利器，社群平台的盛行，讓全球電商們有了全新的商務管道。

各位平時有沒有一種經驗，當心中浮現出購買某種商品的慾望，你對商品不熟，通常會不自覺打開臉書、IG 或搜尋各式網路平台，尋求網友對購買過這項商品的使用心得，比起一般傳統廣告，現在的消費者更相信朋友的介紹或是網友的討論，根據國外最新的統計，88% 的消費者會被社群其他消費者的意見或評論所影響，表示 C2C（消費者影響消費者）模式的力量愈來愈大，已經深深影響大多數重度網路者的購買決策，這就是社群口碑的力量，藉由這股勢力，漸漸的發展出另一種商務形式「社群商務」（Social Commerce）。

TIPS 「消費者對消費者」（Consumer to Consumer, C2C）模式就是指透過網際網路交易與行銷的買賣雙方都是消費者，由客戶直接賣東西給客戶，網站則是抽取單筆手續費。每位消費者可以透過競價得到想要的商品，就像是一個常見的傳統跳蚤市場。

所謂社群商務（Social Commerce）的定義就是社群與電子商務的組合名詞，透過社群平台獲得更多顧客，由於社群中的人們彼此會分享資訊，相互交流間接產生了依賴與歸屬感，並利用社群平台的特性鞏固粉絲與消費者，不但能提供消費者在社群空間的討論分享與溝通，又能滿足消費者的購物慾望，更進一步能創造企業或品牌更大的商機。

▲ 微博是進軍中國大陸市場的主要社群商務平台

2-1-2　同溫層效應

社群平台本質上是一種描述相關性資料的圖形結構，同時會隨著時間演變成長，代表著一群群彼此互動關係密切且有著共同興趣的用戶，用戶人數也會越來越多，就像拓展難以計數的人脈般，正面與負面訊息都容易經過社群被迅速傳播，以此提升社群活躍度和影響力。由於到了網路虛擬世界，群體迷思會更加凸顯，個人往往會感到形單影隻，特別是容易受到所謂同溫層（Stratosphere）效應的影響。

「同溫層」是近幾年出現的流行名詞，所揭示的是一個心理與社會學上的問題。美國學者桑斯坦（Cass Sunstein）表示：「雖然上百萬人使用網路社群來拓展視野，同時也可能建立起新的屏障，許多人卻反其道而行，積極撰寫與發表個人興趣及偏見，使其生活在同溫層中。」簡單來說，與我們生活圈接近且互動頻繁

的用戶，通常同質性高，所獲取的資訊也較為相近，容易導致比較願意接受與自己立場相近的觀點，對於不同觀點的事物，選擇性地忽略，進而形成一種封閉的同溫層現象。

同溫層效應絕大部分也是因為目前許多社群演算法會主動篩選你的貼文內容有關，透過用戶過去的偏好，推播與你相同或是相似的想法與言論。例如當用戶在社群閱讀時，往往傾向於點擊與自己主觀意見相洽的信息，而對相反的內容視而不見。確實網路上有太多資訊，你可能不想接收所有訊息，所以根據個人喜好來推送或接收不同訊息，大部分的人願意花更多的時間在與自己立場相同的言論互動，只閱讀自己有興趣或喜歡的議題，這也意味你可能因此生活在社群平台為你建構的同溫層中。

2-1-3　社群行銷簡介

我們的生活受到行銷活動的影響既深且遠，行銷的英文是 Marketing，簡單來說，就是「開拓市場的行動與策略」。行銷策略就是在有限的企業資源下，盡量分配資源於各種行銷活動。彼得 · 杜拉克（Peter Drucker）曾經提出：「行銷（Marketing）的目的是要使銷售（Sales）成為多餘，行銷活動是要造成顧客處於準備購買的狀態。」

▲ 行銷活動已經和現代人日常生活行影不離

「網路行銷」（Internet Marketing），或稱為「數位行銷」（Digital Marketing），就是藉由行銷人員將創意、商品及服務等構想，利用通訊科技、廣告促銷、公關及活動方式在網路上執行。網路行銷本質其實和傳統行銷一樣，最終目的都是為了影響目標消費者（Target Audience），主要差別在於溝通工具不同，網路時代的消費者是流動的，行銷不但是一種創造溝通，並傳達價值給顧客的手段，也是一種促使企業獲利的過程。正所謂「顧客在

哪、商人就在哪」，對於行銷人來說，數位行銷的工具相當多，然而很難一一投入且所費成本也不少，而社群新媒體的使用則是目前大家最廣泛使用的工具。

尤其是剛成立的公司或小企業，沒有專職的行銷人員可以處理行銷推廣的工作，所以使用社群平台來行銷品牌與產品，絕對是店家與行銷人員不可忽視的大熱門趨勢。社群行銷已經是目前無法抵擋的行銷趨勢，社群行為中最受歡迎的功能，包括照片分享、位置服務即時線上傳訊、影片上傳下載等功能變得更廣泛使用，再透過社群上粉絲朋友間的串連、分享、社團、粉絲頁的大量傳遞，使品牌與行銷資訊有機會觸及更多的顧客。

▲ 星巴克相當擅長網路社群與實體店面的行銷整合

因此在社群商務的遊戲規則上，所有的「消費行為」都還是回歸「人」的本質，在這個「社群生態系」中發揮自己的優勢，藉以助長自身的流量，透過結合社群力量，把商業的內容與訊息擴散給更多人看到，因此更加入「人為驅動」，不再侷限產品本身，能夠讓大家在共同平台上，彼此快速溝通與交流，將想要行銷品牌訊息的最好的一面展現在粉絲面前。

2-2 社群行銷的特性

社群商務真的有那麼大潛力嗎？這種「先搜尋，後購買」的商務經驗，正在以進行式的方式反覆在現代生活中上演，根據最新的統計報告，有 2/3 美國消費者購買新產品時會先參考社群上的評論，且有 1/2 以上受訪者會因為社群媒體上的推薦而嘗試全新品牌。各位可能無法想像，大陸熱銷的小米機幾乎完全靠口碑與「社群行銷」（Social Media Marketing）來擄獲大量消費者而成功，讓所有人都跌破眼鏡。

小米的爆發性成長並非源於卓越的技術創新能力，而是在於透過培養忠於小米品牌的粉絲族群進行社群口碑式傳播，在線上討論與線下組織活動，分享交流使用小米的心得，大陸的小米手機剛推出就賣了數千萬台，更在近期於大陸市場將各大廠商擠下銷售榜。

▲ 小米機成功運用社群贏取大量粉絲

全世界都嗅到了這股顯而易見的行銷吸金風潮，企業要做好社群行銷，一定要先善用社群媒體的特性，社群商務的核心是參與感，面對社群就是直接面對消費者，小米機用經營社群，發揮口碑行銷的最大效能，使得小米品牌的影響力能夠迅速在市場上蔓延。隨著近年來社群網站浪潮一波波來襲，社群商務已不是選擇題，而是企業品牌從業人員的必修課程，不同的社群平台，在上面

▲ 社群行銷的特性

活躍的使用者也有著不一樣的特性，要做好社群商務前，先得要搞懂行銷，再談建立死忠粉絲群，首先就必須了解社群行銷的四種特性。

2-2-1 分享性

社群最強大的功能是社交，最大的價值在於這群人共同建構了錯綜複雜的人際網路，由於大家都喜歡在網路上分享與交流，進而能夠提高企業形象與顧客滿

意度，企業如果重視社群的經營，除了能迅速傳達到消費族群，也可以透過消費族群分享到更多的目標族群裡，如何增加粉絲對品牌的喜愛度，更有利於聚集潛在客群並帶動業績成長。透過網路創造了影響力強大的社群分享平台，不過網路上太多魚目混珠的商品參考資料，導致消費者開始不信任網路資訊，而期望從值得信任的社群網路中，取得熟悉粉絲對商品的評價。社群並不是一個可以直接販賣銷售的工具，那些人成為你的粉絲，不代表他們就一定想要被你推銷。

「分享」是行銷的終極武器，例如在社群中分享客戶的真實小故事，或連結到官網及品牌社群網站等，絕對會比廠商付費的推銷文更容易吸引人，粉絲到社群是來分享心情，而不是來看廣

▲ 陳韻如小姐靠著分享瘦身經驗帶量大量的粉絲

告，現在的消費者早已厭倦了老舊的強力推銷手法，商業性質太濃反而容易造成反效果，如果粉絲頁內容一直要推銷賣東西，消費者便不會再追蹤這個粉絲頁。社群上相當知名的 iFit 愛瘦身粉絲團，已經建立起全台最大瘦身社群，更直接開放網站團購，後續並與廠商共同開發瘦身商品。創辦人陳韻如小姐主要是經常分享自己的瘦身經驗，除了將專業的瘦身知識以淺顯短文方式表達，強調圖文整合，穿插討喜的自製插畫，搭上現代人最重視的運動減重的風潮，讓粉絲感受到粉絲團的用心經營，因此讓粉絲團大受歡迎。

2-2-2 多元性

各位想要把社群上的粉絲都變成客人嗎？掌握平台特性也是個關鍵，社群媒體已經對傳統媒體產生了大量的替代效應，由於用戶組成十分多元，觸及受眾也不盡相同，每個社群網站都有其所屬的主要客群跟使用偏好，在愈來愈多的網路社群朝向新媒體轉型發展之後，當各位經營社群媒體前，最好清楚掌握各種社群平台的特性。因為在社群中每個人都可以發聲，也都有機會創造出新社

群，因此社群變得越來越多元化，平台用戶樣貌也各自不同。

社群行銷的多元性可以從行銷手法與工具之多，簡直讓人眼花撩亂，從事社群行銷，絕對不是只靠 SOP 式的發發貼文，就能夠吸引大批粉絲關心，社群平台為了因應市場的變化，幾乎每天都在調整演算法，由於社群經常更新，全新的平台也不斷產生，隨著不同類型的社群平台相繼問世，已產生愈來愈多的專業分眾社群，想要藉由社群網站告知並推廣自家的企劃活動，就必須抓住各個社群的特徵。

「粉絲多不見得好，選對平台才有效！」尤其市面上那麼多不同的社群平台，首先要避免每個

▲ Gap 透過 IG 發佈時尚潮流短片，帶來業績大量成長

平台都想分一杯羹的迷思，要找到品牌真正適合的平台，考量品牌的屬性、目標客群、產品及服務，再根據社群媒體不同的特性，訂定社群行銷的專屬策略。在擬定社群行銷策略時，你必須要注意「受眾是誰」、「用哪個社群平台最適合」。

行銷手法或許跟著平台轉換有所差異，但消費人性是不變，例如在 Facebook 則較適合發溫馨、實用與幽默的日常生活內容，使用者多數還是習慣以文字做為主要溝通與傳播媒介。品牌想要經營好年輕族群，Instagram 就是在全球這波「圖像比文字更有力」的趨勢中，崛起最快的社群分享平台，如果是針對零散的個人消費者，推薦使用 Instagram 或 Facebook 都很適合，特別是 Facebook 還能夠廣泛地連結到每個人生活圈的朋友跟家人。

Twitter 由於有限制發文字數，不過有效、即時、講重點的特性在歐洲各國十分流行。至於 Pinterest 則有豐富的飲食、時尚、美容的最新訊息。LinkedIn 是目前全球最大的專業社群網站，大多是以較年長且有求職需求的客群居多，有許多產業趨勢及專業文章如果是針對企業用戶，那麼 LinkedIn 就會有事半功倍的效果，反而對一般的品牌宣傳不會有太大效果。

2-2-3 黏著性

社群行銷成功的關鍵字不在「社群」，而在於「連結」！現代人已經無時無刻都藉由行動裝置緊密連結在一起，只是連結模式和平台不斷在轉換，特別是能讓相同愛好的人可以快速分享訊息。社群行銷的難處在於如何促使粉絲停留，店家要做社群行銷，就要牢記不怕有人批評你，只怕沒人討論你的鐵律。店家光是會找話題，還不足以引起粉絲的注意，贏得粉絲信任是一個長遠的過程，不斷創造話題和粉絲產生連結再連結，讓粉絲常常停下來看你的訊息，透過貼文的按讚和評論數量，來了解每個連結的價值，「熟悉衍生喜歡與信任」是廣受採用的心理學原理，進而提升粉絲黏著度，強化品牌知名度與創造品牌價值。

▲ 蘭芝懂得利用社群來培養網路小資女的黏著度

例如蘭芝（LANEIGE）隸屬韓國 AMORE PACIFIC 集團，主打是具有韓系特點的保濕商品，蘭芝粉絲團在品牌經營的策略就相當成功，目標是培養與粉絲的長期關係，為品牌引進更多新顧客，務求把它變成一個每天都必須跟粉絲聯繫與互動的平台，這也是增加社群歸屬感與黏著性的好方法，包括每天都會有專人到粉絲頁去維護留言，將消費者牢牢攬住。

> **TIPS** 轉換率（Conversion Rate）就是網路流量轉換成實際訂單的比率，訂單成交次數除以同個時間範圍內帶來訂單的廣告點擊總數。

2-2-4 傳染性

社群行銷本身就是一種商務與行銷過程，也是創造分享的口碑價值的活動，因為行動科技的進展，受眾的溝通形式不斷改變，行銷本身就是一種內容行銷，

不能光只依靠社群連結的力量，更要用力從內容下手。許多人做社群行銷，經常只顧著眼前的業績目標，妄想要一步登天的成果，然而經營社群網路需要時間與耐心經營，行銷內容一定要有梗，因為有梗的內容能在「吵雜紛擾」的社群世界脫穎而出，過程是創造分享口碑價值的亮點，目標是想辦法激發粉絲有初心來使用推出的產品。

▲ 統一陽光豆漿結合歌手以 MV 影片行銷產品

行銷高手都知道要建立產品信任度是多麼困難的一件事，首先要推廣的產品最好能具備某種程度的知名度，接著把產品訊息置入互動的內容，透過網路無遠弗屆以及社群的口碑效應，同時拉大了傳遞與影響的範圍，透過現有顧客吸引新顧客，利用口碑、邀請、推薦和分享，在短時間內提高曝光率，潛移默化中把粉絲變成購買者，造成了現有顧客吸引未來新顧客的傳染效應。

▲「大堡礁島主」活動是透過社群傳染性來進行的 UCG 行銷

TIPS 「使用者創作內容」（User Generated Content, UCG）行銷是代表由使用者來創作內容的一種行銷方式，這種聚集網友創作來內容，也算是近年來蔚為風潮的數位行銷手法的一種，可以看成是一種由品牌設立短期的行銷活動，觸發網友的積極性，去參與影像、文字或各種創作的熱情，這種由品牌設立短期的行銷活動，使廣告不再只是廣告，不僅能替品牌加分，也讓網友擁有表現自我的舞台，讓每個參與的消費者更靠近品牌。

2-3 品牌社群行銷簡介

社群行銷不只是一種網路商務工具的應用模式，還能促進真實世界的銷售與客戶經營，並達到提升黏著度、強化品牌知名度與創造品牌價值。時至今日，品牌或商品透過社群行銷儼然已經成為一股顯學，近年來已經成為一個流行用詞，進入越來越多商家與專業行銷人的視野。

▲ 許多默默無名的品牌透過社群行銷而爆紅

品牌（Brand）就是一種識別標誌，也是一種企業理念與商品價值的核心體現，甚至品牌已經成長為現代企業的寶貴資產，我們可以形容品牌就是代表店家或企業你對客戶的一貫承諾，最終目的不只是追求銷售量與效益，而是重新思維與定位自身的品牌策略，最重要的是要能與消費者引發「品牌對話」的效果。過去企業對品牌常以銷售導向做行銷，忽略顧客對品牌的定位認知跟了解，隨著目前社群的影響力愈大，培養和創造品牌的過程是一種不斷創新的過程。

例如近年相當火紅的蝦皮購物平台在進行社群行銷的終極策略就是「品牌大於導購」，有別於一般購物社群把目標放在導流上，他們堅信將品牌建立在顧客的生活中，能在大眾心目中的留下好印象才是首要目標。社群品牌行銷要成功，首先要改變傳統思維，成功的關鍵在於與客戶建立連結，所謂「戲法人人會變，各有巧妙不同」，想要開始經營你的社群，各位就必須遵守社群品牌行銷的四大關鍵心法。

2-3-1　建立品牌定位原則

企業所面臨的市場就是一個不斷變化的競爭環境，而消費者也變得越來越聰明，首先我們要了解並非所有消費者都是你的目標客戶，企業必須從目標市場需求和市場行銷環境的特點出發，特別應該要聚焦在目標族群，透過環境分析階段了解所處的市場位置，對於不同的目標，你需要有多元行銷活動，以及對應不同意圖的目標受眾，再透過社群行銷規劃競爭優勢與精準找到目標客戶。

▲ 東京著衣經常透過臉書與粉絲交流

東京著衣創下了網路世界的傳奇，更以平均每二十秒就能賣出一件衣服，獲得網拍服飾業中排名第一，就是因為打出了成功的品牌定位策略。東京著衣的品牌定位策略主要是以台灣與大陸的年輕女性所追求大眾化時尚流行的平價衣物為

主，行銷的初心在於不是所有消費者都有能力去追逐名牌，許多年輕族群希望能夠以低廉的價格買到物超所值的服飾。根據調查，大部分年輕使用者選擇了更具個人空間的社群平台，東京著衣就特別選擇臉書與 IG 作為行銷平台，並搭配以不同單品搭配出風格多變的精美造型圖片，讓大家用平價實惠的價格買到喜歡的商品。

2-3-2 打造完美互動體驗

「做社群行銷就像談戀愛，多互動溝通最重要！」許多人做社群行銷，經常只顧著眼前的業績目標，想要一步登天式的成果，然而經營社群網路需要時間與耐心經營，目標是想辦法激發粉絲初次使用產品的興趣。店家或品牌靠社群力量吸引消費者來購買，一定要掌握良好的雙向溝通原則，「互動」才是真正社群行銷的精髓所在。各位增加品牌與粉絲們的互動，其實就如同交朋友一樣，從共同話題開始會是萬無一失的方法！因為提升粉專互動度可以有效提升曝光率，這也是每個粉專經營都非常需要的功課。

▲ 桂格燕麥與粉絲的互動就相當成功

很多店家開始時都將目標放在大量的追蹤者，不過缺乏互動的追蹤者，對品牌而言幾乎是沒有益處。如同日常生活中的朋友圈，社群上的用語要人性化，才顯得真誠有溫度，因為他們很想知道答案才會發問，回答粉絲的留言要將心比心，用心回覆訪客貼文是提升商品信賴感的方式。所以只要想像自己有疑問時，希望得到什麼樣的回應，就要用同樣的態度回覆留言。粉絲絕對不是為了買東西而使用社群，也不是為了撿便宜而對某一主題按讚，盡量要像是與好朋友面對面講話一般，這樣的作法會讓消費者感到被尊重，進而提升對品牌的好感，如此就有了購買的機會和衝動，如果不能打造完美互動體驗，粉絲也會慢慢離開你。

2-3-3 引爆社群連結技巧

由於行動世代已經成為今天的主流，社群媒體仍然是全球熱門入口 APP，Facebook、Instagram、LINE、Twitter、SnapChat、YouTube 等各大社群媒體，早已經離不開大家的生活，社群的魅力在於它能自己滾動，由於青菜蘿蔔各有喜好不同，社群行銷之前必須找到消費者愛用的社群平台進行溝通。由於所有行銷的本質都是「連結」，對於不同受眾來說，需要以不同平台進行推廣，因此社群平台間的互相連結能讓消費者討論熱度和延續的時間更長，理所當然成為推廣品牌最具影響力的管道之一。

每個社群都有它獨特的功能與特點，社群行銷的特性往往是一切都是因為「連結」而提升，了解顧客需求並實踐顧客至上的服務，建議各位可將上述的社群網站都加入成為會員，只要有行銷活動就將訊息張貼到這些社群網站，或是讓這些社群相互連結，不過切記從內容策略到受眾規劃都必有所不同，不要只會一成不變投放重複的資訊，才能受到更多粉絲關注。一旦連結建立成功，「轉換」就變成自然而然，如此一來就能增加網站或產品的知名度，大量增加商品的曝光機會，讓許多人看到你的行銷內容，以發揮最大成效。

2-3-4 定期追蹤行銷成果

隨著社群時代來臨，行銷的本質和方法已經悄悄改變，社群行銷的模式千變萬化，沒有所謂最有效的方法，只有適不適合的策略，社群行銷常被認為是較精準的行銷，例如臉書平台具備全世界最精準的「分眾」能力（Segmentation），「分眾」即是多采多姿的興趣社團、五花八門的品牌與產品粉絲專頁，更是長尾理論（The Long Tail）的具體呈現。

> **TIPS** 克里斯‧安德森（Chris Anderson）於 2004 年首先提出長尾效應（The Long Tail）的現象，也顛覆了傳統以暢銷品為主流的觀念。由於實體商店都受到 80/20 法則理論的影響，多數店家都將主要資源投入在 20% 的熱門商品（Big Hits），過去一向不被重視，在統計圖上像尾巴一樣的小眾商品，因為全球化市場的來臨，眾多小市場匯聚成可與主流大市場相匹敵的市場能量，可能就會成為意想不到的大商機，足以與最暢銷的熱賣商品匹敵。

由於社群具有「可被測量」的特性，都可以透過各種不同方式來進行轉換評估，在網路上只有量化的數據才是真實，店家可以透過分析數據，看見社群行銷的績效與粉絲團經營數據分析，進而輔助調整產品線或創新服務的拓展方向。

行銷當然不可能一蹴可幾，任何行銷活動都有其目的與價值存在，如果我們花費大量金錢與時間來從事社群行銷，進而希望提高網站或產品曝光率，當然要研究與追蹤社群行銷的效果。例如可以透過 Google Analytics 或臉書的洞察報告的分析等免費分析工具，提供廠商追蹤使用者的詳細統計數據，包括流量、獨立不重複訪客（Unique User，UV）、下載量、停留時間、訪客成本和跳出率（Bounce Rate）、粉絲數、追蹤數與互動率等。

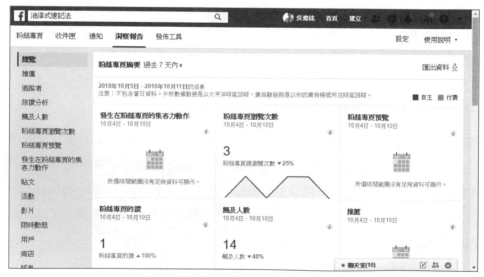

▲ 粉絲專頁的洞察報告相關數據總覽資訊

> **TIPS** 不重複訪客是在特定的時間內時間之內所獲得的不重複（只計算一次）訪客數目，如果來造訪社群的一台電腦用戶端視為一個不重複訪客，所有不重複訪客的總數。跳出率（Bounce Rate）是指單頁造訪率，也就是訪客進入網站後在固定時間內（通常是 30 分鐘）只瀏覽了一個頁面就離開社群的次數百分比，這個比例數字越低越好，愈低表示你的內容抓住網友的興趣。

2-4 社群行銷的隱藏密技

行銷技巧的美感，就像一件藝術作品，給人一種無限的想像空間。網路時代來臨，也迅速為社群應用帶來一股強大浪潮，企業與品牌必須思考社群行銷的創新整合策略，社群行銷工具如此多，而且不同流量對店家而言代表了不同意義，行銷的重要關鍵不但是要找到對的目標族群，還必須充分結合一些熱門數位行銷技巧，才能同時為品牌社群行銷帶來更多可能性，接下我們將要告訴各位這些隱藏在成功品牌背後的社群行銷的加強攻略。

2-4-1 病毒式行銷

「病毒式行銷」（Viral Marketing）方式倒不是設計電腦病毒讓造成主機癱瘓，它是利用一個真實事件，以「奇文共欣賞」的模式分享給周遭朋友，身處在數位世界，每個人都是一個媒體中心，可以快速地自製並上傳影片、圖文，並且如病毒般擴散，一傳十、十傳百地快速轉發這些精心設計的商業訊息，病毒行銷要成功，關鍵是內容必須在「吵雜紛擾」的網路世界脫穎而出，才能成功引爆話題。

▲ 臉書創辦人祖克柏也參加
ALS 冰桶挑戰賽

由於口碑推薦會比其他廣告行為更具說服力，例如當觀眾喜歡一支廣告，而且認為討論、分享這些內容能帶來社群效益，病毒內容才可能擴散，同時也會帶來人氣。簡單來說，兩個功能差不多的商品放在消費者面前，只要其中一個商品多了「人氣」的特色，消費者就容易有了選擇的依據。

2014 年由美國漸凍人協會發起的冰桶挑戰賽就是一個善用社群媒體來進行病毒式行銷的成功活動。這次的公益活動的發起是為了喚醒大眾對於肌萎縮性脊髓側索硬化症（ALS，俗稱漸凍人）的重視，挑戰方式很簡單，志願者可以選擇在自己頭上倒一桶冰水，或是捐出 100 美元給漸凍人協會。除了被冰水淋濕的畫面，正足以滿足人們的感官樂趣，加上活動本身簡單、有趣，更獲得不少名人加持，讓社群討論、分享、甚至參與這個活動變成一股潮流，不僅表現個人對公益活動的關心，也和朋友多了許多聊天話題。

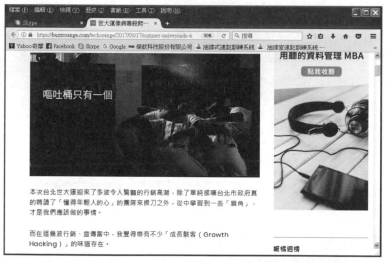

▲ 台北世大運以「意見領袖 - 網紅」創造病毒行銷宣傳

TIPS　話題行銷（Buzz Marketing，或稱蜂鳴行銷）和口碑行銷類似。也就是企業或品牌利用最少的方法主動進行宣傳，在討論區引爆話題，造成人與人之間的口耳相傳，如蜜蜂在耳邊嗡嗡作響的 Buzz，然後再吸引媒體與消費者熱烈討論。

2-4-2 飢餓行銷

「稀少訴求」（Scarcity Appeal）在行銷中是經常被使用的技巧，飢餓行銷（Hunger Marketing）是以「賣完為止、僅限預購」這樣的稀少訴求來創造行銷話題，就是「先讓消費者看得到但買不到！」，製造產品一上市就買不到的現象，利用顧客期待的心理進行商品供需控制的手段，促進消費者購買該產品的動力，讓消費者覺得數量有限而不買可惜。

「我也不知道為什麼？」許多產品的爆紅是一場意外，例如前幾年在超商銷售的日本「雷神」巧克力，吸引許多消費者瘋狂搶購，甚至連台灣人到日本旅遊，也會把貨架上的雷神全部掃光，一時之間，成為最紅的飢餓行銷話題。

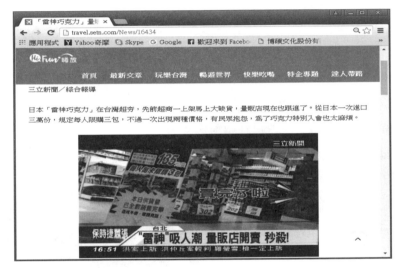

▲ 雷神巧克力是充分運用飢餓行銷的經典範例

此外，各位可能無法想像大陸熱銷的小米機也是靠社群＋飢餓行銷模式，小米藉由數量控制的手段，每每在新產品上市前與初期，都會刻意宣稱產量供不應求。不但能保證小米較高的曝光率，往往新品剛推出就賣了數千萬台，就是利用「缺貨」與「搶購熱潮」瞬間炒熱話題，在小米機推出時的限量供貨被秒殺開始，刻意在上市初期控制數量，維持米粉的飢渴度，造成民眾瘋狂排隊搶購熱潮，促進消費者追求該產品的動力，直到新聞話題炒起來後，就開始正常供貨。

2-4-3　原生廣告

隨著消費者行為對於接受廣告自主性為越來越強，除了對於大部分的廣告沒興趣之外，也不喜歡那種感覺被迫推銷的心情，反而讓廣告主得不到行銷的效果，如何讓訪客瀏覽體驗時的干擾降到最低，盡量以符合網站內容不突兀形式出現，一直是廣告業者努力的目標。「原生廣告」（Native Advertising）就是近年受到熱門討論的廣告形式，主要呈現方式為圖片與文字描述，不再守著傳統的橫幅式廣告，而是圍繞著使用者體驗和產品本身，可以將廣告與網頁內容無縫結合，讓消費者根本沒發現正在閱讀一篇廣告，點擊率通常會是一般顯示廣告的兩倍。

原生廣告的不論在內容型態、溝通核心，或是吸睛度都有絕佳的成效，改變以往中斷消費者體驗的廣告特點，換句話說，那些你一眼就能看出是廣告的廣告，就不能算是原生廣告，轉而融入消費者生活，讓瀏覽者不容易發現自己正在看的其實是一則廣告，目的就是為了要讓廣告「不顯眼」（Unobtrusive），卻能自然地勾起消費者興趣。例如生產蜂膠、奶粉的易而善公司易而善公司就成功透過社群原生廣告，用戶在電腦或行動裝置上看到廣告，就可立即點擊、並立即以手機索取體驗包，試用滿意再購買。

原生廣告不中斷使用者體驗，提升使用者的接受度，效果勝過傳統橫幅廣告，是目前社群廣告的趨勢。例如透過與地圖、遊戲等行動 APP 密切合作客製的原生廣告，能夠有更自然的呈現。像

▲ 易而善公司的行動原生廣告讓業績開出長紅

▲ LINE 官方帳號也可視為原生廣告的呈現方式

是 Facebook 與 Instagram 廣告與贊助貼文，天衣無縫地將廣告完美融入網頁，或者 LINE 官方帳號也可視為原生廣告的一種，由用戶自行選擇是否加入該品牌官方帳號，自然會增加消費者對品牌或產品的黏著度，並且在不知不覺中讓消費者願意點選、閱讀並主動分享，甚至刺激消費者的購買欲。

2-4-4　簡訊與電子郵件行銷

在 2022 年時，擁有手機的人口將佔全球人口的 90% 以上，在台灣地區更是每 10 個人中就會有 9 個人使用行動裝置，加上現代人手機不離身，簡訊（Short Message Service, SMS）行銷就是透過手機簡訊的管道進行行銷活動，也是行動行銷經營忠實客群的最佳工具。更有研究顯示，SMS 開信率高達 90%，遠高於電子郵件 20% 的開信率。店家利用手機簡訊與消費者聯絡感情，傳遞活動訊息與品牌資訊，傳送促銷活動訊息給現有客戶和潛力客戶，還可以加強售後服務與建立形象口碑。

▲ 簡訊行銷讓你更貼近潛在顧客的心

（圖片來源：https://a1.digiwin.com/product/SMS.php）

在 SMS 行銷興起的同時，電子郵件行銷（Email Marketing）的使用數量也在持續增長中，更是許多企業喜歡的行銷手法。即使在行動通訊軟件及社群平台盛

行的環境下，電子郵件仍然屹立不倒，雖然它一直都不算是個新的行銷手法，但卻是跟顧客聯繫感情不可或缺的工具。例如將含有商品資訊的廣告內容，以電子郵件的方式寄給不特定的使用者，也算是一種「直效行銷」。

由於越來越多人會使用行動裝置來瀏覽信件匣，根據統計今天幾乎有高達 68 % 的人會使用行動裝置來收發電子郵件，除了增加了電子郵件使用的便利性、時效性及開信率，在行動行銷盛行的今天，全球電子郵件每年仍以 5 % 的幅度持續成長中，如何讓 Email 行銷的效果更上一層樓，這個方向也要開始走向行動化思考了。

▲ 7-11 超商的電子郵件行銷相當成功

不過在資訊爆炸的時代，垃圾郵件到處充斥，國外研究顯示大部分的人在手機產品的專注力平均僅 8 秒，如果直接就向用戶發送促銷 Email，絕對會大幅降低消費者對於商業郵件的注意力，店家將很難獲得與其溝通的機會，最好是同時利用廣告、贈品來吸引用戶的興趣，然後再根據網友所瀏覽過的商品，自動寄一份相關的商品訊息給他。

例如 7-11 網站常常會為會員舉辦活動，利用折扣或是抽獎等誘因，讓會員樂意經常接到 7-11 的產品訊息郵件，或者能與其他媒介如網站、社群媒體和簡訊整合，是消費者參與互動最有效的多元管道。如果想優化 Email 行銷，各位對於線上線下的客戶也應該同時掌握，線下活動招攬來的客戶，絕對比線上的客戶來得精準，因此必須把握任何線下活動所留下來的 Email 名單，這樣做的好處就是成本低廉，而且客戶關注力高，也可以避免直接郵寄 Email 造成用戶困擾所帶來的潛在傷害。

2-4-5 電子報行銷

「電子報行銷」（Email Direct Marketing）也是一個主動出擊的網路行銷戰術，目前電子報行銷依舊是企業經營老客戶的主要方式，多半是由使用者訂閱，再經由信件或網頁的方式來呈現行銷訴求。由於電子報費用相對低廉，加上可以追蹤，這種作法將會大大的節省行銷時間及提高成交率。電子報行銷的重點是搜尋與鎖定目標族群，缺點是並非所有收信者都會有興趣去閱讀電子報，因此所收到的廣告效益往往不如預期。

電子報的發展歷史已久，然而隨著時代改變，使用者的習慣也改變了，如何提升店家電子報在行動裝置上的開信率，成效就取決於電子報的設計和規劃，在打開你的電子報時能擁有良好的閱覽體驗，加上運用和讀者對話的技巧，進而吸引讀者的注意。設計行動電子報的方式也必須有所改變，必須讓電子報在不同裝置上，都能夠清楚傳達訊息，在手機上也不適合看太長的文章，點擊電子報之後的到達頁（Landing Page）也應該要能在行動裝置上妥善顯示等。

> **TIPS** 網路上每則廣告都需要指定最終到達的網頁，到達頁（Landing Page）就是使用者按下廣告後到直接到達的網頁，到達頁和首頁最大的不同，就是到達頁雖然只有一個頁面，就要完成讓訪客馬上吸睛的任務，通常這個頁面是以誘人的文案請求訪客完成購買或登記。

▲ 遊戲公司經常利用電子報維繫與玩家的互動

例如透過 HTML 5 語言進行設計，方便以手機瀏覽電子報內容，使用夠大的連結按鈕，讓客戶無需放大畫面就能輕鬆的點擊，以避免客戶收到電子報時發生閱覽障礙，或者可以將電子報以動畫方式呈現，能為電子報添加幾分活潑的氣氛，刪除不相干的文字或圖片，特別是好的主旨容易勾住收信者的目光，幫助客戶迅速抓住重點，常被用來提升轉換率的「行動呼籲鈕」（Call-to-Action, CTA），更是

要好好利用，是整封電子報相當重要的設計，這樣的設計都能讓收信者有意願點開電子報閱讀。

2-4-6　內容行銷

我們看到越來越多的企業把網路端策略納入到數位行銷的領域，內容行銷（Content Marketing）市場逐漸成熟，當然也代表著網路行銷競爭的成長，已經成為目前最受企業重視的行銷策略之一，經由內容分享以及提升，吸引人們到你的社群媒體或行動平台進行觀看，默默把消費者帶到產品前，引起消費者興趣並最後購買產品。

內容可以說是社群行銷的未來，一篇好的行銷內容就像說一個好故事，一個觸動人心的故事，反而更具行銷感染力。每個故事就是在描述一個產品，成功之道就在於如何設定內容策略。幫你的產品或服務說一個好故事，其中特別是以影片內容最為有效可以吸引人點閱，因為影片可以塑造情境，感受到情感的衝擊，讓觀眾參與你的產品和體驗，內容行銷必須更加關注顧客的需求，因為創造的內容還是為了某種行銷目的，銷售意圖絕對要小心藏好，也不能只是每天產生一堆內容，必須長期經營與追蹤與顧客的互動。

內容行銷也是一門與顧客溝通但盡量不做任何銷售的藝術，不僅可以帶來網站的高流量，更能提高轉化率的發生，形式可以包括文章、圖片、影

▲ 紅牛（Red Bull）長期經營與運動相關的品牌內容力

片、網站、型錄、電子郵件等,必須避免直接明示產品或服務,透過消費者感興趣的內容來潛移默化傳遞品牌價值,更容易帶來長期的行銷效益,甚至進一步讓人們主動幫你分享內容,以達到產品行銷的目的,重要性對於線上或線下店家都是不言可喻的。

身為全球第一大能量飲料品牌的紅牛(Red Bull)算是「內容行銷」成功的經典範例,利用內容行銷的渲染下,在全球消費者心中建立了品牌黏著度,間接成功帶動了產品銷售的熱潮。當你點閱紅牛官網時,真的一點都看不到任何產品的訊息,他們成功的策略就是不直接跟你行銷產品,取而代之的是透過豐富有趣的全方位運動生活內容和創新企劃,搖身一變成為全球運動內容提供者,結合各種極限運動、戶外冒險、體育賽事、文化創意與演唱會等報導,將品牌自然地融入內容中,把能量飲量做了最完美的行銷,傳遞紅牛品牌想要帶給消費者充滿「能量」的運動感受。

本章 Q&A 練習

1. 何謂網路經濟（Network Economy）？何謂網路效應（Network Effect）？

2. 請簡介擾亂定律（Law of Disruption）。

3. 請簡介梅特卡夫定律（Metcalfe's Law）。

4. 何謂「消費者對消費者」（Consumer to Consumer, C2C）模式？

5. 請簡介社群商務（Social Commerce）的定義。

6. 網路行銷的定義為何？

7. 請簡述行銷的內容。

8. 請問如何增加粉絲對品牌的黏著性？

9. 請問如何在社群中進行分享，試舉例說明。

10. 轉換率（Conversion Rate）是什麼？

11. 哪些是社群行銷的四種 DNA？

12. 何謂使用者創作內容（User Generated Content, UCG）行銷？

13. 試簡述品牌（Brand）的意義與內容。

14. 哪些是品牌社群行銷的贏家心法？

15. 長尾效應（The Long Tail）有哪些結果？

16. 何謂飢餓行銷？

17. 請簡介電子報行銷（Email Direct Marketing）。

18. 請簡介原生廣告（Native Advertising）。

03
Chapter

指尖下的行動社群行銷大商機

隨著 5G 行動寬頻、網路和雲端服務產業的帶動下，全球行動裝置快速發展，結合了無線通訊無所不在的行動裝置充斥著我們的生活，這股「新眼球經濟」所締造的市場經濟效應，正快速連結身邊所有的人、事、物，改變著我們的生活習慣，讓現代人在生活模式、休閒習慣和人際關係上有了前所未有的全新體驗。

▲ PChome24h 購物 APP，讓你隨時隨地輕鬆購

> **TIPS** 5G 是行動電話系統第五代，也是 4G 之後的延伸，5G 技術是整合多項無線網路技術而來，對一般用戶而言，最直接的感覺是 5G 比 4G 又更快、更不耗電，預計未來將可實現 10Gbps 以上的傳輸速率。「雲端」其實就是泛指「網路」，「雲端服務」（Cloud Service），其實就是「網路運算服務」，透過雲端運算將各種網路服務無縫式的銜接，讓使用者可以連接與取得由網路上多台遠端主機所提供的不同服務。

時至今日，消費者在網路上的行為越來越複雜，這股行動浪潮也帶動行動上網逐漸成為網路服務之主流。公車上、人行道、辦公室，處處可見埋頭滑手機的低頭族，隨著愈來愈多網路社群提供了行動版的行動社群，透過手機使用社群的人口正在快速成長，特別是年輕人愛行動購物 創造社群行動力是關鍵，快速形成所謂「行動社群網路」（Mobile Social Network），不但是一個消費者習慣改變的結果，資訊也具備快速擴散及傳輸便利特性。

3-1 行動社群的發展

隨著平常使用社群媒體的用戶正在慢慢減少對桌機（PC）的依賴，轉而普遍使用智慧型手機及平板電腦。今天利用手機玩社群的人口正在快速成長，使資訊

有機會觸及更多的群眾，引領我們進入「新互動時代」，進而發展成以社群為中心來分享資源的行動行銷新媒體。

行動社群逐漸在行銷應用服務的領域中受到矚目性地討論，行動社群平台黏著度高，商家可以透過行動社群人際關係的連結來加值其它服務，也能大幅降低了行銷成本。簡單來說，利用行動社群媒體，小品牌也能在市場上佔有一席之地，行動行銷業者也樂於搭乘這波行動社群旋風，並依此獲取更多行動行銷的營收商機。

▲ TT 面膜的行動社群行銷非常成功

3-1-1　SoLoMo 模式

身處行動社群網路時代，有許多店家與品牌在 SoLoMo（Social, Location, Mobile）模式中趁勢而起。所謂 SoLoMo 模式是由 KPCB 合夥人約翰・杜爾（John Doerr）在 2011 年提出的一個趨勢概念，強調「在地化的行動社群活動」，主要是因為行動裝置的普及和無線技術的發展，讓 Social（社交）、Local（在地）、Mobile（行動）三者合一能更為緊密結合，顧客會同時受到社群（Social）、本地商店資訊（Local）、以及行動裝置（Mobile）的影響，稱為 SoLoMo 消費者，代表行動時代消費者會有以下三種現象：

- **社群化（Social）**：在行動社群網站上互相分享內容已經是家常便飯，很容易可以仰賴社群中其他人對於產品的分享、討論與推薦。

- **本地化（Local）**：透過即時定位找到最新最熱門的消費場所與店家的訊息，並向本地店家購買服務或產品。

- **行動化（Mobile）**：民眾透過手機、平板電腦等裝置隨時隨地查詢產品或直接下單購買。

SoLoMo 模式將行銷傳播社群化、在地化、行動化。也就是隨時隨地都在使用手機行動上網，並且尋找在地最新資訊的現代人生活形態，已經成為一種日常生活中不可或缺的趨勢。今日的消費者利用行動裝置，隨時隨地獲取最新消息，讓商家更即時貼近目標顧客與族群，產生隨時隨地的互動與溝通。例如各位想找一家性價比高的餐廳用餐，透過行動裝置上網與社群分享的連結，然而藉由適地性找到附近的口碑不錯的用餐地點，都是 SoLoMo 最常見的生活應用。

3-2 行動社群行銷的特性

現代人人手一機，人們的視線已經逐漸從電視螢幕轉移到智慧型手機上，從「網路優先」（Web First）向「行動優先」（Mobile First）靠攏的數位浪潮上，而且這股行銷趨勢越來越明顯。品牌要做好行動社群行銷，一定要先善用社群媒體的特性，相較於傳統的電視、平面，甚至於網路媒體，行動媒體除了讓消費者在使用時的心理狀態和過去大不相同，往往行動消費者缺乏耐心、渴望和自己相關的訊息，如果訊息能引發消費者興趣，他們會立即行動，並且能同時創造與其他傳統媒體相容互動的加值性服務。

行動社群行銷已不是選擇題，而是企業行銷人員的必修課程，想要在行銷領域嶄露頭角，除了抓緊現在行動消費者的「四怕一沒有」：怕被騙、怕等待、怕麻煩、怕買貴以及沒時間這五大特點，避免服務失敗帶來的負面效應。首先就必須了解行動社群行銷的四種重要特性。

3-2-1 隨處性

行動化已經成為一股勢不可擋的力量，「消費者在哪裡、品牌行銷訊息傳播就到哪裡！」目前行動通訊範圍幾乎涵蓋現代人活動的每個角落，隨著人們停留在行動社群平台的時間越來越多，消費者不論上山下海隨時都能帶著行動裝置到處跑，正因為隨處性（Ubiquity）這個特性，讓社群行為中最受到歡迎的功能，

包括照片分享、位置服務即時線上傳訊、影片上傳下載、打卡等功能變得更能隨處使用，然後再藉由社群媒體廣泛的擴散效果，透過朋友間的串連、分享、社團、粉絲頁的高速傳遞，使品牌與行銷資訊有機會觸及更多的顧客。當行動購物已成趨勢，行動社群通路熱點越來越多，行銷的下一步將是勢必得朝向「隨經濟」（Ubiquinomics）的走向來發展。

▲ 可口可樂的行動社群行銷規劃相當成功

> **TIPS** 「隨經濟」（Ubiquinomics）是盧希鵬教授所創造的名詞，是指因為行動科技的發展，讓消費時間不再受到實體通路營業時間的限制，行動通路成了消費者在哪裡，通路即在哪裡。消費者隨時隨處都可以購物，不僅改變你我的生活，也翻轉了品牌的行銷與經營策略，隨處經濟的第一個特點，就在搶消費者的時間，因此任何節省時間的想法，都能提高隨經濟時代附加價值。

3-2-2　即時性

行動網路的大量普及，打破了人們原本固有的時間板塊，碎片化時代（Fragmentation Era）來臨，如何抓緊粉絲的眼球是重要行銷關鍵，消費者對即時性的需求持有更高期待。當消費者產生購買意願時，習慣透過行動裝置這類最貼身工具達到目的，即時又便利的訊息能夠讓品牌被消費者所選擇，此時最容易能吸引他們對於行銷訴求的注意。

傳統社群操作模式需要經由桌機接觸到店家的行銷資訊，然而行動社群行銷的核心就在於即時參與感，消費者透過行動裝置可以邊看邊移動到店面所

▲ 行動社群行銷提供即時購物商品資訊

在，能夠有效提高行銷範圍與加速商品成交的可能。例如外出旅遊時，直接利用手機搜尋天氣、路線、當地名勝、商圈、人氣小吃與各種消費資訊等等。只要消費者看到有興趣的消費資訊，可以馬上打電話給店家做詢問，店家也可以馬上知道行銷成效，並進一步做調整與服務，不但增加購物的多元選擇，更能進一步加深品牌或產品的印象。

> **TIPS** 所謂「碎片化時代」（Fragmentation Era）是代表現代人的生活被很多碎片化的內容所切割，因此想要抓住受眾的眼球越來越難，同樣的品牌接觸消費者的地點也越來越不固定，接觸消費者的時間越來越短暫，碎片時間搖身一變成為贏得消費者的黃金時間，店家想在行動、分散、碎片的條件下讓消費者動心，成為今天行動社群行銷的重要課題。

3-2-3　個人化

智慧型手機是一種比桌機更具「個人化」（Personalization）特色的裝置，就像鑰匙一樣。手機已成為現代大部份人出門必帶的物品，因為消費者使用行動裝置時，

由於眼球能面向的螢幕只有一個，很有助於協助廣告主更精準鎖定目標顧客，將可以發揮有別於大量傳播訊息管道的傳播效果，因為越貼近消費者，發生實質轉換的機會越高，真正達到進行一對一的行銷，讓消費者感到賓至如歸以及獨特感。

目前以年輕族群為主的滑世代，已經從過往需要被教育的角色，轉變到主動搜尋訊息來主導一切的特質，行動社群行銷的最大價值就是可以依照個人經驗所打造的專屬客製化行銷內容和服務，讓消費者覺得這個訊息是似乎專門為我設計，個人化的特性帶給行動行銷的價值。例如在NIKEiD.com 官網上，顧客可以直接選擇鞋款、材質、顏色等各種選項，並提交自己的設計，甚至

▲ NIKE 近來也提供客製化的服務

於藉由 NIKEiD AR 機台，在手機或平板上進行選色後，還能馬上投影於眼前，最後直接到店面拿到個人專屬的鞋款，特定訂單可享有免費寄送與退貨服務。

3-2-4 定位性

「定位性」（Localization）的行銷活動長期以來一直是廣告主的夢想，它代表能夠透過行動裝置探知消費者目前所在的地理位置，並能即時將行銷資訊傳送到對的客戶手中，甚至還可以隨時追蹤並且定位，還能搭配如 GPS 技術，結合適地性（Location-Based Service, LBS）的概念，便能讓廠商主動去接觸消費者，讓使用者的購物行為可以根據地理位置的偵測，而非被動的等待被搜尋，就可以名正言順地提供適地性行動行銷服務。

台灣奧迪汽車推出可免費下載的 Audi Service APP，專業客服人員提供全年無休的即時服務，為提供車主快速且完整的行車資訊，並且採用最新行動定位技術，當路上有任何緊急或車禍狀況發生，只需按下聯絡按鈕，客服中心與道路救援團隊可立即定位取得車主位置。

▲ 奧迪汽車推出 Audi Service APP，並採用行動定位技術

行動社群行的好處的並不單是社群網路平台的廣為流行，而是一個消費者習慣改變的結果，所有商品與行銷訊息的推出，都是店家事先洞悉消費者需求進而創新的產出結果，例如消費者能夠立即得到想要的消費訊息與店家位置，甚至於超值的優惠方案。

> **TIPS** 「全球定位系統」（Global Positioning System, GPS）是透過衛星與地面接收器，達到傳遞方位訊息、計算路程、語音導航與電子地圖等功能。「定址服務」（Location Based Service, LBS）或稱為「適地性服務」，是一種相當成功的環境感知的種創新應用，例如提供及時的定位服務，達到更佳的個人化服務。從許多手機加值服務的消費行為分析，都可以發現地圖、定址與導航資訊主要是消費者的首選。

3-3 APP 商機與全通路行銷

近年來全球快速興起 APP 熱潮，APP 是 Application 的縮寫，就是軟體開發商針對智慧型手機及平版電腦所開發的一種應用程式，APP 涵蓋的功能包括了圍繞於日常生活的各項需求。有了行動 APP，企業就等同於建立自己的自媒體，企業爭先恐後以 APP 結合社群行銷，在 APP 大海中抓住使用者的眼球和手指，許多知名購物商城或網路社群，因為擁有豐富的粉絲資料，開發專屬社群 APP 也已成為品牌與網路店家必然趨勢。

APP 能快速吸引消費者的目光，佔領用戶的手機桌面，促進和幫助企業實現精準行銷，也成為目前最大行動社群行銷的熱門議題。隨著線下（Offline）跟線上（Online）的界線逐漸消失，當消費者購物的大部分重心已經轉移到線上時，通路其

▲ 京站時尚廣場推出專屬 APP 拓展行動市場

實就不單僅於實體店、網路商城、行動購物、APP、社群等，特別是社群全通路的整合更是各界關注的重點。

3-3-1 行動線上服務平台

由於智慧型手機能夠依使用者的需求來安裝各種 APP，為了增加作業系統的附加價值，蘋果與 Google 都針對其行動裝置作業系統所開發的 APP 推出了線上服務的平台，線上服務平台能夠提供了多樣化的應用軟體、遊戲等，透過 APP 滿足行動使用者在實用、趣味、閱聽等方面的需求之外，讓消費者在購買其智慧型手機後，能夠方便的下載其所需求的各式軟體服務，APP 勢將將成為高度競爭市場，更是一種歷久不衰的行動商務與行銷模式。

☞ App Store

App Store 是蘋果公司針對使用 iOS 作業系統的
系列產品，如 iPod、iPhone、iPad 等，所開創
的一個讓網路與手機相融合的新型經營模式，
iPhone 用戶可透過手機或上網購買或免費試用
裡面 APP，與 Android 的開放性平台最大不同，
App Store 上面的各類 APP，都必須事先經過蘋
果公司嚴格的審核，確定沒有問題才允許放上
App Store 讓使用者下載，加上裝置軟硬體皆由
蘋果控制，因此 APP 不容易有相容性的問題。
目前 App Store 上面已有數百萬個 APP。各位只
需要在 App Store 程式中點幾下，就可以輕鬆的
更新並且查閱任何 APP 的資訊。

▲ App Store 首頁畫面

App Store 除了將所販售軟體加以分類，讓使用
者方便尋找外，還提供了方便的金流和軟體下載安裝方式，甚至有軟體評比機
制，讓使用者有選購的依據。店家如果將 APP 上架 App Store 銷售，就好像在
百貨公司租攤位銷售商品一樣，每年必須付給 Apple 年費 $99 美金，你要上架
多少個 APP 都可以。

> **TIPS** 目前最當紅的手機 iPhone 就是使用原名為 iPhone OS 的 iOS 智慧型手機
> 嵌入式系統，可用於 iPhone、iPod touch、iPad 與 Apple TV，為一種封閉的系統，
> 並不開放給其他業者使用。最新的 iPhone 14 所搭載的 iOS 16 是一款全面重新構
> 思的作業系統。

☞ Google play

Google 也推出針對 Android 系統所開發 APP 的一個線上應用程式服務平台
──Google Play，允許用戶瀏覽和下載使用 Android SDK 開發，並透過 Google
發布的應用程式（APP），透過 Google Play 網頁可以尋找、購買、瀏覽、下載

及評級使用手機免費或付費的 APP 和遊戲，包括提供音樂，雜誌，書籍，電影和電視節目，或是其他數位內容。

Google Play 是一種開放性平台，任何人都可上傳其所發發的應用程式，Google Play 的搜尋除了比 Apple Store 多了同義字結果以外，還能夠處理錯字，有鑒於 Android 平台的手機設計各種優點，可見的未來將像今日的 PC 程式設計一樣普及，採取開放策略的 Android 系統不需要經過審查程序即可上架，因此進入門檻較低。不過由於 Android 陣營的行動裝置採用授權模式，因此在手機與平板裝置的規格及版本上非常多元，因此開發者需要針對不同品牌與機種進行相容性測試。

▲ Google Play 商店首頁畫面

TIPS　Android 早期由 Google 開發，後由 Google 與十數家手機業者所成立的開放手機（Open Handset Alliance）聯盟所共同研發，並以 Java 及 Kotlin 作為主要開發語言，結合了 Linux 核心的作業系統，承襲 Linux 系統一貫的特色，Android 是目前在行動通訊領域中最受歡迎的平台之一，擁有的最大優勢就是跟各項 Google 服務的完美整合。

3-3-2　智慧無人商店

例如 Amazon 是電子商務網站的先驅與典範，除了擁有幾百萬種商品之外，成功的因素不只是懂得傾聽客戶需求，近年來更推出智慧無人商店 Amazon Go，只要下載 Amazon Go 專屬 APP，當你走進 Amazon Go 時，打開手機 APP 感應，在店內不論選擇哪些零食、生鮮或飲料都會感測到，不但推出限定折扣優惠商品，並在優惠開始時推播提醒訊息到消費者手機，然後自動加入購物車

中，甚至於等到消費者離開時手機立即自動結帳，自動從 Amazon 帳號中扣款，讓客戶免去大排長龍之苦，一方面讓客戶省去排隊之苦，最重要是 Amazon 還能收集更多顧客行為大數據。

▲ Amazon 推出的智慧無人商店 Amazon Go

3-3-3　APP 與社群行銷

由於行動社群行銷成為主流，社群平台理所當然成為推廣 APP 最具影響力的管道之一，由於在社群上，粉絲都有各自的喜好，隨著使用習慣移轉，社群與 APP 的連結，正是目前爆紅品牌的共同趨勢。社群是手機上低頭族最常使用的功能，當社群的推廣上能夠切中議題，後續發酵的行銷效果將超乎預期，最好是能夠結合你的 LINE@、Facebook、Instagram 帳戶等等社群行銷計畫，強化品牌認知。例如藉助 Facebook APP 的廣告位尋找目標受眾，受眾點擊廣告後，就會立刻在手機上下載廣告中的 APP，當然也能將 APP 的內容與社群結合，通常行動用戶如果透過社群網路分享新的 APP，其他好友或粉絲也會較為願意嘗試下載試用。

▲ APP 結合社群更能創造行銷的效益

例如全球連鎖咖啡星巴克早就致力將 APP 應用到品牌行銷與服務的各個環節，不但能得知星巴克行銷活動訊息，傳送一般生日特惠、個人化專屬優惠與折扣，查詢星巴克門市、商品等資訊，並結合遊戲化行銷（Gamification）的概念來推動品牌行銷。

例如推出手機 APP 蒐集顧客資料，藉由分析這些潛在客戶，從中找到最有價值的潛在客戶進行精準行銷，還推出了「星禮程」隨行卡的會員優惠，加入星禮程會員，只要消費即可累積星點回饋，鼓勵會員比賽努力升級，並且透過會員分級競賽的方式給予不同優惠回饋，星巴克的核心價值就是要通過和顧客的連接，並且配合各種推廣活動的遊戲化行銷概念來提升業績。

▲ 星巴克咖啡將顧客分級，並鼓勵顧客努力爭取升級

> **TIPS** 「遊戲化行銷」（Gamification Marketing）是指將遊戲中有好玩的元素與機制，透過行銷活動讓受眾「玩遊戲」，同時深化參與感，將你的目標客戶緊緊黏住，因此成了各個品牌不斷探索的新行銷模式。

3-3-4　全通路與社群的完美整合

當行動購物趨勢成熟，搶攻 ON 世代商機就成了零售業的首要目標，PChome 網路家庭董事長詹宏志曾經在一場演講中發表他的看法：「越來越多消費者使用行動裝置購物，這件事極可能帶來根本性的轉變，甚至讓傳統電子商務產業一切重來，更強調：「未來更是虛實相滲透的商務世界」。

> **TIPS** 所謂「ON 世代」，是每日上網 3 小時（Always Online）以上，通常是指使用智慧手機或平板等行動裝置上網的年輕族群，這個族群對於行動科技有重度的依賴。

在今天「社群」與「行動裝置」的迅速發展下，零售業態已進入 4.0 時代，宣告零售業正式蛻變為成「全通路」（Omni-Channel）的虛實整合型態，全通路與過去通路型態的最大不同是專注於成為全管道、全天候、全頻道的消費年代，使得消費者無論透過桌機、智慧型手機或平板電腦，都能隨時輕鬆上網購物。

> **TIPS** 零售 4.0 是一種洞悉消費者心態大與新興科技結合的零售業革命，消費者掌握了主導權，再無時空或地域國界限制，從虛實整合到朝向全通路（Omni-Channel），迎接以消費者為主導的無縫零售時代。

網路購物的項目已從過去單純買衣服、買鞋子，朝向行動裝置等多元銷售、支付和服務通路，品牌要做到全通路整合，才能讓消費者「行動」，通過各種平台加強和客戶的溝通，競相為顧客打造精緻個人化服務，以增進品牌「社群影響」為中心的全通路行銷思維。

根據 Google 的報告，有 84% 的消費者到實體店面時，會用手機搜尋網路社群相關資訊，透過手機消費的人也愈來愈多，所謂「全通路」（Omni-Channel）就是利用各種通路為顧客提供交易平台，融合線上與線下通路的服務，以消費者為中心的 24 小時營運模式，對於服務力與數位互動卻要求越來越高，業者將利用不同互動方式來達到多元體驗效果，除了消費者所需要的商品與服務，更有順暢的購物流程及更便利化的多元平台，讓消費者無論在何時何地，都可以獲得無差別的服務、零售業者紛紛絞盡腦汁，提供跨通路獨一無二的互動消費體。

▲ EZTABLE 買家於線上付費購買，然後至實體商店取貨

例如 O2O 模式就是整合「線上」（Online）與「線下」（Offline）兩種不同平台所進行的一種虛實整合行銷模式，因為消費者也能「Always Online」，讓線上與線下能快速接軌，透過改善線上消費流程，直接帶動線下消費。這特別適合「異業結盟」與「口碑銷售」，因為 O2O 的好處在於訂單於線上產生，每筆交易可追蹤，也更容易溝通及維護與用戶的關係，如此才能以零距離提升服務價值，包括流暢地連接瀏覽商品到消費流程，打造全通路的 360 度完美體驗。

我們以提供消費者 24 小時餐廳訂位服務的訂位網站「EZTABLE 易訂網」為例，易訂網的服務宗旨是希望消費者從訂位開始就是一個很棒的體驗，除了餐廳訂位的主要業務，後來也導入了主動銷售餐券的服務，不僅滿足熟客的需求，成為免費宣傳，也實質帶進訂單，並拓展了全新的營收來源。

3-4 行動支付的熱潮

隨著行動商務的興起，未來將會有更多樣化的無店舖銷售型態通路，根據各項數據都顯示消費者已經使用手機來包辦處理生活中大小事情，甚至包括了行銷、購物與付款，特別是漸漸開始風行的行動支付，也對零售業帶來相當大的改變。

所謂「行動支付」（Mobile Payment），就是指消費者通過行動裝置對所消費的商品或服務進行賬務支付的一種方式，很多人以為行動支付就是用手機付款，其實手機只是一個媒介，平板電腦、智慧手錶，只要可以行動連網都可以拿來做為行動支付。零售門市不僅不用擺刷卡機也能接受信用卡支付，使用行動支付如支付寶，更可吸引消費者至門市消費。就消費者而言，直接用行動裝置刷卡、轉帳，甚至用來付費搭乘交通工具，提供快速收款及付款服務，讓你的手機直接變身為錢包。

2004 年淘寶網開創支付寶，寫下第「三方支付」（Third-Party Payment）的新里程碑，讓 C2C 的交易不再因為付款不方便，買家不發貨等問題受到阻擾，在淘寶網購物，都是需要透過支付寶才可付，也支援台灣的信用卡刷卡，是很便利的一種付費機制。

第三方支付機制就是在交易過程中，除了買賣雙方外，透過第三方來代收與代付金流，不同的購物網站，各自有不同的第三方支付的機制，例如美國很多網站會採用 PayPal 來當作第三方支付的機制；中國最著名的淘寶網，則是採用「支付寶」，這些就是第三方支付的模式。

自從金管會宣布開放金融機構申請辦理手機信用卡業務開始，正式宣告引爆全台「行動支付」的商機熱潮，成功地將各位手上的手機與錢包整合，真正出門不用帶錢包的時代來臨！對於行動支付解決方案，目前主要是以 QR Code、條碼支付與 NFC（近場通訊）三種方式為主。

3-4-1　QR Code 支付

在這 QR Code 被廣泛應用的時代，未來商品也可以透過 QR Code 的結合行動支付應用，QR-Code 行動支付的優點則是免辦新卡，可以突破行動支付對手機廠牌的仰賴，不管 Android 或 iOS 都適用，還可設定多張信用卡，等於把多張信用卡放在手機內，還可以上網購物，民眾只要掃描支援廠商商品的 QR Code，就可以直接讓消費者以手機進行付款，讓交易更安心更方便。QR Code 行動支付有別傳統支付應用，不但可應用於實體與網路特約商店等傳統型態通路，更可以開拓多元化的非傳統型態通路。中華電信推出 QR Code 信用卡行動支付 APP「QR 扣」，與玉山銀行、國泰世華、萬泰銀行、中國信託、元大銀行、台灣銀行、合作金庫及台新銀行等 8 家銀

▲ 玉山信用卡首創 QR Code 行動支付一機在手即拍即付

行信用卡合作，只要用手機或平板電腦拍攝商品 QR Code，串接銀行信用卡收單系統完成付款，就可以透過行動上網輕鬆完成購物。

3-4-2　條碼支付

條碼支付近來在世界各地掀起一陣旋風，各位不需要額外申請手機信用卡，同時支援 Android 系統、iOS 系統，也不需額外申請 SIM 卡，免綁定電信業者，只要下載 APP 後，以手機號碼或 Email 註冊，接著綁定手邊信用卡或是現金儲值，手機出示付款條碼給店員掃描，即可完成付款。條碼行動支付現在最廣泛被用在便利商店，不僅可接受現金、電子票證、信用卡，還與多家行動支付業者合作，目前有「GOMAJI」、「歐付寶」、「Pi 行動錢包」、「街口支付」、「LINE Pay」及剛上線的「YAHOO 超好付」等 6 款手機支付軟體。

▲ LINE Pay 行動錢包，可以快速累積點數

例如 LINE Pay 主要以網路店家為主，將近 200 個品牌都可以支付，LINE Pay 支付的通路相當多元化，越來越多商家加入 LINE 購物平台，可讓你透過信用卡或現金儲值，信用卡只需註冊一次，同時支援線上與實體付款，而且 LINE Pay 累積點數非常快速，且許多通路都可以使用點數折抵。至於 PChome Online 旗下的行動支付軟體「Pi 行動錢包」，與台灣最大零售商 7-11 及中國信託銀行合作，可以利用「Pi 行動錢包」在全台 7-11 完成行動支付。

3-4-3　NFC 行動支付 -TSM 與 HCE

NFC 最近會成為市場熱門話題，主要是因為其在行動支付中扮演重要的角色，NFC 感應式支付在行動支付的市場可謂後發先至，越來越多的行動裝置配置這個功能，NFC 手機進行消費與支付已經是一個未來全球發展的趨勢，只要你的

手機具備 NFC 傳輸功能,就能向電信公司申請 NFC 信用卡專屬的 SIM 卡,再將 NFC 行動信用卡下載於你的數位錢包中,購物時透過手機感應刷卡,輕輕一嗶,結帳快速又安全。

對於行動支付來說,都會以交易安全為優先考量,目前 NFC 行動支付有兩套較為普遍的解決方案,分別是 TSM(Trusted Service Manager)信任服務管理方案與 Google 主導的 HCE(Host Card Emulation)解決方案。

TSM 平台的運作模式主要是透過與所有行動支付的相關業者連線後,使用 TSM 必須更換特殊的 TSM-SIM 卡才能順利交易,NFC 手機用戶只要花幾秒鐘下載與設定 TSM 系統,經 TSM 系統及銀行驗證身分後,將信用卡資料傳輸至手機內 NFC 安全元件(Secure Element)中,便能以手機進行消費。

▲ 台灣行動支付公司推出 PSP TSM 平台

ChatGPT 社群行銷圈粉力

HCE（主機卡模擬）是 Google 於 2013 年底所推出的行動支付方案，可以透過 APP 或是雲端服務來模擬 SIM 卡的安全元件。HCE（Host Card Emulation）的加入已經悄悄點燃了行動支付大戰，僅需 Android 5.0（含）版本以上且內建 NFC 功能的手機，申請完成後卡片資訊（信用卡卡號）將會儲存於雲端支付平台，交易時由手機發出一組虛擬卡號與加密金鑰來驗證，驗證通過後才能完成感應交易，能避免刷卡時卡片資料外洩的風險。

HCE 手機信用卡的優點是不限定電信門號，不用在手機加入任何特定的安全元件，因此無須行動網路業者介入，也不必更換專用 SIM 卡、一機可綁定多張卡片，僅需要有網路連上雲端，降低了一般使用者申辦的困難度。基本上，無論哪一種方案，NFC 行動支付要在台灣蓬勃發展，關鍵還是支援 NFC 技術的手機在台灣能越來越普及才好。

▲ 國內許多銀行推出 NFC 行動付款

TIPS　Apple Pay 是 Apple 的一種手機信用卡付款方式，只要使用該公司推出的 iPhone 或 Apple Watch（iOS 9 以上）相容的行動裝置，並將自己卡號輸入 iPhone 中的 Wallet APP，經過驗證手續完畢後，就可以使用 Apple Pay 來購物，而且還比傳統信用卡來得安全。

本章 Q&A 練習

1. 什麼是「雲端服務」（Cloud Service）？

2. 請簡述 SoLoMo 模式。

3. 請簡述打卡的內容。

4. 什麼是碎片化時代（Fragmentation Era）？

5. 請問行動社群行銷的最大價值為何？

6. 請說明全球定位系統（Global Positioning System, GPS）與「定址服務」（Location Based Service, LBS）。

7. APP 是什麼？

8. 什麼是 App Store ？

9. 請簡述零售 4.0。

10. 全通路（Omni-Channel）是什麼？

11. 試簡述物聯網（Internet of Things, IoT）。

12. QR Code 行動支付的優點有哪些？

13. 試簡述信任服務管理平台（Trusted Service Manager, TSM）的功用。

14. 何謂行動支付（Mobile Payment）？

15. 請簡介條碼支付。

16. 請簡介 Apple Pay。

MEMO

04
Chapter

社群大數據與
人工智慧的創新應用

大數據是未來人工智慧精準行銷不可忽視的需求，一支智慧型手機的背後就代表著一份獨一無二的個人數據！大數據應用已經不知不覺在我們生活週遭發生與流行，例如透過即時蒐集用戶的位置和速度，經過大數據分析，Google Map 就能快速又準確地提供用戶即時交通資訊。

當大數據結合了社群行銷，將成為最具革命性的行銷大趨勢，全球用戶平均每天花費至少 3.5 個小時瀏覽社群網站，社群行銷的手法瞬息萬變，早期作法是藉由衝高 Facebook、Twitter 等社群平台的流量和用戶數，展現漂亮的按讚數與會員數，來增加品牌和店家的曝光率，不過由於消費者在社群上累積的用戶行為及口碑，都能夠被量化，大數據興起加上社群概念，造就出新的社群行銷架構。

透過大數據分析就能提供用戶最佳路線建議

現代民眾十分習慣在社群上發言，「主動」與他人分享討論對各種產品、議題的看法與心得，這樣的網路聲量或稱「社群大數據」，如果能搭配能夠進行文字探勘的人工智慧，有效的掌握社群網站背後的大數據，則可以針對不同社群平台擬定策略，當消費者資訊接收行為轉變，行銷就不能一成不變！大數據技術徹徹底底改變了社群行銷的玩法，大數據結合社群的創新模式除了能創造高流量，還可以將顧客行為數據化，非常精準在對的時間、地點、管道接觸目標客戶。

所謂「社群大數據」其實就是隱藏在現今眾多社群網站後面，那些大量而又充滿潛在價值的資料，包括用戶基本資料、點擊率、分享數、按讚數、留言數、動態消息、按讚、打卡、分

▲ 臉書廣告背後包含了最新社群大數據技術

享、影片人數，甚至是貼文觸及人數等等，而「社群聆聽」（Social Listening）也就是針對社群大數據的收集、剖析與預測。例如身為全球最大社群網站的Facebook，所掌握的數據量更是位居所有社群網站之冠，臉書的粉絲專頁洞察報告當中也幫我們匯整了許多用戶資料，可以更加深入地了解用戶對社群粉專的使用習性與資料。企業主導市場的時光已經一去不復返了，顧客變成了現代真正的主人，行銷人員可以藉由社群大數據分析，將網友意見化為改善產品或設計行銷活動的參考，深化品牌忠誠，甚至挖掘潛在需求。

4-1 大數據商機與應用

近年來由於社群網站和行動裝置風行，加上萬物聯網的時代無時無刻產生大量的數據，使用者瘋狂透過手機、平板電腦、電腦等，在社交網站上大量分享各種資訊，許多熱門網站擁有的資料量都上看數 TB（Terabyte，兆位元組），甚至上看 PB（Petabyte，千兆位元組）或 EB（Exabyte，百萬兆位元組）的等級。由於大數據是人工智慧行銷不可忽視的需求，當大數據結合了社群行銷，將成為最具革命性的行銷大趨勢，顧客變成了現代真正的主人。

> **TIPS** 為了讓各位實際了解大數據資料量到底有多大，我們整理了大數據資料
> 單位如下表，提供給各位作為參考：
>
> Terabyte = 1000 Gigabytes= 1000^9 Kilobytes
>
> Petabyte = 1000 Terabytes= 1000^{12} Kilobytes
>
> Exabyte = 1000 Petabytes = 1000^{15} Kilobytes
>
> Zettabyte = 1000 Exabytes = 1000^{18} Kilobytes

4-1-1 解析大數據

大數據（Big Data）時代的到來，正在大規模翻轉現代人的生活方式，特別是用行動裝置的人口數已經開始超越桌機，面對不斷擴張的巨大資料量，正以驚人速度不斷被創造出來的大數據，為各種產業的營運模式帶來新契機。沒有人能夠告

訴各位，超過哪一項標準的資料量才叫大數據，如果資料量不大，可以使用電腦及一般工具軟體慢慢算完，就用不到大數據資料的專業技術，也就是說，只有當資料量巨大且有時效性的要求，較適合應用大數據技術進行相關處理。

TIPS 目前較普遍的大數據相關技術有 Hadoop 與 Sparks 兩種。

Hadoop 是源自 Apache 軟體基金會底下的開放原始碼計劃，為了因應雲端運算與大數據發展所開發出來的技術，它以 MapReduce 模型與分散式檔案系統為基礎。例如 Facebook、Google、Twitter、Yahoo 等科技龍頭企業，都選擇 Hadoop 技術來處理自家內部大量資料的分析。最近快速竄紅的 Apache Spark，是由加州大學柏克萊分校的 AMPLab 所開發，是目前大數據領域最受矚目的開放原始碼（BSD 授權條款）計畫，Spark 相當容易上手使用，可以快速建置演算法及大數據資料模型，目前許多企業也轉而採用 Spark 做為更進階的分析工具，也是目前相當看好的新一代大數據串流運算平台。

由於數據的來源有非常多的途徑，大數據的格式也將會越來越複雜，大數據解決了商業智慧無法處理的非結構化與半結構化資料，優化了組織決策的過程。將數據應用延伸至實體場域最早是前世紀的 90 年代初，全球零售業的巨頭沃爾瑪（Walmart）超市就選擇把店內的尿布跟啤酒擺在一起，透過帳單分析，找出尿片與啤酒產品間的關聯性，尿布賣得好的店櫃位附近啤酒也意外賣得很好，進而調整櫃位擺設及推出啤酒和尿布共同銷售的促銷手段，成功帶動相關營收成長，開啟了數據資料分析的序幕。

TIPS 結構化資料（Structured Data）則是目標明確，有一定規則可循，每筆資料都有固定的欄位與格式，偏向一些日常且有重覆性的工作，例如薪資會計作業、員工出勤記錄、進出貨倉管記錄等。非結構化資料（Unstructured Data）是指那些目標不明確，不能數量化或定型化的非固定性工作、讓人無從打理起的資料格式，例如社交網路的互動資料、網際網路上的文件、影音圖片、網路搜尋索引、Cookie 記錄、醫學記錄等資料。

大數據涵蓋的範圍太廣泛，許多專家對大數據的解釋又各自不同，在維基百科的定義，大數據是指無法使用一般常用軟體在可容忍時間內進行擷取、管理及分析的大量資料。各位可以這麼認為：大數據其實是巨大資料庫加上處理方法的一個總稱，是一套有助於企業組織大量蒐集、分析各種數據資料的解決方案。它包含以下四種基本特性：

▲ 大數據的四項特性

- **大量性（Volume）**：現代社會每分每秒都正在生成龐大的數據量，堪稱是以過去的技術無法管理的巨大資料量，資料量的單位可從 TB（Terabyte，兆位元組）到 PB（Petabyte，千兆位元組）。

- **速度性（Velocity）**：隨著使用者每秒都在產生大量的數據回饋，更新速度也非常快，資料的時效性也是另一個重要的課題，反應這些資料的速度也成為他們最大的挑戰。大數據產業應用成功的關鍵在於速度，往往取得資料時，必須在最短時間內反應，許多資料要能即時得到結果才能發揮最大的價值，否則將會錯失商機。

- **多樣性（Variety）**：大數據技術徹底解決了企業無法處理的非結構化資料，例如存於網頁的文字、影像、網站使用者動態與網路行為、客服中心的通話記錄，資料來源多元及種類繁多。通常我們在分析資料時，不會單獨去看一種資料，大數據課題真正困難的問題在於分析多樣化的資料，彼此之間能進行交互分析與尋找關聯性，包括企業的銷售、庫存資料、網站的使用者動態、客服中心的通話記錄；社交媒體上的文字影像等。

- **真實性（Veracity）**：企業在今日變動快速又充滿競爭的經營環境中，取得正確的資料是相當重要的，因為要用大數據創造價值，所謂「垃圾進，垃圾出」（GIGO），這些資料本身是否可靠是一大疑問，不得不注意數據的真實

性。大數據資料收集的時候必須分析並過濾資料有偏差、偽造、異常的部分，資料的真實性是數據分析的基礎，防止這些錯誤資料損害到資料系統的完整跟正確性，就成為一大挑戰。

大數據現在不只是資料處理工具，更是一種企業思維和商業模式。大數據揭示的是一種「資料經濟」（Data Economy）的精神。長期以來企業經營往往仰仗人的決策方式，往往導致決策結果不如預期，日本野村高級研究員城田真琴曾經指出，「與其相信一人的判斷，不如相信數千萬人的資料」，她的談話就一語道出了大數據分析所帶來商業決策上的價值，因為採用大數據可以更加精準的掌握事物的本質與訊息。

> **TIPS** 「資料經濟」（Data Economy）的精神，也就是以資料為核心，將資料附加價值最大化，資料將成現代企業競爭優勢與商務交易成長的關鍵，透過各種科技工具之規劃與應用，以產生經濟效益為最終目的。

4-1-2 大數據的衍生應用

阿里巴巴創辦人馬雲在德國 CeBIT 開幕式上如此宣告：「未來的世界，將不再由石油驅動，而是由數據來驅動！」在國內外許多擁有大量顧客資料的企業，例如 Facebook、Google、Twitter、Yahoo 等科技龍頭企業，都紛紛感受到這股如海嘯般來襲的大數據浪潮。大數據應用相當廣泛，我們的生活中也有許多重要的事需要利用大數據來解決。

就以醫療應用為例，能夠在幾分鐘內就可以解碼整個 DNA，並且讓我們製定出最新的治療方案，為了避免醫生的疏失，美國醫療機構與 IBM 推出 IBM Watson 醫生診斷輔助系統，從大數據分析的角度，幫助醫生列出更多的病徵選項，大幅提升疾病診癒率，甚至能幫助衛星導航系統建構完備即時的交通資料庫。即便是目前喊得震天價響的全通路零售，真正核心價值還是建立在大數據資料驅動決策上的方向。

▲ IBM Waston 透過大數據實踐了精準醫療的成果

不僅如此，大數據還能與行銷領域相結合，在全新的社群行銷世界裡，行銷的關鍵並不僅是從粉絲、會員的人數來判斷，也不是從 YouTube 上面有多少則評論來決定，最重要的行銷概念就是要與社群大數據結合，經過不同社群網站分析提供的數位足跡，我們能夠掌握有關受眾喜好和特性的輿情數據。在大數據的幫助下，消費者輪廓將變得更加全面和立體，包括使用行為、地理位置、商品傾向、消費習慣都能記錄分析，就可以更清楚地描繪出客戶樣貌，更可以協助擬定最源頭的行銷策略，進而更精準地找到潛在消費者。這些大數據中遍地是黃金，更是一場從管理到行銷的全面行動化革命，不少知名企業更是從中嗅到了商機，各種品牌紛紛大舉跨足社群行銷的範疇。

例如台灣大車隊是全台規模最大的小黃車隊，推出的全新營運模式更跨足遊戲平台 結合遊戲、社群、優惠及叫車功能，透過 GPS 衛星定位與智慧載客平台全天候掌握車輛狀況，將即時的乘車需求提供給排班司機，讓司機更能掌握乘車需

▲ 台灣大車隊利用大數據提供更貼心的叫車服務

求，有助降低空車率且提高成交率，並運用社群雲端資料庫的大數據，透過分析當天的天候時空情境和外部事件，精準推薦司機優先去哪個區域載客，優化與洞察出乘客最真正迫切的需求，也讓乘客叫車更加便捷，也開始與各大社群媒體結合，把帥哥美女司機的概念帶入行銷，塑造品牌形象，提供最適當的產品和服務。

4-2 社群大數據行銷的優點

隨著行銷社群化趨勢的到來，現代人和社群媒體接觸的時間越來越長，已經成為生活中密不可分的一部分，全球行銷模式正打破窠臼以全新模式呈現，大數據中浮現的各種社群行為相關性，可以幫我們篩選出較正確的消費者洞察和預測分析方向，找出真正潛在客戶與真正需求，執行精準行銷策略。當任何數據都可以輕易被追蹤的時候，結合大數據進行全方位社群行銷，讓智慧生活真正有感，創造出全新的超倍速行銷方式。以下我們將介紹社群大數據行銷的三大優點。

▲ 社群大數據協助 New Balance
精確掌握顧客行為

4-2-1 更精準個人化行銷

在社群大數據的幫助下，現在可以透過多種跨螢幕裝置等科技產品，把消費者的消費模式、瀏覽記錄、個人資料、社群操作行為、商品銷售統計、庫存與購買行為網路使用行為、購物習性、商品好壞等，統統都能一手掌握，並且運用在顧客關係管理（CRM）上，進行綜合分析將可使其從以往管理顧客關係層次，進一步提升到服務顧客的個人化行銷。行銷人員更加可以全面認識消費

者，觀眾在社群媒體上的互動與喜好，生活周遭的各種數據，都可以被歸納整理成有意義的資訊，社群網路不斷擴大影響受眾的生活，從傳統亂槍打鳥式的行銷手法進入精準化個人行銷，洞察出消費者最真正迫切的需求，深入了解顧客，以及顧客真正想要什麼。

美國最大的線上影音出租服務的網站 Netflix 長期對節目的進行分析，也花了很多心思在操作網路社群行銷，並推出一連串極具創意和社群討論聲量的行銷活動。然後透過對觀眾收看習慣的了解，對客戶的社群行為做大數據分析，篩選製作優良的內容，透過大數據分析的推薦引擎，不需要把影片內容先放出去後才知道觀眾喜好程度，結果證明使用者有 70% 以上的機率會選擇 Netflix 曾經推薦的影片，可以使 Netflix 節省不少行銷成本，更證明了主動聆聽、觀察用戶需求，並依此改善產品，使其更貼近用戶需求，能夠帶來更佳的消費者體驗。

▲ Netflix 藉助大數據技術成功推薦影給消費者喜歡的影片

目前相當火紅的「英雄聯盟」（LOL）遊戲，是一款免費多人線上遊戲，經常運用社群大數據來剖析玩家心理，再藉由社群號召玩家力量，並將比賽狀況透過錄影或直播的方式發布在社群網站上。遊戲開發商 Riot Games 也很重視社群大數據分析，目標是希望成為世界上最了解玩家的遊戲公司，背後靠的正是收集以玩家喜好為核心的大數據，透過它在全世界各地區所設置的伺服器，掌握了遠超過每天產生超過 5000 億筆以上的各種玩家與社群討論資料，透過連線對於全球所有比賽玩家

進行的每一筆搜尋、動作、交易，或者敲打鍵盤、點擊滑鼠等等，可以即時監測所有玩家的動作與產出大數據資料分析，並了解玩家最喜歡的英雄，再從已建構的大數據資料庫中把這些資訊整理起來分析排行。

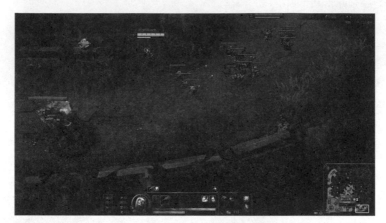

▲ 英雄聯盟的遊戲畫面場景

遊戲市場的特點就是飢渴的玩家和激烈的割喉競爭，數據的解讀特別是電競戰中非常重要的一環，電競產業內的設計人員正努力擴增大數據的使用與分析範圍，數字就不僅是數字，這些「英雄」設定分別都有一些不同的數據屬性，玩家偏好各有不同，你必須了解玩家心中的優先順序，只要發現某一個英雄出現太強或太弱的情況，就能即時調整相關數據的遊戲平衡性，用數據來擊殺玩家的心，進一步提高玩家參與的程度。

▲ 英雄聯盟的遊戲戰鬥畫面

不同的英雄會搭配各種數據平衡，研發人員希望讓每場遊戲盡可能地接近公平，因此根據玩家所認定英雄的重要程度來排序，創造雙方勢均力敵的競賽環境，然後再集中精力去設計最受歡迎的英雄角色，找到那些沒有滿足玩家需求的英雄種類，這就是創造新英雄的第一步。這樣的做法真正提供了遊戲基本公平又精彩的比賽條件。Riot Games 懂得利用社群大數據來隨時調整遊戲情境與平衡度，確實創造出能滿足大部分玩家需要的英雄們，這也是英雄聯盟能成為目前最受歡迎遊戲的重要因素。

4-2-2　找出最有價值的顧客

「資料經濟」（Data Economy）時代到來，大數據成為企業在市場上競爭的重要關鍵，社群行銷與大數據結合大概是消費者擁有過最徹底的行銷體驗，過去行銷人員僅能以誰是花錢最多的顧客，來判斷顧客的價值，但長期忠誠度卻不一定是最高的一群人。當透過社群大數據掌握了更多消費者的足跡資訊時，行銷人員除了能參考上述的單一指標，任何一位顧客的價值，都不僅止於他買過的東西而已，還必須考慮他的忠誠度與未來帶來更多價值的潛在能力，例如參考平均購買量、顧客終身價值（Customer's Lifetime Value, CLV）、顧客取得成本、顧客滿意度、每一個櫃位停留的時間與頻率等指標。

> **TIPS**　顧客終身價值（Customer's Lifetime Value, CLV）是指每一位顧客未來可能為企業帶來的所有利潤預估值，也就是透過購買行為，企業會從一個顧客身上獲得多少營收。

雖然有些社群用戶想和店家展開對話，但不代表你應該馬上視他們為客戶，反而是要進一步找出最有價值的忠誠客戶，並把時間和精力投注、鎖定在給他們身上。由於忠誠顧客並不是一般消費者，而是因為發自內心喜愛你的產品而支持到底的一群鐵粉，從策略面鎖定這些顧客的「情感動機」，來找出未來最有價值的顧客，實現品牌的最大潛在價值，當你確定某個潛在客戶具有忠誠價值，就該努力建立起和他能維繫終身的關係，為了讓顧客購買頻率增加，企業必須努力對於忠誠顧客給予不同服務，進行顧客分級化經營，成為社群行銷的操作新趨勢。

社群行銷有時的確就像是一場數字戰爭,全球連鎖咖啡星巴克在美國乃至全世界有數千個接觸點,早已將社群大數據應用到營運的各個環節,星巴克幾乎擁有所有主流社群平台的官方帳號:包括臉書、推特、Instagram、Google +、YouTube、Pinterest 等,不僅利用社群大數據將行銷內容準確地打到目標客群,從新店選址、換季菜單、產品組合到提供限量特殊品項的依據,還善用產品特性創造話題,最後廣為運用社群媒體的傳播管道,全面與消費者的日常生活結合。例如推出手機 APP 蒐集顧客行為的購買行為大數據,運用長年累積的用戶數據瞭解消費者,甚至透過會員的消費記錄來掌握顧客的喜好、消費品項、地點等,就能省去輸入一長串的點單

▲ 星巴克咖啡利用社群大數據找出最忠誠的顧客

過程,加上配合貼心驚喜活動來創造附加價值感,從中找到最有價值的潛在客戶,終極目標是希望每兩杯咖啡,就有一杯是來自熟客所購買,這項目標成功的背後靠的就是收集以會員為核心的社群大數據。

4-2-3 提升消費者購物體驗

面對消費市場的競爭日益激烈,品牌種類越來越多,大數據資料分析是企業成功迎向零售 4.0 的關鍵,行動思維轉移意味著行動裝置現在成了消費體驗的中心,大數據分析已經不只是對數據進行分析,而是要從資訊中找出企業未來網路行銷的契機,這些大量且多樣性的數據,一旦經過分析,運用在客戶關係管理上,針對顧客需要的意見,來全面提升消費者購物體驗。

> **TIPS** 零售業 4.0 時代是專注於成為全管道、全天候、全頻道的消費年代,關鍵在於「縮短服務提供者與消費者的距離」,使得消費者無論透過桌機、智慧型手機或平板電腦,都能隨時輕鬆上網購物,朝向行動裝置等多元銷售、支付和服務通路,透過各種平台加強和客戶的溝通,不僅讓零售商的營運效率大幅提升,更為消費者提供高品質的購物感受,打造精緻個人化服務。

大數據對汽車產業將是不可或缺的要素，未來在物聯網的支援下，也順應了精準維修的潮流，例如應用社群大數據資料分析協助預防性維修，以後我們每半年車子就得進廠維修的規定，每台車可以依據車主的使用狀況，預先預測潛在的故障，並另可偵測保固維修時點，提供專屬適合的進廠維修時間，大大提升了顧客的使用者經驗。

▲ 汽車業利用大數據來進行預先維修的服務

行動化時代讓消費者與店家間的互動行為更加頻繁，為了提供更優質的個人化購物體驗，Amazon 對於消費者使用行為的追蹤更是不遺餘力，利用超過 20 億用戶的大數據，盡可能地追蹤消費者在社群網站上的一切行為，藉由分析大數據推薦給消費者他們真正想要買的商品，用以確保對顧客做個人化的推薦、價格的優化與鎖定目標客群等。

如果各位曾經有在 Amazon 購物的經驗，一開始就會看到一些沒來由的推薦名單，因為 Amazon 商城會根據客戶瀏覽的商品，從已建構的大數據庫中整理出曾經瀏覽該商品的所有人，然後會給這位新客戶一份建議清單，建議清單中會列出曾瀏覽這項商品的人也會同時瀏覽過哪些商品？透過這份建議清單，新客戶可以快速作出購買的決定，讓他們與顧客之間的關係更加緊密，而這種大數據技術也確實為 Amazon 商城帶來更大量的商機與利潤。

▲ Amazon 應用大數據提供更優質購物體驗

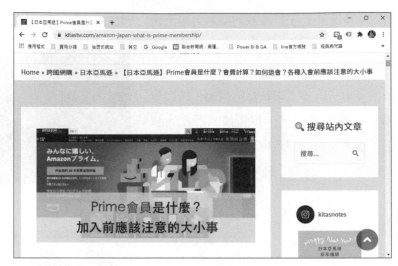

▲ Prime 會員享有大數據的快速到貨成果

（圖片來源：https://kitastw.com/amazon-japan-what-is-prime-membership/）

Amazon 甚至於推出了所謂 Prime 的 VIP 訂閱服務，加入後不但可以享有亞馬遜會員專屬的好處，最直接且有感的就屬免費快速到貨（境內），讓 Prime 的 VIP 用戶都可以在兩天內收到在網路上下訂的貨品（美國境內），靠著大數據與 AI，事先分析出各州用戶在平台上購物的喜好與頻率。當在你網路下單後，立即就在你附近的倉庫出貨到你家，因為在大數據時代為個別用戶帶來最大價值，可能才是 AI 時代最重要的顛覆力量。

4-3 人工智慧與社群行銷

在這個大數據時代，資料科學（Data Science）的狂潮不斷地推動著這個世界，AI 儼然是未來科技發展的主流趨勢，加上大數據給了人工智慧（Artificial Intelligence, AI）發展前所未有的機遇，更是零售業優化客戶體驗的最佳神器。AI 的應用領域不僅展現在機器人、物聯網、自駕車、智能服務等，更與行銷產業息息相關。根據美國最新研究機構的報告，2025 年 AI 將會在行銷和銷售自動化方面，取得更人性化的表現，有 50%的消費者希望在日常生活中使用 AI 和語音技術。

資料科學（Data Science）就是為企業組織解析大數據當中所蘊含的規律，就是研究從大量的結構性與非結構性資料中，透過資料科學分析其行為模式與關鍵影響因素，也就是在模擬決策模型，進而發掘隱藏在大數據資料背後的商機。

由於物聯網在日常生活應用越來越普遍，人類每天消費活動的大數據正不斷被收集。事實上，社群行銷領域老早就是 AI 密集使用的行業，並且被大量應用在分社群析大數據、優化行銷系統、精準描繪消費者輪廓等領域。隨著消費行為也呈現分眾化發展，連帶使得社群行銷變得十分複雜，社群媒體內容篩選的工程量越來越大，如何快速萃取有價資訊，變得十分重要，AI 的作用就是消除資料孤島，主動吸取並把它轉換為結構化資料，從而提高經營效率，不僅讓消費者趨於更分級化，掌握各種客戶的消費與瀏覽行為。

近年來藉助 AI 在智能行銷方面的應用層面越來越廣，也容易取得更為人性化的分析。AI 能讓行銷人員掌握更多創造性要素，將會為品牌行銷者與消費者，帶來新的對話契機，也就是讓品牌過去的「商品經營」理念，轉向「顧客服務」邏輯，能夠對目標客群的個人偏好與需求，帶來更深入的分析與導購。

4-3-1　人工智慧簡介

如果要真正充分發揮資料價值，不能只光談大數據，人工智慧是絕對不能忽略的相關領域，我們可以很明顯地說，人工智慧、機器學習（Machine Learning, ML）與深度學習（Deep Learning, DL）是大數據的下一步。人工智慧的概念最早是由美國科學家 John McCarthy 於 1955 年提出，目標為使電腦具有類似人類學習解決複雜問題與展現思考等能力，舉凡模擬人類的聽、說、讀、寫、看、動作等的電腦技術，都被歸類為人工智慧的可能範圍。簡單地說，人工智慧就是由電腦所模擬或執行，具有類似人類智慧或思考的行為，例如推理、規劃、問題解決及學習等能力。

微軟亞洲研究院曾經指出：「未來的電腦必須能夠看、聽、學，並能使用自然語言與人類進行交流。」人工智慧的原理是認定智慧源自於人類理性反應的過程而非結果，即是來自於以經驗為基礎的推理步驟，那麼可以把經驗當作電腦執行推理的規則或事實，並使用電腦可以接受與處理的型式來表達，這樣電腦也可以發展與進行一些近似人類思考模式的推理流程。

▲ 人工智慧為現代產業帶來全新的革命

（圖片來源：中時電子報）

4-3-2　人工智慧的種類

人工智慧可以形容是電腦科學、生物學、心理學、語言學、數學、工程學為基礎的科學，近幾年人工智慧的應用領域愈來愈廣泛，主要原因之一就是圖形處理器（Graphics Processing Unit, GPU）與雲端運算等關鍵技術愈趨成熟與普及，使得平行運算的速度更快與成本更低廉，我們也因人工智慧而享用許多個人化的服務、生活變得也更為便利。GPU 可說是近年來科學計算領域的最大變革，是指以圖形處理單元（GPU）搭配 CPU 的微處理器，GPU 則含有數千個小型且更高效率的 CPU，不但能有效處理平行處理（Parallel Processing），還可以達到高效能運算（High Performance Computing, HPC）能力，藉以加速科學、分析、遊戲、消費和人工智慧應用。

> **TIPS**　平行處理（**Parallel Processing**）技術是同時使用多個處理器來執行單一程式，借以縮短運算時間。其過程會將資料以各種方式交給每一顆處理器，為了實現在多核心處理器上程式性能的提升，還必須將應用程式分成多個執行緒來執行。
>
> 高效能運算（**High Performance Computing, HPC**）能力則是透過應用程式平行化機制，就是在短時間內完成複雜、大量運算工作，專門用來解決耗用大量運算資源的問題。

各位首先必須理解 AI 本身之間也有程度強弱之別，美國哲學家約翰·瑟爾（John Searle）便提出了「強人工智慧」（Strong AI）和「弱人工智慧」（Weak AI）的分類，主張兩種應區別開來。

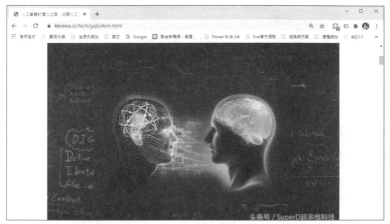

▲「強人工智慧」與「弱人工智慧」代表機器不同的智慧層次

（圖片來源：https://kknews.cc/tech/gq6o4em.html）

🎯 弱人工智慧（Weak AI）

弱人工智慧是只能模仿人類處理特定問題的模式，不能深度進行思考或推理的人工智慧，乍看下似乎有重現人類言行的智慧，但還是與人類智慧同樣機能的強 AI 相差很遠，因為只可以模擬人類的行為做出判斷和決策，是以機器來模擬人類部分的「智能」活動，並不具意識、也不理解動作本身的意義，所以嚴格說起來並不能被視為真的「智慧」。

毫無疑問，今天各位平日所看到的絕大部分 AI 應用，都是弱人工智慧，不過在不斷改良後，還是能有效地解決某些人類的問題，例如先進的工商業機械人、語音識別、圖像識別、人臉辨識或專家系統等，弱人工智慧仍會是短期內普遍發展的重點，包括近年來出現的 IBM 的 Watson 和 Google 的 AlphaGo，都屬於程度較低的弱 AI 範圍。

▲ 銀行的迎賓機器人是屬於一種弱 AI

🎯 強人工智慧（Strong AI）

▲ 科幻小說中活靈活現、有情有義的機器人就屬於一種強 AI

所謂強人工智慧（Strong AI）或通用人工智慧（Artificial General Intelligence）是具備與人類同等智慧或超越人類的 AI，以往電影的描繪使人慣於想像擁有自我意識的人工智慧，能夠像人類大腦一樣思考推理與得到結論，更多了情感、個性、社交、自我意識，自主行動等等，也能思考、計劃、解決問題快速學習和從經驗中學習等操作，並且和人類一樣得心應手，不過目前主要出現在科幻作品中，還沒有成為科學現實。事實上，從弱人工智慧時代邁入強人工智慧時代還需要時間，但絕對是一種無法抗拒的趨勢。

4-3-3　機器學習

▲ 人臉辯識系統就是機器學習的常見應用

隨著數位革命不斷發展，由於消費者行為的改變，行銷產業正面臨前所未見的重大變革，行銷自動化的快速進步已逐漸走向 AI 的趨勢，AI 正在迅速滲透到今天的幾乎每個行業，以人工智慧取代傳統人力進行各項業務已成趨勢，決定這些 AI 服務能不能獲得更好發揮的關鍵，除了得靠目前最熱門的機器學習（Machine Learning, ML）的研究，甚至得藉助深度學習（Deep Learning, DL）的類神經演算法，才能更容易透過人工智慧解決行銷策略方面的問題與有更卓越的表現。

機器學習（Machine Learning, ML）是大數據與 AI 發展相當重要的一環，透過演算法給予電腦大量的「訓練資料」（Training Data），在大數據中找到規則，機器學習是大數據發展的下一個進程，可以發掘多資料元變動因素之間的關聯性，進而自動學習並且做出預測，意即機器模仿人的行為，特性很適合將大量資料輸入後，讓電腦自行嘗試演算法找出其中的規律性，對機器學習的模型來說，用戶越頻繁使用，資料的量越大越有幫助，機器就可以學習愈快，進而達到預測效果不斷提升的過程。

▲ 機器也能一連串模仿人類學習過程

過去人工智慧發展面臨的最大問題——AI 是由人類撰寫出來，當人類無法回答問題時，AI 同樣也不能解決人類無法回答的問題。直到機器學習的出現，完成解決了這種困境。近年來於 Google 旗下的 Deep Mind 公司所發明的 Deep Q learning（DQN）演算法甚至都能讓機器學習如何打電玩，包括 AI 玩家如何探索環境，並透過與環境互動得到的回饋。機器學習的應用範圍相當廣泛，從健康監控、自動駕駛、自動控制、自

▲ DQN 是會學習打電玩遊戲的 AI

然語言、醫療成像診斷工具、電腦視覺、工廠控制系統、機器人到網路行銷領域。隨著行動行銷而來的是各式各樣的大數據資料，這些資料不僅精確，更是相當多元，如此龐雜與多維的資料，最適合利用機器學習解決這類問題。

各位應該都有在 YouTube 觀看影片的經驗，YouTube 致力於提供使用者個人化的服務體驗，包括改善電腦及行動網頁的內容，近年來更導入了 TensorFlow 機器學習技術，來打造 YouTube 影片推薦系統，特別是 YouTube 平台加入了不少個人化變項，過濾出觀賞者可能感興趣的影片，並顯示在「推薦影片」中。

YouTube上每分鐘超過數以百萬小時影片上傳，無論是想找樂子或學習新技能，AI演算法的主要工作就是幫用戶在海量內容中找到他們內心期待想看的影片，事實證明全球YouTube超過七成用戶會觀看來自自動推薦影片，為了能推薦精準影片，用戶顯性與隱性的使用回饋，不論是喜歡以及不喜歡的影音檔案都要納入機器學習的訓練資料。當用戶觀看的影片數量越多，YouTube容易從過去的瀏覽影片歷史、搜尋軌跡、觀看時間、地理位置、關鍵詞搜尋記錄、當地語言、影片風格、使用裝置以及相關的用戶統計訊息等社群大數據，最後根據記錄這些使用者觀看經驗，產生數十個以上影片推薦給使用者，希望能列出更符合觀眾喜好的影片。

▲ YouTube 透過 TensorFlow 技術過濾出受眾感興趣的影片

目前YouTube平均每日向使用者推薦2億支影片，涵蓋80種不同語言，隨著使用者行為的改變，近年來越來越多品牌選擇和YouTube合作，因為YouTube以內部數據為基礎洞察用戶行為，能夠根據消費者在YouTube的多元使用習慣擬定合適的媒體和品牌創新廣告投放方案，讓品牌從流量與內容分進合擊，精準制定行銷策略與有效觸及潛在的目標消費族群，讓品牌從流量與內容分進合擊，透過機器學習不斷優化，再追蹤評估廣告效益進行再行銷，進而達成廣告投放的目標來觸及觀眾，更能將轉換率（Conversion Rate）成效極大化。

> **TIPS** TensorFlow 是 Google 於 2015 年由 Google Brain 團隊所發展的開放原始碼機器學習函式庫，可以讓許多矩陣運算達到最好的效能，並且支持不少針對行動端訓練和優化好的模型，無論是 Android 和 iOS 平台的開發者都可以使用，例如 Gmail、Google 相簿、Google 翻譯等都有 TensorFlow 的影子。

▲ TensorFlow 官網

4-3-4 深度學習

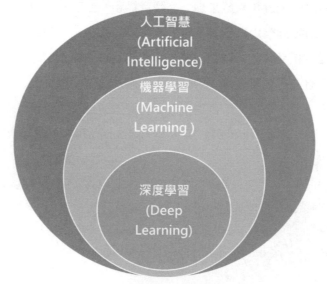

▲ 深度學習屬於機器學習的一種

深度學習並不是研究者們憑空創造出來的運算技術，而是源自於類神經網路（Artificial Neural Network）模型，並且結合了神經網路架構與大量的運算資源，目的在於讓機器建立與模擬人腦進行學習的神經網路，以解釋大數據中圖像、聲音和文字等多元資料，例如可以代替人們進行一些日常的選擇和採買，或者在茫茫網路海中，獨立找出分眾消費的數據，甚至於可望協助病理學家迅速辨識癌細胞，乃至挖掘出可能導致疾病的遺傳因子，未來也將有更多深度學習的應用。

▲ 深度學習源自於類神經網路

類神經網路就是模仿生物神經網路的數學模式，取材於人類大腦結構，使用大量簡單而相連的人工神經元（Neuron）來模擬生物神經細胞受特定程度刺激來反應刺激架構為基礎的研究，這些神經元將基於預先被賦予的權重，各自執行不同任務，只要訓練的歷程愈扎實，這個被電腦系所預測的最終結果，接近事實真相的機率就會愈大。

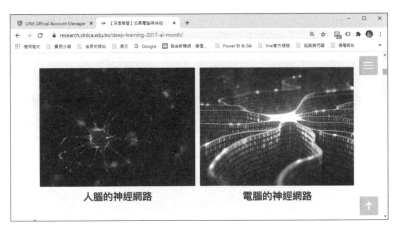

▲ 深度學習可以說是模仿大腦，具有多層次的機器學習法

（圖片來源：https://research.sinica.edu.tw/deep-learning-2017-ai-month/）

由於類神經網路具有高速運算、記憶、學習與容錯等能力，可以利用一組範例，經由神經網路模型建立出系統模型，讓類神經網路反覆學習，經過一段時

間的經驗值,便可以推估、預測、決策、診斷的相關應用。最為人津津樂道的深度學習應用,當屬 Google DeepMind 開發的 AI 圍棋程式 AlphaGo 接連大敗歐洲和南韓圍棋棋王,AlphaGo 的設計是大量的棋譜資料輸入,還有精巧的深度神經網路設計,透過深度學習掌握更抽象的概念,讓 AlphaGo 學習下圍棋的方法,接著就能判斷棋盤上的各種狀況,後來創下連勝 60 局的佳績,並且不斷反覆跟自己比賽來調整神經網路。

▲ AlphaGo 接連大敗歐洲和南韓圍棋棋王

透過深度學習的訓練,機器正在變得越來越聰明,不但會學習也會進行獨立思考,人工智慧的運用也更加廣泛,深度學習包括建立和訓練一個大型的人工神經網路,人類要做的事情就是給予規則跟大數據的學習資料,相較於機器學習,深度學習在社群行銷方面的應用,不但能解讀消費者及群體行為的歷史資料與動態改變,更可能預測消費者的潛在慾望與突發情況,能應對未知的情況,設法激發消費者的購物潛能,進而提供高相連度的未來購物可能推薦與更好的用戶體驗。

▲ Google 的 Waymo 自駕車就是深度學習的應用

（圖片來源：https://technews.tw/2018/08/27/a-day-in-the-life-of-a-waymo-self-driving-taxi/）

TIPS 所謂智慧商務（Smarter Commerce）就是利用社群網路、行動應用、雲端運算、大數據、物聯網、社群與人工智慧等技術，特別是應用領域不斷拓展的 AI，誕生與創造許多新的商業模式，透過多元社群平台的串接，可以更規模化、系統化地與客戶互動，讓企業的商務模式可以帶來更多智慧便利的想像，並且大幅提升電商服務水準與營業價值。

本章 Q&A 練習

1. 請簡述大數據（又稱大資料、大數據、海量資料，Big Data）及其特性。

2. 何謂非結構化資料（Unstructured Data）？

3. 請簡介 Beacon 在社群行銷的應用。

4. 哪些是社群大數據行銷的關鍵優點？

5. 什麼是社群大數據？

6. 什麼是電腦視覺？

7. 什麼是「資料經濟」（Data Economy）？顧客終身價值（Customer's Lifetime value, CLV）？

8. 請簡介 Hadoop。

9. 請簡介人工智慧的內容。

10. 何謂高效能運算（High Performance Computing, HPC）？

11. 什麼是類神經網路（Artificial Neural Network）？

12. 請簡述機器學習（Machine Learning, ML）。

13. TensorFlow 是什麼？請簡述之。

14. 請說明深度學習（Deep Learning, DL）。

05
Chapter

社群資安、倫理與
法律議題研究

社群是目前現代人社交生活的重要管道，每天上臉書、IG 幾乎等同於刷牙洗臉一般普遍，也因為受到民眾的高度歡迎，有愈來愈多企業利用社群網站推廣業務，因此社群的資安與法律問題不只影響個人，甚至影響到企業與政府機關，由於社群也是屬於線上交易，當然存在很多風險，加上服務的易用性、靈活彈性與可輕易調整組態，使得社群網站成為駭客頭號目標，各類攻擊手法層出不窮，也帶來許多安全上的問題，例如駭客、電腦病毒、網路竊聽、隱私權困擾等，因此更應該重視如何防範網路遭到未經授權的存取並避免資料外洩等問題。

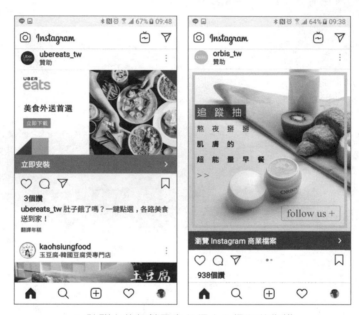

▲ 社群上的行銷訊息必須小心侵犯著作權

時至今日，利用社群從事行銷行為日趨增加，相信不少人或多或少都有參與的經驗，不過我們經常可以在媒體報導中發現，不少店家或廣告代理商，因為忽略行銷活動所衍生的法律問題，諸如廣告侵犯智慧財產權或商標權、不實廣告、不公平競爭、濫用 FB 或是 Twitter 社群網站上的照片與圖像、網域名稱、網路犯罪等議題，或者是被政府機關處以高額的罰款、禁止從事特定活動，或是被競爭對手提起訴等，而造成已投入的行銷資源可能因此付諸流水，如何適當解決社群行銷衍生的法律問題與消費紛爭，因應現階段防不勝防的社群資安威脅態勢，盡力做好社群媒體安全防護，不但可以減少可能遇到的威脅而不會

關閉它帶來的商機，這些也成為目前各界在進行行銷活動時的當務之急，本章中我們將分別來探討這些相關的資安與法律課題。

5-1 社群與資訊安全

社群已成為我們日常生活不可或缺的一部分，可以說是一把雙面刃，在擁有分享樂趣的同時，也要記得保護自己，例如外出時總不忘在臉書打卡，經常曝光定位資訊，就很容易讓宵小知道跑到你家闖空門的時機。因為資訊可透過網路來互通共享，哪些部份資訊可公開，哪些資訊屬機密，對於資訊安全而言，很難有一個十分嚴謹而明確的定義或標準。例如就個人使用者來說，只是代表在網際網路上瀏覽時，個人資料不被竊取或破壞，不過對於企業組織而言，核心電腦營運系統的資安防護固然重要，但也不能忽略社群通訊工具（如 LINE、Facebook、Instagram）所帶來的資安風險，包括進行線上交易時的安全考量與不法駭客的入侵等。

5-1-1 認識資訊安全

從廣義的角度來看，資訊安全所涉及的範圍包含軟體與硬體兩種層面，例如網路線的損壞、資料加密技術的問題、伺服器病毒感染與傳送資料的完整性等。而如果從更實務面的角度來看，那麼資訊安全所涵蓋的範圍，就包括了駭客問題、隱私權侵犯、網路交易安全、網路詐欺與電腦病毒等問題。

簡單來說，資訊安全（Information Security）的基本功能就是在完成資料被保護的三種特性（CIA）：機密性（Confidentiality）、完整性（Integrity）、可用性（Availability），進而達到如不可否認性（Non-Repudiation）、身份認證（Authentication）與存取權限控制（Authority）等安全性目的。

▲ 資料被保護的三種特性（CIA）

國際標準制定機構英國標準協會（BSI）曾經於 1995 年提出 BS 7799 資訊安全管理系統，最新的一次修訂已於 2005 年完成，並經國際標準化組織（ISO）正式通過成為 ISO 27001 資訊安全管理系統要求標準，為目前國際公認最完整之資訊安全管理標準，可以幫助企業與機構在高度網路化的開放服務環境鑑別、管理和減少資訊所面臨的各種風險。至於資訊安全所討論的項目，也可以分別從四個角度來討論，說明如下：

▲ 資訊安全涵蓋的四大項目

- **實體安全**：硬體建築物與週遭環境的安全與管制，例如對網路線路或電源線路的適當維護，包括預防電擊、淹水、火災等天然侵害。

- **資料安全**：確保資料的完整性與私密性，並預防非法入侵者的破壞與人為操作不當與疏忽，例如不定期做硬碟中的資料備份動作與存取控制。

- **程式安全**：維護軟體開發的效能、品管、除錯與合法性。例如提升程式寫作品質。

- **系統安全**：維護電腦與網路的正常運作，避免突然的硬體故障或儲存媒體損壞，導致資料流失，平日必須對使用者加以宣導及教育訓練。

無論是公營機關或私人企業，都有可能面臨資訊安全的衝擊，這些都包含在網路安全的領域中，特別是使用社群軟體時務必要提高警覺，閱讀他人貼文時，也要先了解連結或將要安裝的 APP 來源是否安全，才能保障自身的資訊安全。

5-2 社群犯罪與攻擊模式

隨著社群網站用戶數迅速成長，預計到 2023 年時，全球用戶人數將會達到 35 億以上，特別是社群媒體存在有資安和隱私侵犯的高度風險。通常人的因素是

社群安全最被忽略的一塊，在資安威脅風險居高不下，任何風險最大的挑戰在於員工的使用行為，加上愈來愈多行動戶隨時隨地使用社群媒體，網路騷擾、攻擊與霸凌問題社群犯罪的問題也日益嚴重。

當現代人愈來愈離不開網路與社群時，累積在上面的有價資訊也就日益豐富，「社群犯罪」就是網路犯罪之延伸，為社群平台與通訊網路相結合的犯罪，通常分為非技術性犯罪與技術性犯罪兩種。技術性攻擊則是利用軟硬體的專業知識來進行攻擊，非技術性攻擊是指使用詭騙或假的表單來騙取使用者的機密資料。

現今網路環境危機四伏，在駭客攻擊、惡意程式與病毒肆虐，社群網站將持續出現各種創新攻擊方式，攻擊頻率也會愈來愈高，而如果從更實務面的角度來看，那麼社群犯罪攻擊的相關議題包括以下幾種。

> **TIPS** 零時差攻擊（Zero-Day Attack）就是當網站或 APP 上被發現具有還未公開的漏洞，但是在使用者準備更新或修正前的時間點所進行的惡意攻擊行為，往往造成非常大的危害。

5-2-1 駭客攻擊

▲ 駭客藉由社群網路隨時可能入侵電腦與社群平台

社群網站讓人與人之間的溝通變得更方便，但龐大的訊息量，也成為駭客及病毒犯罪覬覦的對象。只要是經常上網的人，一定都經常聽到某某網站或社群遭駭客入侵或攻擊，也因此駭客便成了所有人害怕又討厭的對象，不僅攻擊大型的社群網站和企業，還會使用各種方法破壞和用戶的連網裝置。駭客在開始攻擊之前，必須先能夠存取用戶的電腦，其中一個最常見的方法就是使用名為「特洛伊式木馬」的程式。

駭客在使用木馬程式之前，必須先將其植入用戶的電腦，此種病毒模式多半是 E-mail 的附件檔，或者利用一些新聞與時事消息發表吸引人的貼文，或者欺騙使用者點選導入假網頁，藉機在瀏覽器上加掛木馬，使用者一旦點擊連結按讚，可能立即遭受感染，並對好友或粉絲進行惡意攻擊，甚至駭客會利用「社交工程陷阱」（Social Engineering），透過假造的臉書按讚功能，導致帳號被植入木馬程式，讓駭客盜臉書帳號來假冒員工，然後連進企業或店家的資料庫中竊取有價值的商業機密，甚至有政府臉書粉絲團遭到駭客入侵，發佈不雅貼文引起各界關注，導致官方緊急封鎖帳號並進行修復。

> **TIPS** 社交工程陷阱（Social Engineering）是利用大眾的疏於防範的資訊安全攻擊方式，例如利用電子郵件誘騙使用者開啟檔案、圖片、工具軟體等，從合法用戶中套取用戶系統的秘密，例如用戶名單、用戶密碼、身分證號碼或其他機密資料等。

5-2-2　網路釣魚

Phishing 一詞其實是「Fishing」和「Phone」的組合，中文稱為「網路釣魚」。網路釣魚的目的就在於竊取消費者或公司的認證資料，而網路釣魚透過不同的技術持續竊取使用者資料，已成為網路交易上重大的威脅。網路釣魚主要是取得受害者帳號的存取權限，或

網路釣魚

是記錄你的個人資料，輕者導致個人資料外洩，侵犯資訊隱私權，重則危及財務損失，最常見的方式有兩種：

- 利用偽造電子郵件與網站作為「誘餌」，輕則讓受害者不自覺洩漏私人資料，成為垃圾郵件業者的名單，重則電腦可能會被植入病毒（如木馬程式），造成系統毀損或重要資訊被竊，例如駭客以社群網站的名義寄發帳號更新通知信，誘使收件人點擊 E-mail 中的惡意連結或釣魚網站。

- 修改網頁程式，更改瀏覽器網址列所顯示的網址，當使用者認定正在存取真實網站時，即使你在瀏覽器網址列輸入正確的網址，還是會輕易移花接木般轉接到偽造網站上，或者利用一些熱門粉專內的廣告來感染使用者，向你索取個人資訊，意圖侵入你的社群帳號，因此很難被使用者所查覺。

社群網站日益盛行，網路釣客也會趁機入侵，消費者對於任何要求輸入個人資料的網站要加倍小心，因為可能被用來設計針對性網路釣魚（Phishing）郵件、電話或簡訊，進而導致企業網路被入侵，小心連結到社群媒體的電子郵件也相當重要，例如企業應該禁止在社群帳號裡使用公司郵件。跟電子郵件相比，人們在使用社群媒體時比較不會保持警覺，例如有些社群提供的性向測驗可能就是網路釣魚（Phishing）的掩護，甚至假裝臉書官方網站，要你輸入帳號密碼及個人資訊。

> **TIPS** 跨網站腳本攻擊（Cross-Site Scripting, XSS）是當網站讀取時，執行攻擊者提供的程式碼，例如製造一個惡意的 URL 連結（該網站本身具有 XSS 弱點），當使用者端的瀏覽器執行時，可用來竊取用戶的 Cookie，或者後門開啟或是密碼與個人資料之竊取，甚至於冒用使用者的身份。

5-2-3 盜用密碼

有些較粗心的網友往往會將帳號或密碼設定成類似的代號，或者以生日、身分證字號、有意義的英文單字等容易記憶的字串，來做為登入社群系統的驗證密碼，甚至於許多密碼線索在很多人的臉書或 IG 貼文都找得到。因此盜用密碼也

是網路社群入侵者常用的手段之一。因此入侵者就抓住了這個人性心理上的弱點，透過一些密碼破解工具，即可成功地將密碼破解，入侵使用者帳號最常用的方式是使用「暴力式密碼猜測工具」並搭配字典檔，在不斷地重複嘗試與組合下，一次可以猜測上百萬次甚至上億次的密碼組合，很快得就能夠找出正確的帳號與密碼，當駭客取得社群網站使用者的帳號密碼後，就等於取得此帳號的內容控制權，可將假造的電子郵件，大量發送至該帳號的社群朋友信箱中，甚至於你的社群帳號中的相片裡還可能找到信用卡、駕照、身分證等個人識別資訊。這些個人身份資都可能可以讓駭客或有心人用來冒充你，甚至對個人或來企業進行攻擊。

例如臉書在 2016 年時修補了一個重大的安全漏洞，因為駭客利用該程式漏洞竊取「存取權杖」（Access Tokens），然後透過暴力破解臉書用戶的密碼。我們知道要確保帳號安全始於擁有強大的密碼，因為好猜的密碼很容易讓你的社群服務帳號被破解，越長越複雜的密碼就越強，也越難破解（像是包含字母、數字和特殊字元的組合）。因此當各位在設定密碼時，密碼就需要更高的強度才能抵抗，除了用戶的帳號安全可使用雙重認證機制，確保認證的安全性，建議各位依照下列幾項基本原則來建立密碼：

1. 密碼長度儘量大於 8~12 位數。
2. 最好能英文 + 數字 + 符號混合，以增加破解時的難度。
3. 為了要確保密碼不容易被破解，最好還能在每個不同的社群網站使用不同的密碼，並且定期進行更換。
4. 密碼不要與帳號相同，並養成定期改密碼習慣，如果發覺帳號有異常登出的狀況，可立即更新密碼，確保帳號不被駭客奪取。
5. 儘量避免使用有意義的英文單字做為密碼。

> TIPS 點擊欺騙（Click Fraud）是發布者或者他的同伴對 PPC（Pay By Per Click，每次點擊付錢）的線上廣告進行惡意點擊，因而得到相關廣告費用。

5-2-4　服務拒絕攻擊與殭屍網路

服務拒絕（Denial of Service, DoS）攻擊方式是利用送出許多需求去轟炸一個網路系統，讓系統癱瘓或不能回應服務需求。DoS 阻斷攻擊是單憑一方的力量對 ISP 的攻擊之一，如果被攻擊者的網路頻寬小於攻擊者，DoS 攻擊往往可在兩三分鐘內見效。但若攻擊的是頻寬比攻擊者還大的網站，那就有如以每秒 10 公升的水量注入水池，但水池裡的水卻以每秒 30 公升的速度流失，不管再怎麼攻擊都無法成功。例如駭客使用大量的垃圾封包塞滿 ISP 的可用頻寬，進而讓 ISP 的客戶將無法傳送或接收資料、電子郵件、瀏覽網頁和其他網際網路服務。

各位時時刻刻都要記得「並非所有網頁都是安全的」，例如殭屍網路（Botnet），它的攻擊方式是利用一群在網路上受到控制的電腦轉送垃圾郵件，被感染的個人電腦就會被當成執行 DoS 攻擊的工具，不但會攻擊其他電腦，甚至包含了智慧型手機、家庭路由器、網路監視攝影機等一遇到有漏洞的空間，就藏身於任何一個程式裡，伺機展開攻擊、侵害，而使用者卻渾然不知。後來又發展出 DDoS（Distributed DoS）分散式阻斷攻擊，受感染的電腦就會像傀儡殭屍一般任人擺佈執行各種惡意行為。這種攻擊方式是由許多不同來源的攻擊端，共同協調合作於同一時間對特定目標展開的攻擊方式，與傳統的 DoS 阻斷攻擊相比較，效果可說是更為驚人。過去就曾發生殭屍網路的管理者可以透過 Twitter 帳號下命令來加以控制病毒來感染廣大用戶的帳號。

5-2-5　電腦病毒

隨著社群網站大量普及與興起，有超過 8 成的台灣民眾上網都會固定瀏覽 Facebook、Plurk、Twitter 等社群網站，藉此與親友間維持聯絡，並從中獲得新資訊。不過社群網站快速連結的特性，自然成為電腦病毒頭號攻擊目標，隨著使用人數愈來愈多，社群網站已逐漸成為病毒攻擊與散播的新目標，通常有心人士可將病毒隱藏在訊息中，再利用各種聳動標題吸引社群用戶點閱，進而引起破壞行為。

所謂電腦病毒是一種入侵電腦的惡意程式，會造成許多不同種類的損壞，當某程式被電腦病毒傳染後，它也變成一個帶原的程式，會直接或間接地傳染至其他程式，例如刪除資料檔案、移除程式或摧毀在硬碟中發現的任何東西。不過並非所有的病毒都會造成損壞，有些只是顯示某些特定的討厭訊息。這個程式具有特定的邏輯，且具有自我複製、潛伏、破壞電腦系統等特性，這些行為與生物界中的病毒之行為模式確實極為類似，因此稱這類的程式碼為電腦病毒。

▲ 病毒會在某個時間點發作與從事破壞行為

檢查病毒需要防毒軟體，這些軟體掃可以掃描磁碟和程式，尋找已知的病毒並清除它們。防毒軟體安裝在系統上並啟動後，有效的防毒程式在你每次插入任何種類磁片或使用你的數據機擷取檔案時，都會自動檢查以尋找受感染的檔案。此外，新型病毒幾乎每天隨時發佈，所以並沒有任何程式能提供絕對的保護。因此病毒碼必須定期加以更新。防毒軟體可以透過網路連接上伺服器，並自行判斷有無更新版本的病毒碼，如果有的話就會自行下載、安裝，以完成病毒碼的更新動作。

> **TIPS** 防毒軟體有時也必須進行「掃描引擎」（Scan Engine）的更新，在一個新種病毒產生時，防毒軟體並不知道如何去檢測它，例如巨集病毒在剛出來的時候，防毒軟體對於巨集病毒根本沒有定義，在這種情況下，就必須更新防毒軟體的掃描引擎，讓防毒軟體能認得新種類的病毒。

▲ 病毒碼就有如電腦病毒指紋　更新掃描引擎才能讓防毒軟體認識新病毒

 ## 5-3 社群商務交易安全機制

由於社群商務也是屬於電子商務的一種，目前電子商務的發展受到最大的考驗，就是線上交易安全性。由於線上交易時，必須於網站上輸入個人機密的資料，例如身分證字號、信用卡卡號等資料，為了讓消費者線上交易能得到一定程度的保障，到目前為止，最被商家及消費者所接受的電子安全交易機制是SSL/TLS 及 SET 兩種。

5-3-1　SSL/TLS 協定

安全插槽層協定（Secure Socket Layer, SSL）是一種 128 位元傳輸加密的安全機制，由網景公司於 1994 年提出，目的在於協助使用者在傳輸過程中保護資料安全。是目前網路上十分流行的資料安全傳輸加密協定。

SSL 憑證包含一組公開及私密金鑰，以及已經通過驗證的識別資訊，並且使用 RSA 演算法及證書管理架構，它在用戶端與伺服器之間進行加密與解密的程序，由於採用公眾鑰匙技術識別對方身份，受驗證方須持有認證機構（CA）的證書，其中內含其持有者的公共鑰匙。目前最新的版本為 SSL 3.0，並使用 128 位元加密技術。當各位連結到具有 SSL 安全機制的網頁時，在瀏覽器下網址列右側會出現一個類似鎖頭的圖示，表示目前瀏覽器網頁與伺服器間的通訊資料均採用 SSL 安全機制：

例如右圖是網際威信 HiTRUST 與 VeriSign 所簽發之「全球安全網站認證標章」，讓消費者可以相信該網站確實是合法成立之公司，並說明網站可啟動 SSL 加密機制，以保護雙方資料傳輸的安全，如右圖所示：

至於最近推出的傳輸層安全協定（Transport Layer Security, TLS）是由 SSL 3.0 版本為基礎改良而來，會利用公開金鑰基礎結構與非對稱加密等技術來保護在網際網路上傳輸的資料，使用該協定將資料加密後再行傳送，以保證雙方交換資料之保密及完整，在通訊的過程中確保對象的身份，提供了比 SSL 協定更好的通訊安全性與可靠性，避免未經授權的第三方竊聽或修改，可以算是 SSL 安全機制的進階版。

> **TIPS** 憑證管理中心（Certificate Authority, CA）：為一個具公信力的第三者身分，是由信用卡發卡單位所共同委派的公正代理組織，負責提供持卡人、特約商店以及參與銀行交易所需的電子證書（Certificate）、憑證簽發、廢止等管理服務。國內知名的憑證管理中心如下：
> 政府憑證管理中心：http://www.pki.gov.tw
> 網際威信：http://www.hitrust.com.tw/

5-3-2　SET 協定

由於 SSL 並不是一個最安全的電子交易機制，為了達到更安全的標準，於是由信用卡國際大廠 VISA 及 MasterCard，於 1996 年共同制定並發表的「安全交易協定」（Secure Electronic Transaction, SET），並陸續獲得 IBM、Microsoft、HP及 Compaq 等軟硬體大廠的支持，加上 SET 安全機制採用非對稱鍵值加密系統的編碼方式，並採用知名的 RSA 及 DES 演算法技術，讓傳輸於網路上的資料更具有安全性，將可以滿足身份確認、隱私權保密資料完整和交易不可否認性的安全交易需求。

SET 機制的運作方式是消費者網路商家並無法直接在網際網路上進行單獨交易，雙方都必須在進行交易前，預先向「憑證管理中心」（CA）取得各自的SET 數位認證資料，進行電子交易時，持卡人和特約商店所使用的 SET 軟體會在電子資料交換前確認雙方的身份。

> TIPS 「信用卡 3D」驗證機制是由 VISA、MasterCard 及 JCB 國際組織所推出，作法是信用卡使用者必須在信用卡發卡銀行註冊一組 3D 驗證碼，完成註冊之後，當信用卡使用者在提供 3D 驗證服務的網路商店使用信用卡付費時，必須在交易的過程中輸入這組 3D 驗證碼，確保只有你本人才可以使用自己的信用卡成功交易，才能完成線上刷卡付款動作。

5-4　社群與資訊倫理

隨著近年來不斷推陳出新的科技模式，電腦的使用已不再只是單純的考慮到個人封閉的主機，許多前所未有的網路操作與平台模式，徹底顛覆了傳統電腦與使用者間人機互動關係。加上網路社群與行動通訊技術的普及，在數位技術虛擬空間中，基於職業、興趣以及相應的某些嗜好，與社群的其他成員進行實質上的交流，一方面為生活帶來空前便利與改善，但另一方面也衍生了許多過去未曾發生的複雜問題，因而造就出「社群網路」的新文化。網際網路架構協會

（Internet Architecture Board, IAB）主要的工作是國際上負責網際網路間的行政和技術事務監督與網路標準和長期發展，就曾經將以下網路行為視為不道德：

1. 在未經任何授權情況下，故意竊用網路資源。

2. 干擾正常的網際網路使用。

3. 以不嚴謹的態度在網路上進行實驗。

4. 侵犯別人的隱私權。

5. 故意浪費網路上的人力、運算與頻寬等資源。

6. 破壞電腦與網路資訊的完整性。

在今天傳統社會倫理道德規範日漸薄弱下，由於網路的特性具有公開分享、快速、匿名等因素，在網路社群社會中產生了越來越多的上倫理價值改變與偏差行為。除了資訊素養的訓練外，如何在一定的行為準則與價值要求下，從事社群相關活動時該遵守的規範，就有待於資訊倫理體系的建立。

倫理是什麼？倫理強調的是人際關係中的規範，簡單來說，「資訊倫理」就是探究人類使用資訊行為對與錯之問題，適用的對象則包含了廣大的資訊從業人員與使用者，範圍則涵蓋了使用資訊與網路科技的價值觀與行為準則。例如社群網站把人們從現實生活帶入虛擬世界，已經成為現代人生活的一部分，隨時隨地均可透過網路留言或發表言論，如果發現留言不當而予以刪除時，在法律上仍然構成公然侮辱罪。甚至德國最近還通過規範社群平台的一項新法令，任何張貼出有關種族歧視、違法、極端仇恨等言論的發文或評論，社群平台都得在24 小時之內刪除，否則即將處以五百萬歐元罰款。

接下來我們將引用 Richard O. Mason 在 1986 年時提出以資訊隱私權（Privacy）、資訊正確性（Accuracy）、資訊所有權（Property）、資訊存取權（Access）等四類議題，稱為 PAPA 理論，來探討虛擬網路社群在面對資訊倫理議題時，如何以完整的行為模式來討論資訊倫理的標準所在，讓人們在社群平台的一切言論，都獲得規範。

5-4-1 資訊隱私權

在今天高速資訊化環境中，不論是電腦或網路社群中所流通的資訊，都已是一種數位化資料，透過電腦硬碟或網路雲端資料庫的儲存，因此取得與散佈機會也相對容易，間接也造成隱私權容易被侵害的潛在威脅，越來越受到消費者對隱私權日益重視。

隱私權在法律上的見解，就是一種「獨處而不受他人干擾的權利」，屬於人格權的一種，是為了主張個人自主性及其身分認同，並達到維護人格尊嚴為目的，在國外隱私權政策最早可以追溯到 1988 年 10 月，歐盟當時通過監督隱私權保護指導原則（OECD 原則），而到了 1997 年 7 月則有美國政府也公佈「全球電子商務架構」的政策等，都是針對現代網路社會隱私權的討論。

「資訊隱私權」則是討論有關個人資訊的保密或予以公開的權利，並應該擴張到由我們自己控制個人資訊的使用與流通，核心概念就是在於個人掌握資料之產出、利用與查核權利。包括什麼資訊可以透露？什麼資訊可以由個人保有？也就是個人有權決定對其資料是否開始或停止被他人收集、處理及利用的請求，並進而擴及到什麼樣的資訊使用行為，可能侵害別人的隱私和自由的法律責任。

首先各位要清楚任何訊息發布到社群上都是公開的，特別是智慧手機使得隨時隨地在社群媒體上與其他人保持聯繫成為可能，在社群媒體上的發文不一定只有你的粉絲可以看到，這些內容也可能被其他人，甚至所有人看到。例如你不太需要建立完整的會員個人資料，因此沒有必要揭露的資訊，盡量不要提供，因此要盡可能避免在社群網站發表自己或其他人的私密訊息，或在聊天室分享敏感的業務資訊，有些人喜歡未經當事人的同意，而將寄來的 E-mail 轉寄給其他人，這就可能侵犯到別人的資訊隱私權。如果是未經網頁主人同意，就將該網頁中的文章或圖片轉寄出去，就有侵犯重製權的可能。

之前臉書為了幫助用戶擴展網路上的人際關係，設計了尋找朋友（Find Friends）功能，並且直接邀請將這些用戶通訊錄名單上的朋友來加入 Facebook。後來德國柏林法院判決臉書敗訴，這個功能因為並未得到當事人同意而收集個人資料最為商業利用，後來臉書這個功能也改為必須經過用戶確認後才能寄出邀請郵件。

最近臉書又發生了與劍橋數據分析公司的醜聞來看，藉由心理測驗程式透過臉書取得用戶（和他們親友）的資訊，未經過同意把這些資料作為其他目的使用，因而導致臉書對於用戶的個資、隱私權的保障出現重大瑕疵，導致臉書的創辦人祖克柏親自出面道歉。Google 也十分注重使用者的隱私權與安全，當 Google 地圖小組在收集街景服務影像時會進行模糊化處理，讓使用者無法認出影像中行人的臉部和車牌，以保障個人的資訊隱私權，避免透露入鏡者的身分與資料。

目前數位行銷中最常用來追蹤瀏覽者行為以做為未來關係行銷的依據，就是使用 Cookie 這樣的小型文字檔。Cookie 在網際網路上所扮演的角色，基本上就是一種針對不同網路使用者而予以「個人化」功能的過濾機制，作用就是透過瀏覽器在使用者電腦上記錄使用者瀏覽網頁的行為，網站經營者可以利用 Cookie 來瞭解到使用者的造訪記錄，例如造訪次數、瀏覽過的網頁、購買過哪些商品等，進而根據 Cookie 及相關資訊科技所發展出來的客戶資料庫，企業可以直接鎖定特定消費者的消費取向，進而進行未來產品銷售的依據。

> **TIPS** Cookie 是網頁伺服器放置在電腦硬碟中的一小段資料，例如用戶最近一次造訪網站的時間、用戶最喜愛的網站記錄以及自訂資訊等。當用戶造訪網站時，瀏覽器會檢查正在瀏覽的 URL 並查看用戶的 Cookie 檔，如果瀏覽器發現和此 URL 相關的 Cookie，會將此 Cookie 資訊傳送給伺服器。這些資訊可用於追蹤人們上網的情形，並協助統計人們最喜歡造訪何種類型的網站。

不過從另一個角度來看，在未經社群用戶同意的情況下，收集、處理、流通甚至公開其個人資料，更加凸顯出個人隱私保護與商業利益間的緊張關係與平衡問題。例如以台灣的個人資料保護法為例，蒐集、處理及利用個人資料都必須符合比例原則、合理關聯性原則。

▲ 上網過程中 Cookie 文字檔，透過瀏覽器記錄使用者的個人資料

（圖片來源：http://shopping.pchome.com.tw/）

隨著全球無線通訊的蓬勃發展及智慧型手機普及率的提升，結合無線通訊與網際網路的行動網路（Mobile Internet）服務成為最被看好的明星產業。其中相當熱門的定位服務（Location Based System, LBS）是電信業者利用 GPS、藍牙、Wi-Fi 熱點和行動通訊基地台來判斷你的裝置位置的功能，並將用戶當時所在地點及附近地區的資訊，下載至用戶的手機螢幕上，當電信業者取得用戶所在地的資訊，就會帶來各種行動行銷的商機。

這時有關定位資訊的控管與利用當然也會涉及隱私權的爭議，因為用戶個人手機會不斷地與附近基地台進行訊號聯絡，才能在移動過程中接收來電或簡訊，因此相關個人位址資訊無可避免的會暴露在電信業者手中。濫用定位科技所引發的隱私權侵害並非空穴來風，例如手機業者如果主動發送廣告資訊，會涉及用戶是否願意接收手機上傳遞的廣告與是否願意暴露自身位置，或者個人定位資訊若洩露給第三人作為商業利用，也造成隱私權侵害將會被擴大。

5-4-2　資訊精確性

資訊精確性,則是討論資訊使用者擁有正確資訊的權利,或資訊提供者必須提供正確資訊的責任。也就是除了確保資訊的正確性、真實性及可靠性外,還要規範提供者如果提供錯誤的資訊,所必須負擔的責任。網路社群成為大眾最仰賴的資訊媒介,在社群平台上,公開讓來自四面八方的網友討論,但是討論的內容的真實性,真的可以百分之百相信嗎?社群平台所面臨的最大問題之一是會被用來散播假消息,社群媒體上充斥著大量假新聞和錯誤資訊,特別是假新聞的散播會影響到個人和企業,錯誤資訊會造成扭曲的觀點和想法,例如有人謊稱哪裡遭到核彈衝突,甚至造成股市大跌,更有人提供錯誤的美容小偏方,而且社群媒體無孔不入的連結性讓假消息的傳播速度可能比真實新聞還要更加快速,更讓許多相信的網友深受其害,卻又是求訴無門,因此為了確保自己不要成為受害者或分享假新聞的幫兇,各位應該對點閱和分享的貼文與圖片保持警覺。

有些社群行銷業者為了讓產品快速抓住廣大消費者的目光,紛紛在廣告中使用誇張用語來放大產品的效用,例如在廣告中使用世界第一、全球唯一、網上最便宜、最安全、最有效等誇大不實的用語來吸引消費者購買。或許成功達到廣告吸睛的目的,但稍有不慎就有可能觸犯不實廣告(False Advertising)的規範,這就是強調資訊精確性的重要。因此社群媒體平台不僅不能免責於平台上流通的內容,更應為資訊內容生態的健全發展,承擔起應有的責任。

由於平台本身很難去管控假新聞,使用者變成了第一道防線,2014 年時台灣三星電子在台灣就發生了一件稱為三星寫手事件,是指台灣三星電子疑似透過網路打手在網路與社群平台進行不真實的產品行銷被揭發而衍生的事件。三星涉嫌與網路業者合作雇用工讀生,假冒消費者在網路上發文誇大行銷三星產品的功能,蓄意惡意解讀數據,再以攻擊方式評論對手宏達電(HTC)出產的智慧式手機,企圖影響網路輿論,並打擊競爭對手的品牌形象。這也涉及了造假與所謂資訊精確性的問題。後來這個事件也創下了台灣網路行銷史上最高的罰鍰金額,除了金錢的損失以外,對於三星也賠上了消費者對品牌價值的信任。有些人更是利用網路匿名在社群網站或貼文等發布不實訊息罵人或批評別人,這也可能觸犯刑法第 27 條公然侮辱罪、刑法第 310 條誹謗(毀謗)罪。

5-4-3　資訊財產權

社群平台的普及改變了消費者對於媒體的使用習慣，結合大數據分析，促使品牌逐漸依賴數位平台作為行銷管道，也浮現了數位資產，或稱為資訊財產權的價值。資訊財產權，是指資訊資源的擁有者對於該數位資源所具有的相關附屬權利。簡單來說，就是要定義出什麼樣的資訊使用行為算是侵害別人的著作權，並承擔哪些責任。例如將網路或社群平台上所收集的圖片燒成 1 張光碟、拷貝電腦遊戲程式送給同學、將大補帖的軟體灌到個人電腦上、電腦掃描或電腦列印等行為都是侵犯到資訊財產權。或者你去旅遊時拍了一系列的風景照片，同學向你要了幾張留作紀念，但他如果未經你同意就把相片放在部落格或社群上當作內容時，不管展示的是原件還是重製物，也是侵犯了你的資訊財產權。或者網路行銷經常製作、投放的電視廣告（Commercial Film, CF），只要使用到他人著作，包括廣告中任何音樂都必須取得擁有資訊財產權所有人的授權。

隨著線上遊戲的魅力不減，且虛擬貨幣及商品價值日漸龐大，這類價值不斐的虛擬寶物需要投入大量的時間才可能獲得。也因此有不少針對線上遊戲設計的外掛程式，可用來修改人物、裝備、金錢、機器人等，最主要的目的最主要就是為了想要提升等級或打寶，進而縮短投資在遊戲裡的時間。遊戲社群戲中虛擬的物品不僅在遊戲中有價值，其價值感更延伸至現實生活中。這些虛擬寶物及貨幣，往往可以轉賣其它玩家以賺取實體世界的金錢，並以一定的比率兌換，這種交易行為在過去從未發生過。

▲ 天堂遊戲中的天幣是玩家打敗怪獸所獲得的虛擬貨幣

（圖片來源：http://LINEage2.plaync.com.tw/ ）

有些遊戲玩家運用自己豐富的電腦知識，利用特殊軟體（如特洛伊木馬程式）進入電腦或社群中暫獲取其他玩家的帳號及密碼，或用外掛程式洗劫對方的虛擬寶物，再把那些玩家的裝備轉到自己的帳號來。這樣的行為到底構不構成犯罪行為？由於線上寶物目前一般已認為具有財產價值，這已構成了意圖為自己或第三人不法之所有或無故取得、竊盜與刪除或變更他人電腦或其相關設備之電磁記錄的罪責，這當然也是侵犯了別人的資訊財產權。

> **TIPS** 比特幣（Bitcoin）是一種全球通用加密電子貨幣，是通過特定演算法大量計算產生的一種 P2P 形式虛擬貨幣，這個網路交易系統由一群網路用戶所構成，和傳統貨幣最大的不同是，比特幣執行機制不依賴中央銀行、政府、企業的支援或信用擔保，而是依賴對等網路中種子檔案達成的網路協定，持有人可以匿名在這個網路上進行轉賬和其他交易。隨國際著名集團或商店陸續宣布接受比特幣為支付工具後，比特幣日前市價直逼金價，吸引全球投資人目光，目前已經有許多網站開始接受比特幣交易。

5-4-4 資訊存取權

資訊存取權最直接的意義，就是在探討維護資訊使用的公平性，包括如何維護個人對資訊使用的權利？如何維護資訊使用的公平性？與在哪個情況下，組織或個人所能存取資訊的合法範圍，例如在社群中讓可以控制成員資格，並管理社群資源的存取權，也盡量避免共用帳號，以降低資訊存取風險，特別是分享前務必三思，因為任何一名員工都可能成為駭客級攻擊的切入點。隨著智慧型手機的廣泛應用，更容易發生資訊存取權濫用的問題，特別要注意勿觸犯個人資料保護法、落實企業義務。

通常手機的資料除了有個人重要資料外，還有許多朋友私人通訊錄與或隱私的相片。各位在下載或安裝 APP 時，有時會遇到許多 APP 要求權限過高，這時就可能會造成資訊安全的風險。蘋果 iOS 市場比 Android 市場更保護資訊存取權，例如 App Store 對於上架 APP 的要求存取權限與功能不合時，在審核過程中就可能被踢除外掉，即使是審核通過，iOS 對於權限的審核機制也相當嚴格。

我們知道 P2P（Peer to Peer）是一種點對點分散式網路架構，可讓兩台以上的電腦，藉由系統間直接交換來進行電腦檔案和服務分享的網路傳輸型態。雖然伺服器本身只提供使用者連線的檔案資訊，並不提供檔案下載的服務，可是凡事有利必有其弊，如今的 P2P 軟體儼然成為非法軟體、影音內容及資訊文件下載的溫床。雖然在使用上有其便利性、高品質與低價的優勢，不過也帶來了病毒攻擊、商業機密洩漏、非法軟體下載等問題。在此特別提醒讀者，要注意所下載軟體的合法資訊存取權，不要因為方便且取得容易，就造成侵權的行為。

▲ App Store 首頁畫面，下載 APP 時經常會發生資訊存取權的問題

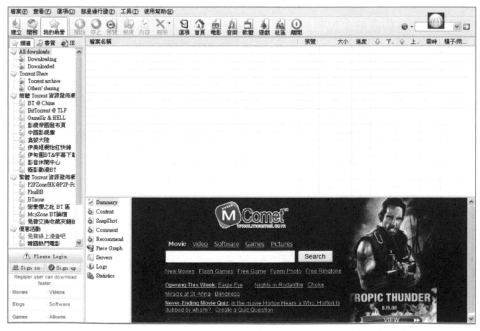

▲ 使用 BitComet 來下載軟體容易造成侵權的爭議

5-5 社群行銷與智慧財產權相關法規與爭議

網際網路是全世界最大的資訊交流平台，在社群行銷快速發展的同時，「智慧財產權」所牽涉的範圍也越來越廣，都使得所謂資訊智慧財產權的問題越顯複雜。有心透過網路創作，建立品牌影響力的店家來說，穩紮穩打才是經營個人品牌的「正道」，尤其是對於「著作權」的認識更是不可少。如何在網路上合法利用別人的著作，已成為我們每個人日常生活必須具備的基本常識。從網站設置、網頁製作、申請網域名稱、建置雲端資料庫、社群使用與貼文等，以及對營業有關的科技及商業資訊進行保密（加密）措施等，都直接涉及智慧財產權的相關法律問題。

5-5-1 認識智慧財產權

我國目前將「智慧財產權」（Intellectual Property Rights, IPR）劃分為著作權、專利權、商標權等三個範疇進行保護規範，這三種領域保護的智慧財產權並不相同，在制度的設計上也有所差異，權利的內容涵蓋人類思想、創作等智慧的無形財產，並由法律所創設之一種權利，或者可以看成是在一定期間內有效的「知識資本」（Intellectual Capital）專有權，例如發明專利、文學和藝術作品、表演、錄音、廣播、標誌、圖像、產業模式、商業設計等等。說明如下：

- **著作權**：指政府授予著作人、發明人、原創者一種排他性的權利。著作權是在著作完成時立即發生的權利，也就是說著作人享有著作權，不須要經由任何程序，當然也不必登記。

- **專利權**：專利權是指專利權人在法律規定的期限內，對保其發明創造所享有的一種獨佔權或排他權，並具有創造性、專有性、地域性和時間性。但必須向經濟部智慧財產局提出申請，經過審查認為符合專利法之規定，而授與專利權。

- **商標權**：商標是指企業或組織用以區別自己與他人商品或服務的標誌，自註冊之日起，由註冊人取得「商標專用權」，他人不得以同一或近似之商標圖樣，指定使用於同一或類似商品或服務。

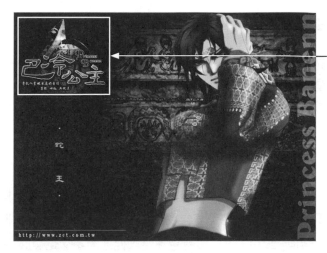

巴冷公主商標
是屬於榮欽科
技公司所有

5-5-2 著作權的內容

著作權則是屬於智慧財產權的一種，我國也在保護著作人權益，調和社會利益，促進國家文化發展，制定著作權法，而著作權內容則是指因著作完成，就立即享有這項著作著作權，而受到著作權法的保護。我國著作權法對著作的保護，採用「創作保護主義」，而非「註冊保護主義」。不須要經由任何程序，當然也不必登記。著作財產權的存續期間，於著作人之生存期間及其死後五十年。至於著作權的內容則包括以下兩項：

「著作人格權」及「著作財產權」，分述如下：

著作權內容	說明與介紹
著作人格權	• 姓名表示權：著作人對其著作有公開發表、出具本名、別名與不具名之權利。 • 禁止不當修改權：著作人就此享有禁止他人以歪曲、割裂、竄改或其他方法改變其著作之內容、形式或名目致損害其名譽之權利。例如要將金庸的小說改編成電影，金庸就能要求是否必須忠於原著，能否省略或容許不同的情節。 • 公開發表權：著作人有權決定他的著作要不要對外發表，如果要發表的話，決定什麼時候發表，以及用什麼方式來發表，但一經發表這個權利就消失了。
著作財產權	包括重製、公開口述、公開播放、公開上映、公開演出、公開展示、公開傳輸權、改作權、編輯權、出租權、散布權等。

5-5-3　合理使用原則

基於公益理由與基於促進文化、藝術與科技之進步，為避免著作權過度之保護，且為鼓勵學術研究與交流，法律上乃有合理使用原則。著作權法第一條開宗明義就規定：「為保障著作人著作權益，調和社會公共利益，促進國家文化發展，特制定本法。本法未規定者，適用其他法律之規定。」

國內著作權法目前廣泛規範的刑責，已經造成資訊數位內容產業發展上的瓶頸，任意地下載、傳送、修改等行為，都可能構成侵害著作權，也造成相關業者很大的困擾。因此保護作者是著作權法中很重要的目的之一，但這絕不是著作權法所宣示的唯一政策。還必須考慮到要「促進國家文化發展」，也就是為了公益考量，又以「合理使用」規定，限制著作財產權可能無限上綱之行使。

所謂著作權法的「合理使用原則」，就是即使未經著作權人之允許而重製、改編及散布仍是在合法範圍內。其中的判斷標準包括使用的目的、著作的性質、佔原著作比例原則與利用結果對市場潛在影響等。

例如對於教育、研究、評論、報導或個人非營利使用等目的，在法律所允許的條件下，得於適當範圍內逕行利用他人著作，不經著作權人同意，而不會構成侵害著作權。著作權政策一直在作者的私利與公共利益間努力維繫平衡，並無具體之法律定義與界線，其平衡關鍵即在於如何促進國家文化的發展，希望能達到著作權人僅享有著作權法上所規範的一定權利，至於著作權法未規範者，均屬社會大眾所共同享有。在著作的合理使用原則下，也就是法律上不構成著作權侵害的個人使用型態，即使某些情形使用屬於合理，最好還是要明示出處，而且要以合理方式表明著作人的姓名或名稱。當然最佳的方式是在使用他人著作之前，能事先取得著作人的合法授權。

所謂的「合理使用」，除了註明出處與作者之外，著作權法第 52 條規定也指出「為報導、評論、教學、研究或其他正當目的之必要，在合理範圍內，得引用已公開發表之著作。」，而其中的重點就在於「合理範圍的引用」，所謂的「理範圍的引用」指的是使用他人著作的「一小部份」。

5-5-4　個人資料保護法

隨著科技與網路的不斷發展，資訊得以快速流通，存取也更加容易，特別是在享受網路交易帶來的便利與榮景時，也必須承擔個人資訊容易外洩、甚至被不當利用的風險。例如某知名拍賣網站曾經被證實資料庫遭到入侵，導致全球有 1 億多筆的個資外洩，對於這些有大量會員的網購及社群網站在個資方面的投資與防護必須要再加強。

在台灣一般民眾對於個人資料安全的警覺度還算不夠，對於個資的蒐集與使用，總認為理所當然，過去台灣企業對個資保護一直著墨不多，導致民眾個資取得容易，造成詐騙事件頻傳，因此近年來個人資料保護的議題也就越來越受到各界的重視。經過各界不斷的呼籲與努力，法務部組成修法專案小組於 93 年間完成修正草案，歷經數年審議，終於 99 年 4 月 27 日完成三讀，同年 5 月 26 日總統公布「個人資料保護法」，其餘條文行政院指定於 101 年 10 月 1 日施行。

個人資料保護法，簡稱「個資法」，所規範範圍幾乎已經觸及到生活的各個層面，尤其新版個資法上路後，無論是公務機關、企業或自然人，對於個人資訊的蒐集、處理或利用，都必須遵循該法規的規範，應當採取適當安全措施，以防止個人資料被竊取、竄改或洩漏。個資法所規範個資的使用範圍，不論是電腦中的數位資料，或者是寫在紙張上的個人資料，全都一體適用，不僅都有嚴格規範，而且制定嚴屬罰則，否則造成資料外洩或不法侵害，企業或負責人可能就得負擔高額的金錢賠償或刑事責任，並讓網站營運及商譽遭受重大損失，對於企業而言，肯定是巨大挑戰。

個資法立法目的為規範個人資料之蒐集、處理及利用，個資法的核心是為了避免人格權受侵害，並促進個人資料合理利用。這是對台灣的個人資料保護邁向新里程碑的肯定，不過相對的我們卻也可能在不經意的情況下，觸犯了個資法的規定。關於個人資料保護法的詳細條文，可以參考全國法規資料庫：http://law.moj.gov.tw/LawClass/LawAll.aspx?PCode=I0050021。

▲ 個人資料保護法

5-5-5　創用 CC 授權

▲ 台灣創用 CC 的官網

隨著數位化作品透過網路的快速分享與廣泛流通，各位應該都有這樣的經驗：有時因為電商網站設計或進行網路行銷時，需要到網路上找素材（文章、音樂與圖片），不免都會有著作權的疑慮。一般人因為害怕造成侵權行為，而不敢任意利用。近年來網路社群與自媒體經營盛行，例如一些網路知名電商社群時常有轉載他人原創內容的需求，因此被檢舉侵犯著作權而造成不少風波，也讓人再次思考網路著作權的議題。不過現代人觀念的改變，多數人也樂於分享，總覺得獨樂樂不如眾樂樂，也有越來越多人喜歡將生活點滴以影像或文字記錄下來，並透過許多社群來分享給普羅大眾。

因此對於網路上著作權問題開始產生了一些解套的方法，在網路上也發展出另一種新的著作權分享方式，就是目前相當流行的「創用 CC」授權模式。基本上，創用 CC 授權的主要精神是來自於善意換取善意的良性循環，不僅不會減少對著作人的保護，同時也讓使用者在特定條件下能自由使用這些作品，並因應各國的著作權法分別修訂，許多共享或共筆的網站服務都採用此種授權方式，讓大眾都有機會共享智慧成果，並激發出更多的創作理念。

所謂創用 CC（Creative Commons）授權是源自著名法律學者美國史丹佛大學 Lawrence Lessig 教授於 2001 年在美國成立 Creative Commons 非營利性組織，目的在提供一套簡單、彈性的「保留部分權利」（Some Rights Reserved）著作權授權機制。

「創用 CC 授權條款」分別由四種核心授權要素（「姓名標示」、「非商業性」、「禁止改作」以及「相同方式分享」），組合設計了六種核心授權條款（姓名標示、姓名標示—禁止改作、姓名標示—相同方式分享、姓名標示—非商業性、姓名標示—非商業性—禁止改作、姓名標示—非商業性—相同方式分享），讓著作權人可以透過簡單的圖示，針對自己所同意的範圍進行授權。創用 CC 的 4 大授權要素說明如下：

標誌	意義	說明
(i)	姓名標示	允許使用者重製、散佈、傳輸、展示以及修改著作，不過必須按照作者或授權人所指定的方式，標示出原著作人的姓名。
(=)	禁止改作	僅可重製重製、散佈、展示作品，不得改變、轉變或進行任何部份的修改與產生衍生作品。
($)	非商業性	允許使用者重製、散佈、傳輸以及修改著作，但不可以為商業性目的或利益而使用此著作。
(ↄ)	相同方式分享	可以改變作品，但必須與原著作人採用與相同的創用 CC 授權條款來授權或分享給其他人使用。也就是改作後的衍生著作必須採用相同的授權條款才能對外散布。

透過創用 CC 的授權模式，創作者或著作人可以自行挑選出最適合的條款作為授權之用，藉由標示於作品上的創用 CC 授權標章，因此讓創作者能在公開授權且受到保障的情況下，更樂於分享作品，無論是個人或團體的創作者都能夠在相關平台進行作品發表及分享。對使用者而言：可以很清楚知道創作人對該作品的使用要求與限制，只要遵守著作人選用的授權條款來利用這些著作，所有人都可以自由重製、散布與利用這項著作，不必再另行取得著作權人的同意。當然最好能夠完整保留這些授權條款聲明，日後如有紛爭便可作為該著作確實採用創用 CC 授權的證明。從另一方面來看，對著作人而言，採用創用 CC 授權，不但可以減少個別授權他人所要花費的成本，同時也能讓其他使用者清楚地了解使用你的著作所該遵守的條件與規定。

5-5-6　社群圖片或文字

許多社群用戶都會使用其他網站相關的圖片與文字，若未經由網站管理或設計者的同意就將其加入到自己的社群或貼文中，就會構成侵權的問題，或者從網路直接下載圖片，然後在上面修正圖形或加上文字做成海報，如果事前未經著作財產權人同意或授權，都可能侵害到重製權或改作權。至於自行列印網頁內

容或圖片，如果只供個人使用，並無侵權問題，不過最好還是必須取得著作權人的同意。不過如果只是將著作人的網頁文字或圖片作為超連結的對象，由於只是讓使用者作為連結到其他網站的識別，因此是否涉及到重製行為，仍有待各界討論。

▲ 社群任意使用他人網站圖片可能有侵權之虞

5-5-7　影片上傳問題

我們再來討論 YouTube 影音社群上影片所有權的問題，許多網友經常隨意把他人的影片或音樂上傳 YouTube 或其他社群平台供人欣賞瀏覽，雖然沒有營利行為，但也造成了許多糾紛，甚至有人控告 YouTube 不僅非法提供平台讓大家上載影音檔案，還積極地鼓勵大家非法上傳影音檔案，這就是盜取別人的資訊財產權。

▲ YouTube 上的影音檔案也擁有資訊財產權

後來 YouTube 總部引用美國 1998 年數位千禧年著作權法案（DMCA），內容是防範任何以電子形式（特別是在網際網路上）進行的著作權侵權行為，其中訂定有相關的免責的規定，只要網路服務業者（如 YouTube）收到著作權人的通知，就必須立刻將被指控侵權的資料隔絕下架，網路服務業者就可以因此免責。YouTube 網站充分遵守 DMCA 的免責規定，所以我們在 YouTube 經常看到很多遭到刪除的影音檔案。

5-5-8 網域名稱權爭議

任何連上 Internet 上的電腦，我們都叫做「主機」（Host）。而且只要是 Internet 上的任何一部主機都有唯一的 IP 位址去辨別它。IP 位址就是「網際網路通訊定位址」（Internet Protocol Address, IP Address）的簡稱。由於 IP 位址是一大串的數字組成，因此十分不容易記憶。所謂「網域名稱」（Domain Name）是以一組英文縮寫來代表以數字為主的 IP 位址，例如榮欽科技的網域名稱是 www.zct.com.tw。

在網路發展的初期，許多人都把「網域名稱」（Domain Name）當成是一個網址而已，扮演著類似「住址」的角色，後來隨著網路技術與電子商務模式的蓬勃發展，企業開始留意網域名稱也可擁有品牌的效益與功用，因為網域名稱不僅是讓電腦連上網路而已，還應該是企業的一個重要形象的意義，特別是以容易記憶及建立形象的名稱，更提升為辨識企業提供電子商務或網路行銷的表徵，成為一種有利的網路行銷工具。因此擁有一個好記、獨特的網域名稱，便成為現今企業在網路行銷領域中，相當重要的一項，例如網域名稱中有關鍵字確實對 SEO 排名有很大幫助，基於網域名稱具有不可重複的特性，使其具有唯一性，大家便開始爭相註冊與企業品牌相關的網域名稱。

由於「網域名稱」採取先申請先使用原則，許多企業因為尚未意識到網域名稱的重要性，導致無法以自身商標或公司名稱作為網域名稱。近年來網路出現了一群搶先一步登記知名企業網域名稱的「域名搶註者」（Cybersquatter），俗稱為「網路蟑螂」，讓網域名稱爭議與搶註糾紛日益增加，不願妥協的企業公司就無法取回與自己企業相關的網域名稱。政府為了處理域名搶註者所造成的亂象，或者網域名稱與申訴人之商標、標章、姓名、事業名稱或其他標識相同或近似，台灣網路資訊中心（TWNIC）於 2001 年 3 月 8 日公布「網域名稱爭議處理辦法」，所依循的是 ICANN（Internet Corporation for Assigned Names and Numbers）制訂之「統一網域名稱爭議解決辦法」。

本章 Q&A 練習

1. 請問資訊安全所討論的項目，也可以分別從哪四個角度來討論？

2. 何謂「資訊倫理」？有哪四種標準？

3. 請解釋「資訊隱私權」的內容。

4. 什麼是 Cookie? 有什麼用途？

5. 資訊精確性的精神為何？

6. 請解釋資訊存取權的意義。

7. 電子支付系統的架構有哪些？

8. 付款閘道（Payment Gateway）是什麼？請舉例說明。

9. 現代電子支付系統必須具備以下哪四種特性？

10. 什麼是「社群犯罪」？

11. 請簡述社交工程陷阱（Social Engineering）。

12. 什麼是跨網站腳本攻擊（Cross-Site Scripting, XSS）？

13. 請簡述殭屍網路（Botnet）的攻擊方式。

14. 試簡單說明密碼設置的原則。

15. 請說明 SET 與 SSL 的最大差異在何處？

16. 何謂著作權法的「合理使用原則」？

17. 請簡述用戶隱私權與定位資訊的控管與利用所帶來的爭議。

18. 請簡述創用 CC 的 4 大授權要素。

19. 請簡介創用 CC 授權的主要精神。

20. 什麼是網域名稱？網路蟑螂？

06
Chapter

臉書行銷的
關鍵熱門心法

Facebook 簡稱為 FB，中文被稱為臉書，是目前最熱門且擁有最多會員人數的社群網站，許多人幾乎每天一睜開眼就先上臉書，關注朋友們的最新動態，一般人除了由臉書來了解朋友的最新動態和訊息外，透過朋友的分享也能從中獲得更多更廣泛的知識，更包括這個社群平台提供各種應用程式，不管是遊戲或心理測驗，除了自己玩得開心，也可以和朋友一起玩，拉高朋友之間的互動率。

想玩遊戲，由臉書右側按下「功能表」鈕，在選單中有「玩遊戲」指令可以找到更多的遊戲

臉書不但能讓商店增加品牌業績，對店家來說也是接觸廣大消費者最普遍的管道之一，如果各位懂得利用臉書的龐大社群網路系統，藉由社群的人氣，增加粉絲們對於企業品牌的印象，更有利於聚集目標客群，並帶動業績成長，各位只要懂得善用臉書來進行行銷，必定可以用最小的成本，達到最大的成長效益。

最新動態可以看到臉書朋友所發佈的訊息

6-1 臉書行銷的第一步

在台灣使用臉書（FB）已經幾乎成為網路族每日的例行公事之一，特別是 Facebook 在功能上不斷推陳出新，店家開始經營 Facebook 時，心態上真要有鐵杵磨成針的毅力，當然如果各位能更熟悉 Facebook 所提供的各項功能，並吸取他人成功行銷經驗，肯定可以為商品帶來無限的商機。如果你還不知道怎麼發揮臉書行銷的最大效益嗎？事不宜遲，趕快先來申請個帳號吧！

6-1-1　申請帳號

各位想要建立一個 Facebook 新帳號其實很簡單，首先要擁有一個電子郵件帳號（E-mail），也可以使用手機號碼作為帳號，接著就是啟動瀏覽器，於網址列輸入 Facebook 網址（https://www.Facebook.com/r.php），就會看到如下的網頁，請在「建立新帳號」處輸入姓氏、名字、電子郵件或手機電話號碼、密碼、出生年月日、性別等各項資料，按下「註冊」鈕，再經過搜尋朋友、基本資料填寫與大頭貼上傳，就能完成註冊程序。

❶ 新會員由此輸入個人基本資料

❷ 按下「註冊」鈕完成註冊程序

6-1-2 登入臉書

擁有臉書的會員帳號後，任何時候就可以在臉書首頁輸入電子郵件／電話和密碼，按下「登入」進行登入。同一部電腦如果有多人共同使用，在註冊為會員後也可以直接按大頭貼登入會員帳號。

也可以直接按下大頭貼進行登入

臉書會員由此輸入帳號和密碼進行登入

臉書也是所有社群媒體平台上擁有最多的活躍用戶，由於臉書功能更新速度相當快，如果想即時了解各種新功能的操作說明，可以在臉書底端按下「使用說明」的連結，便進入下圖的說明頁面，不僅可以搜尋要查詢的問題外，也可以看到大家常關心的熱門主題：

如果想將 Instagram、LINE、YouTube、Twitter 等社群按鈕加入到臉書個人簡介中，可在視窗右上角按下「帳號」 ▾ 鈕，下拉選擇「查看你的個人檔案」。進入個人頁面後，切換到「關於」標籤，接著點選「聯絡和基本資訊」的類別，在其頁面中將想要連結的網站和社群、以及帳號設定完成，同時必須將「選擇分享對象」設為「所有人」，按下「儲存」鈕就可以完成設定。

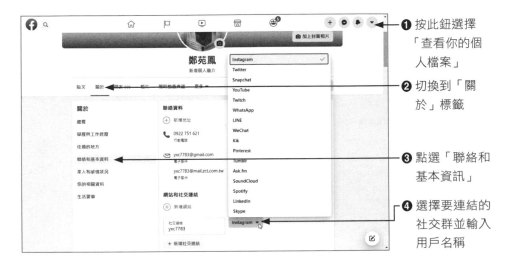

❶ 按此鈕選擇「查看你的個人檔案」

❷ 切換到「關於」標籤

❸ 點選「聯絡和基本資訊」

❹ 選擇要連結的社交群並輸入用戶名稱

各位要從智慧型手機上進行設定，可在進入臉書後點選個人的圓形大頭貼照，按下「選項」鈕進入「個人檔案設定」的頁面，接著點選「編輯個人檔案」鈕，在「編輯個人檔案」頁面下方的「連結」按下「新增」鈕，再由「社交連結」按下「新增社交連結」，接著選定社交軟體和輸入個人帳號，按下「儲存」鈕儲存設定。

6-2 臉書最新功能簡介

　接下來我們會陸續為各位介紹臉書中店家或品牌經常運用在社群行銷的最流行工具與相關功能，能讓品牌更容易鎖定不同的目標客群，如果想即時了解各種

新功能的操作說明，可以在帳戶名稱右側的下拉式三角形可以找到「協助和支援」，其中可以找到「使用說明」。

可以進入下圖的說明頁面，不僅可以搜尋要查詢的問題外，也可以看到大家常關心的熱門主題

6-2-1 最新相機功能

根據官分統計，臉書上最受歡迎、最多人參與的貼文中，就有高達 90% 以上是跟相片有關，比起閱讀網頁文字，80% 的消費者更喜歡透過相片瞭解產品內容。Facebook 內建的「相機」功能包含數十種的特效，讓用戶可使用趣味或藝術風格的濾鏡特效拍攝影像，更協助行銷人員將實體產品豐富的視覺元素，透過手機原汁原味呈現在用戶面前，例如邊框、面具、互動式特效等，只需簡單套用，便可透過濾鏡讓照片充滿搞怪及趣味性。如下二圖所示：

同一人物，套用不同的特效，產生的畫面效果就差距很大

要使用手機上的「相機」功能，請先按下「在想些什麼？」的區塊，接著在下方點選「相機」的選項，使進入相機拍照狀態。在螢幕下方選擇各種的效果按鈕來套用，選定效果後按下圓形按鈕就完成相片特效的拍攝。

相片拍攝後螢幕上方還提供多個按鈕，除了可隨手塗鴉任何色彩的線條外，也能使用打字方式加入文字內容，或是加入貼圖、地點和時間。如右圖所示：

由右而左依序為塗鴉、打字、貼圖、標助人名等設定

可加入貼圖、地點、時間等物件

螢幕左下方按下「儲存」鈕則是將相片儲存到自己的裝置中，或是按下「特效」鈕加入更多的特殊效果。

6-2-2 放送限時動態

限時動態（Stories）能讓臉書的會員以動態方式來分享創意影像，而且多了很多有趣的特效和人臉辨識互動玩法，限時動態已經被應用在 Facebook 家族的各項服務中，而且呈現爆發式的成長。限時動態功能會將所設定的貼文內容於 24 小時之後自動消失，除非使用者選擇同步將照片或影片發佈到塗鴉牆上，不然就會在限定的時間後自動消除。

相較於永久呈現在塗鴉牆的照片或影片，對於一些習慣刪文的使用者來說，應該更喜歡分享稍縱即逝的動態效果，對品牌行銷而言，限時動態不但已經成為品牌溝通重要的管道，正因為是 24 小時閱後即焚的動態模式，加上全螢幕的沈浸式的觀看體驗，會讓用戶更想常去觀看「即刻分享當下生活與品牌花絮片

段」的限時內容，並與粉絲透過輕鬆原創的內容培養更深厚的關係，也能透過這個方式與粉絲分享商家的品牌故事，為粉絲群提供不同形式的互動模式。

如何在極短時間中抓住消費者的目光，是限時動態品牌內容創作的一大考驗。想要發佈自己的「限時動態」，請在手機臉書上找到如下所示的「建立限時動態」，按下「+」鈕就能進入建立狀態，透過文字、Boomerang、心情、自拍、票選活動、圖庫照片選擇等方式來進行分享。在限時動態發佈期間，也可隨時查看觀看的用戶人數：

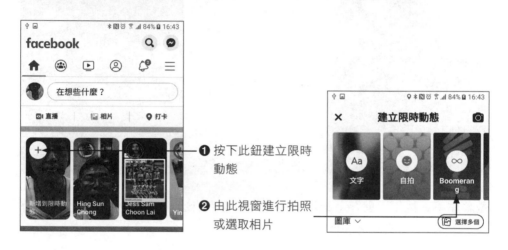

❶ 按下此鈕建立限時動態

❷ 由此視窗進行拍照或選取相片

6-2-3　新增預約功能

Facebook 提供了一些免費 Facebook 商業工具，包括 Facebook 預約、主辦付費線上活動、發佈徵才貼文、在網站新增聊天室，如右圖所示：

「新增預約功能」可以將粉絲化為顧客，目前可以設定開放預約的日期和時段及顯示可供用戶預約的服務，同時也可以自動發送預約確認和提醒訊息。

6-2-4　主辦付費線上活動

各位透過付費線上活動，可以在 Facebook 主辦線上活動並開放付費參加，讓粉絲在線上齊聚一堂，也只有這些粉絲可以以付費的方式來獨享內容，對主辦活動者而言也是可以增加收入，通常線上活動可以是直播視訊或訪談或有趣的活動安排，只要各位同意《服務條款》並新增你的銀行帳戶資訊，即可立即開始享用這項免費的行銷工具。

6-2-5　發佈徵才貼文

店家也可以在你的商家發佈徵才貼文，來協助各位快速找到合適的人才。

6-2-6　在網站新增聊天室

你的網站能輕鬆設定 Messenger 聊天室，來加強與粉絲之間的互動，也可以即時回應有關商家的各種問題，不要懷疑！這種免費的行銷工具，對你的商家業績的推廣與提升有相當大的幫助。

6-3 臉書熱門行銷密技

如果各位還像無頭蒼蠅一般，正在煩惱怎麼樣吸引更多粉絲，別著急！接下來我們將陸續為各位介紹臉書中可以運用在社群行銷商品或理念的相關工具與功能。

6-3-1 隨時放送的「最新動態」

不管是電腦版或手機版，首頁是各位在登入臉書時看到的第一頁內容；其中包括最新動態、朋友、粉絲專頁與其一連串貼文（持續更新）。根據臉書官方解釋，最新動態的目的就是讓使用者看見與自己最相關的內容，包含來自朋友、粉絲專頁、社團和店家的動態更新和貼文，在臉書裡面最常見也最簡單方便的行銷方式就是在「最新動態」進行行銷，隨時可以發表貼文、圖片、影片或開啟直播視訊，讓用戶在視覺效果強大的體驗中探索、思考，瀏覽及購買產品和服務。

最新動態上的行銷訊息也能在好友們的近況動態中發現，且能透過按讚及分享觸及到好友以外的客群，而達到行銷到朋友的朋友圈中，迅速擴散你的行銷商品訊息或特定理念。

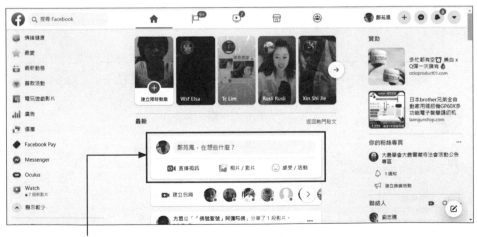

動態消息區可建立貼文、上傳相片 / 影片、或做直播

動態消息的目標是臉書期望讓用戶觸及自己最渴望的素材或是新事物，不只是朋友的貼文，只要是曾經按讚、留言及分享的資訊，都很容易出現在動態消息

上。新的「動態消息」可以讓各位直接由下方的圖鈕點選背景圖案，讓貼文不再單調空白，而按下右側的 ▦ 鈕還有更多的背景底圖可以選擇。

❷ 在此輸入文字內容　　按此鈕有更多的底圖可以選用，如右圖

❶ 由此列選取背景圖案　❸ 按「發佈」鈕發佈貼文

如果用戶希望每次開啟臉書時，都能將關注的對象或粉絲專頁動態消息呈現出來，搶先觀看而不遺漏，就透過「動態消息偏好設定」的功能來自行決定。請由視窗右上角按下 ▾ 鈕，下拉選擇「設定和隱私 / 動態消息偏好設定」指令。作法如下：

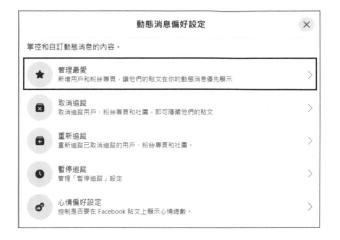

6-3-2　聊天室與 Messenger

我們都知道臉書不是發發貼文就能蹭出曝光量的事實，品牌需要投入更多資源並與用戶建立更高強度的關係連結，即時通訊 Messenger 就是不錯的工具。當各位開啟臉書時，那些臉書的朋友已上線，從右下角的「聯絡人」便可看得一清二楚。

已上線的臉書朋友都可由此窺知

按此鈕可看到 Messenger

按此到 Messenger 頁面

各位看到好友或粉絲正在線上，想打個招呼或進行對話，直接從「聯絡人」或「Messenger」的清單中點選聯絡人，就能在開啟的視窗中即時和朋友進行訊息的傳送，能讓 FB 經營更有黏著度。

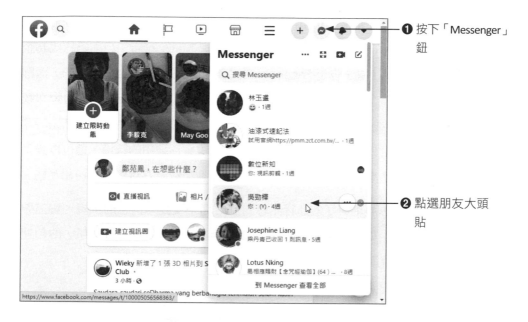

❶ 按下「Messenger」鈕

❷ 點選朋友大頭貼

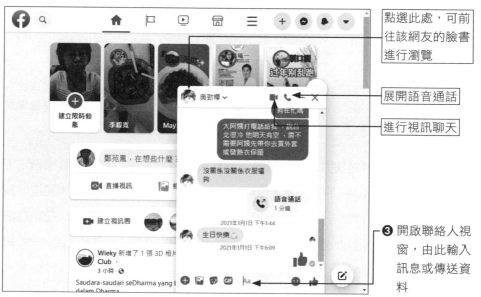

點選此處,可前往該網友的臉書進行瀏覽

展開語音通話

進行視訊聊天

❸ 開啟聯絡人視窗,由此輸入訊息或傳送資料

開啟的臉書聯絡人視窗,除了由下方傳送訊息、貼圖或檔案外,想要加朋友一起進來聊天、進行視訊聊天、展開語音通話,都可由直接在視窗上方進行點選。

每一個品牌或店家都希望能夠和自己的顧客建立良好的關係,而 Messenger 正是幫助你提供更好的使用者經驗的方法。臉書的「Messenger」目前已經成為企業新型態行動行銷工具,也是 Facebook 現在最努力推動的輔助功能之一,活躍使用的用戶正逐步上升中。過去人們可能因為工作之故,使用 Email 的頻率較高,相較於 EDM 或是傳統電子郵件,Messenger 發送的訊息更簡短且私人,開信率和點擊率都比 Email 高出許多,是最能讓店家靈活運用的管道,還可以設定客服時間,讓消費者直接在線上諮詢,以便與潛在消費者有更多的溝通和互動。

如果你希望能夠專心地與好友進行訊息對話,而不受動態消息的干擾,可在臉書右上角按下 💬 按鈕,再下拉按下底端的「到 Messenger 查看全部」的超連結,即可開啟即時通訊視窗。

❶ 直接點選聯絡人名稱,即可進行通訊

❷ 在此輸入訊息、傳送檔案或貼圖

視窗左側會列出曾經與對你對話過的朋友清單,並可加入店家的電話和指定地址,如果未曾通訊過的臉書朋友,也可以在左上方的 🔍 處進行搜尋。在這個獨立的視窗中,不管聯絡人是否已上線,只要點選聯絡人名稱,就可以在訊息欄中留言給對方,當對方上臉書時自然會從臉書右上角看到「收件匣訊息」 💬 鈕有未讀取的新訊息。

此外,利用 Messenger 除了直接輸入訊息外,也可以發送語音訊息、直接打電話,或是視訊聊天,相當便利。當各位的臉書有行銷的訊息發佈出去,臉書上的朋友大多是透過 Messenger 來提問,所以經營粉絲專頁的人務必經常查看收件匣的訊息,對於網友所提出的問題務必用心的回覆,這樣才能增加品牌形象,提升商品的信賴感。

6-3-3 上傳相片與標註人物

臉書的「相片」功能不但特別，也非常友善，可以記錄下個人或店家的精彩生活或產品服務，依照拍攝時間和地點來管理自己的相簿，同時也能讓臉書上的朋友們分享你的生活片段，從你所上傳的照片或影片中更了解你這位朋友。

凡是臉書上的朋友，只要點選他們的大頭貼，進入他們的臉書頁面後，就可以從他的「相片」中了解這個人的習性與喜好

除此之外，當朋友在相片中標註你的名字後，該相片也會傳送到你的臉書當中，並存放到你的「相片」標籤之中，讓你也能保留相片。

個人臉書的「相片」標籤

朋友在相片上標記你的名字，相片也會自動顯示在你的臉書之中

相片也是在動態消息或粉絲專頁中打造吸睛貼文的絕佳選擇，如果各位的相片想在臉書上成功獲得關注需要把握兩個基本要素；一是相片與產品呈現要融合一致，展現出產品能帶給顧客諸多好處的相關圖案，二是相片最好以說故事形

式呈現，文字比例適中的相片特別能獲得較佳的效果，讓用戶想要「停指」觀看你想傳達的訊息。此外，各位也要了解如何妥善管理相片，就要了解建立相簿的方法以及新增相片的方式。

在「相簿」標籤中按下「建立相簿」的超連結，將可把整個資料夾中的相片一併上傳到臉書上，尤其是團體的活動相片，為活動記錄精彩片段也能讓參與者或未參與者感受當時的熱絡氣氛。在新增相簿的過程中，你也可以為相片中的人物標註名字，這樣該相片也會傳送到對方的臉書「相片」中，相信被標註者也會感受你對他的重視。

❶ 在「相簿」標籤中按下「+」鈕

❷ 輸入相簿名稱與說明文字

❸ 按此鈕上傳相片或影片

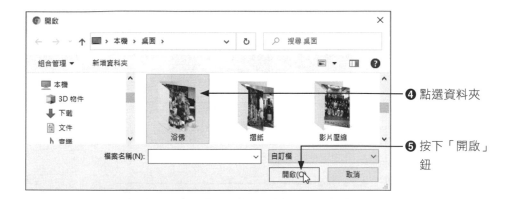

❹ 點選資料夾

❺ 按下「開啟」鈕

❻ 選取要上傳的相片

❼ 按下「開啟」鈕

❽ 點選人頭後，由此輸入或點選人名

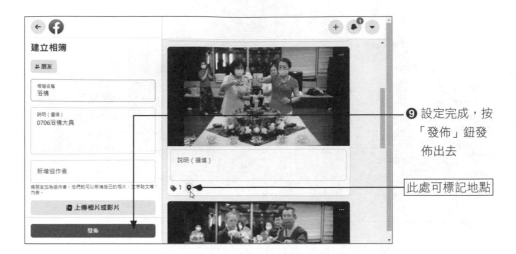

❾ 設定完成,按「發佈」鈕發佈出去

此處可標記地點

❿ 相簿建立完成

6-3-4　將相簿 / 相片「連結」分享

想要分享臉書中的相簿或相片給其他用戶或非臉書朋友嗎?其實臉書的相簿或相片都有連結的網址,只要複製該連結網址給朋友就可以了,不然相片檔在傳送時經常會經過壓縮,品質會較差些。這裡以臉書相簿為例,要取得連結的網址如下:

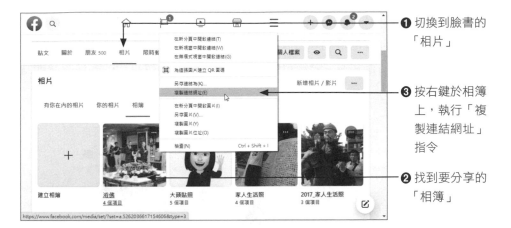

❶ 切換到臉書的
「相片」

❸ 按右鍵於相簿
上，執行「複
製連結網址」
指令

❷ 找到要分享的
「相簿」

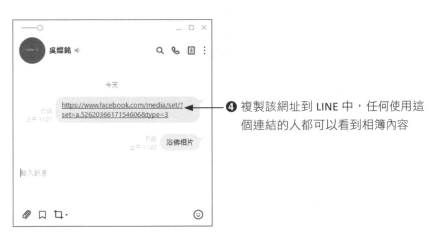

❹ 複製該網址到 LINE 中，任何使用這
個連結的人都可以看到相簿內容

如果是要分享相片，一樣是在相片上按右鍵，執行「複製連結網址」指令即可
取得連結網址。

 # 6-4 最強小編必學粉專經營技巧

粉絲經濟也算一種新的經濟形態，在這個時代做好粉絲經營，社群行銷就能事
半功倍，品牌要在社群媒體上出類拔萃，就必須提供粉絲具有價值的訊息。店
家在社群媒體上最常見的行銷手法，就是成立「粉絲專頁」帳號，所以很多的
企業、組織、名人等官方代表，都紛紛建立專屬的粉絲專頁，讓消費者透過按
「讚」的行為開始建立社交關係鏈，用來發佈一些商業訊息，或是與消費者做第
一線的拜訪與互動。

全世界有超過 8000 萬個以上中小企業在臉書上使用粉絲專頁，粉絲專頁（Pages）適合公開性的活動，而成為粉絲的用戶就可以在動態時報中，看到自己喜愛粉專上的消息狀況，這樣可以快速散播行銷活動訊息，達到與粉絲即時互動的效果。

▲ 愛迪達的粉專小編相當用心經營

一位成功的小編必須知道網友的特質是「喜歡分享」、「需要溝通」、「心懷感動」，無論在任何社群平台的行銷策略，在找到目標受眾後，除了了解他們的興趣、痛點、年齡、性別等資訊，不僅僅是把好的想法變成實際的創意產品，更要源源不絕的冒出新奇梗，必須十八般武藝樣樣精通，簡單來說，就是什麼都要會！

6-4-1　粉絲專頁類別

粉絲專頁是用戶能夠公開與企業商家、個人品牌或組織聯繫，也可以展示商品或服務、募集捐款和建立廣告，讓臉書的用戶能夠透過粉絲專頁探索內容或建立聯繫。每個臉書帳號都可以建立與管理多個粉絲專頁，雖然沒有設限粉絲頁

的數目，但是粉絲頁的經營就代表著企業的經營態度，必須用心經營與照顧才能給粉絲們信任感。經營粉絲專頁沒有捷徑，為了滿足各式消費者的好奇心，例如需要有粉絲專頁的封面相片、大頭貼照，這樣才能讓其他人可以藉由這些資訊來快速認識粉絲專頁的主題。

粉絲專頁封面

進入粉專頁面，第一眼絕對會被封面照吸引，因此擁有一個具設計感的封面照肯定能為你的粉專大大加分，自然封面照在粉絲頁的重要性就不言可喻，封面主要用來吸引粉絲的注意，一開始就要緊抓粉絲的視覺動線，盡量能在封面上顯示粉絲專頁的產品、促銷、活動、甚至是主題標籤（Hashtag）都可以把它放上封面，或是任何可以加強品牌形象的文案與 Logo，封面照的整體風格所傳達的訊息就至關重要，我們要注意的是，粉絲專頁的封面為公開性宣傳，不能造假或有欺騙的行為，也不能侵犯他人的智慧財產權。

大頭貼照

在 FB 的粉專頁面之中，有兩個最重要的視覺區塊：大頭貼照與封面照片。大頭貼照從設計上來看，最好嘗試整合大頭照與封面照，加上運用創意且吸睛的配色，讓你的品牌被一眼認出。

粉絲專頁說明

請依照粉絲專頁類型而定，可以加入不同類型的基本資料，粉絲專頁所要提供的資訊，包括專頁的類別、名稱、網址、開始日期、營業時間、簡短說明、版本資訊、詳細說明、價格範圍、餐點、停車場、公共運輸等各種資料，重點在你的業務內容、服務或粉絲專頁成立的宗旨，字元上限為 255 個字。基本資料填寫越詳細對消費者／目標受眾在搜尋上有很大的幫助，假設你開設的是實體商店，並希望增加在地化搜尋機會，那麼填寫地址、當地營業時間是非常重要的，而且千萬別選錯了類別。

6-5 菜鳥小編手把手熱身操

粉絲專頁的內容絕對是經營成效最主要的一個重點，平時腦力激盪出的各式文案都可傾巢而出，專頁上所提供的訊息越多越好，每一個細節都有可能是成敗關鍵，當各位對於粉絲專頁的封面相片和大頭貼照的呈現方式了解之後，接著就可以開始準備申請與設定粉絲專頁。請從個人臉書右上角的「建立」處下拉選擇「粉絲專頁」指令，只要輸入的粉絲專頁「名稱」和「類別」並呈現綠色的勾選狀態，就可以建立粉絲專頁。

❶ 按下「建立」鈕

❷ 點選「粉絲專頁」指令

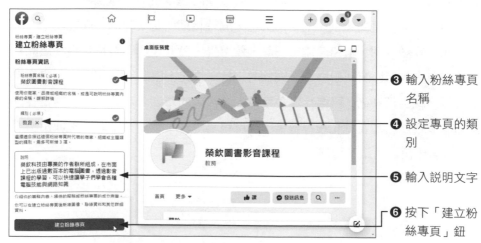

❸ 輸入粉絲專頁名稱

❹ 設定專頁的類別

❺ 輸入說明文字

❻ 按下「建立粉絲專頁」鈕

當各位按下「建立粉絲專頁」的按鈕後，你可在右側切換畫面為「行動版預覽」或「桌面版預覽」，同時在左側的欄位中還可以繼續加入大頭貼照和封面相片。

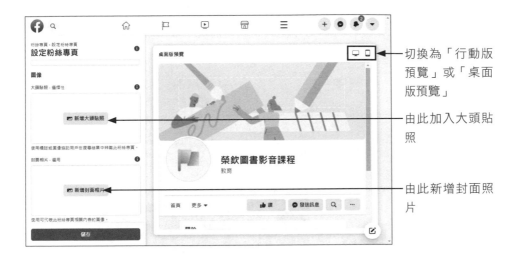

切換為「行動版預覽」或「桌面版預覽」

由此加入大頭貼照

由此新增封面照片

6-5-1　大頭貼照及封面相片

在大頭貼照和封面相片部分，請依照指示分別按下「新增大頭貼照」和「新增封面相片」鈕將檔案開啟，最後按下「儲存」鈕儲存圖像、就可以看到建立完成的畫面效果。

加入的粉絲專頁相片或大頭貼照，主要是讓用戶對你的品牌或形象產生影響和
聯結，封面照片是佔據粉絲專頁最大版面的圖片，如果一段時間後想要更新，
可以在封面相片右下角按下「編輯」鈕，而大頭貼照則是從下方按下相機圖
示，再從顯示的選項中選取「編輯大頭貼照」即可。

6-5-2 用戶名稱的亮點

對於新手而言，臉書很貼心提供了各種輔導，只要依序將臉書所列的項目設定
完成，就能讓粉絲頁快速成型，增加曝光機會，而這些資訊對粉絲來說都是重

要的訊息。你可以輸入商家的詳細資料，新增你想銷售的商品及自訂符合你品牌風格的店面。

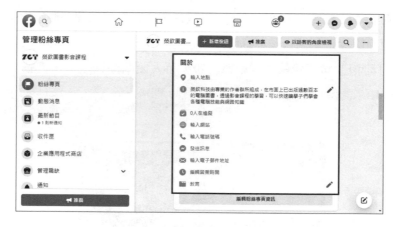

為粉絲頁建立獨一無二的用戶名稱

粉絲專頁建立後，你可以申請選擇一個用戶名稱，網址也將從落落長變成容易記憶和分享的短網址。因為粉絲專頁的用戶名稱就是臉書專頁的短網址，建議各位的用戶名稱使用官網網址或品牌英文名稱。網址也會反應企業形象的另一面，當客戶搜尋不到你的粉絲頁時，輸入短網址是非常好用的方法，所以盡量簡單好輸入，用戶名稱最好與品牌英文名、網址保持一致性。好的命名簡直就是成功一半，取名字時直覺地去命名，朗朗上口讓人可以記住且容易搜尋到為原則，如右圖所示的「美心食堂」。

▲ 粉絲專頁名稱 + 粉絲專頁編號

由於網址很長,又有一大串的數字,在推廣上比較不方便,而建立粉絲專頁的用戶名稱後,只要建立成功,就可以用簡單又好記的文字呈現,以後可以用在宣傳與行銷上,幫助推廣你的專頁據點。如下所示,以「Maximfood」替代了「美心食堂 -1636316333300467」。

為粉絲專頁建立用戶名稱時,要特別注意:粉絲專頁或個人檔案只能有一個用戶名稱,而且必須是獨一無二的,無法使用已有人使用的用戶名稱。另外,**用戶名稱只能包含英數字元或英文句點「.」,不可包含通用字詞或通用域名(.com 或 .net),且至少要 5 個字元以上。**

要設定或變更粉絲專頁的用戶名稱,必須是粉專的管理員才能設定,請在粉專名稱下方點選「建立粉絲專頁的用戶名稱」連結,即可進行設定:

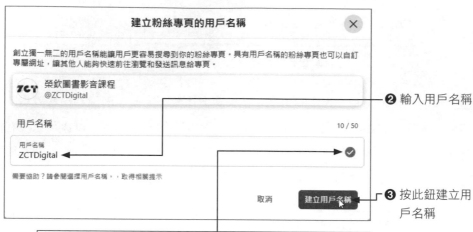

❷ 輸入用戶名稱

❸ 按此鈕建立用戶名稱

打勾表示可以使用，若已有他人使用的名稱，會在下方以紅字提醒用戶重新選擇，用戶名稱必須包含 5 個以上的英數字元

❹ 按「完成」鈕離開

用戶名稱變更完成，簡單又好記

6-5-3　粉專編輯功能

店家要讓粉絲們對於你的粉絲專頁有更深一層的認識，符合的相關資訊最好都能填寫完整，才能讓其他人了解你，使提供的資訊效益極大化。當要編寫粉絲專頁的資訊，請將粉絲專頁下移，在「關於」的欄位下方點選「編輯粉絲專頁資訊」的按鈕，就能開始編輯粉絲專頁的資訊：

❶ 按此鈕

❷ 依序切換到「聯絡資料」、「定位服務」、「營業時間」、「更多」等標籤頁進行資料的輸入

6-5-4　邀請朋友來按讚

要做好粉絲行銷，首先就必須要用經營朋友圈的態度，而不是從廣告推銷的商業角度，說實話，沒有人喜歡不被回應、已讀不回，因此必須定期的發文撰稿、上傳相片/影片做宣傳、注意粉絲留言並與粉絲互動，如此才能建立長久的客戶，加強企業品牌的形象。經營粉絲專頁就跟開店一樣，特別是剛開立粉絲專頁時，店家想讓粉絲專頁可以觸及更多的人，首先一定會邀請自己的臉書好友幫你按讚，朋友除了可以和你的貼文互動外，也可以分享你所發佈的內容，請在如下的區塊中按下「顯示全部朋友」鈕，就可以勾選朋友的大頭貼並進行傳送：

❶ 按下此鈕

❷ 勾選朋友

❸ 按下「傳送邀請」鈕

當朋友們看到你所寄來的邀請，只要他一點選，就會自動前往到你的粉絲專頁，而按下「說這專頁讚」的藍色按鈕，就能變成你的粉絲了。

6-5-5　邀請 Messenger 聯絡人

Messenger 是目前大家常用的通訊軟體，在觀看臉書的同時就可以知道哪些朋友已上線，即使沒有在線上，想要聯絡也只要切換到「聊天室」就可以辦到。

由視窗右上方按下「Messenger」 💬 鈕，找到朋友的名字，可在下方將你想要傳達的內容和訊息傳送給對方，而對方只要點選圖示就能自動來到你的粉絲專頁了。

❶ 按此鈕點選好友名字，使開啟視窗

❷ 輸入粉絲專頁的訊息

❸ 按「傳送」鈕傳送訊息

請好朋友主動推薦你的粉絲專頁，他們就會變成你最佳的宣傳員，因為每個好朋友都各自有自己的朋友圈，即使他們不認識你也不會對你產生懷疑和防範，請朋友推薦粉絲專頁，這樣訊息擴散得會更加快速。

6-5-6　建立限時動態分享粉專

經營粉專可以透過限時動態的方式來和朋友分享粉絲專頁，讓親朋好友都知道你的粉絲專頁。以手機為例，在頁面下方按下「建立限時動態」鈕，就可以透過右圖的「文字」方式，將新設立的粉絲專頁推薦給朋友：

如果要在電腦版上建立限時動態，請在視窗右上角按下「＋」鈕並下拉選擇「限時動態」指令，即可建立相片的限時動態或文字的限時動態。

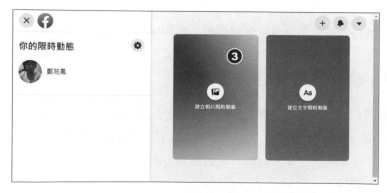

要將你的粉絲專頁推薦給他人，有時是需要靈感，或是搭上時勢潮流，如果你認為自己的靈感不夠多，不妨多多請益他人的粉絲專頁或公眾人物。這裡告訴各位一個小技巧，請在你電腦版的粉絲專頁左側按下「動態消息」鈕：

這是專為粉絲專頁打造的獨立動態消息，在此可以用粉絲專頁的身分與他人互動，就像使用個人檔案依樣簡單。首先選擇你要追蹤的對象，追蹤與你相關的粉絲專頁或公眾人物，能獲得更多實用的內容。另外，臉書會向你顯示來自相關粉絲專頁和公眾人物的貼文及更新內容，方便你從中取得靈感並應用在你的粉絲專頁中，所以你會看到幾個頁面的介紹說明。接下來請按下「追蹤」鈕追蹤別人的粉絲專頁和公眾人物，再按「前往動態消息」鈕，就能看到你追蹤的粉絲專頁，從中吸取經驗，為你的粉絲專頁增加更多的靈感與話題。

本章 Q&A 練習

1. 請簡介限時動態（Stories）功能。

2. 「悄悄傳」功能有什麼好處？

3. 直播行銷的好處是什麼？

4. 請列舉臉書「Messenger」的優點。

5. 請簡介在臉書辦活動的意義。

6. 請簡單說明如何在臉書直播？

7. 何謂 Webinar？試簡述之。

07
Chapter

視覺化 Instagram 行銷實戰

公車上、人行道、辦公室，處處可見埋頭滑手機的低頭族，隨著愈來愈多網路社群提供了行動版的行動社群，透過手機使用社群的人口正在快速成長，根據國外研究，Instagram 是所有社群中和追蹤者互動率最高的平台，與其他社群平台相比，IG 更常透過圖像 / 影音來說故事，讓用戶輕鬆使用相機作生活記錄，加上濾鏡效果處理後變成美美的藝術相片，捕捉瞬間的訊息相片然後與朋友分享。

▲ ESPRIT 透過 IG 發佈時尚短片，引起廣大迴響

 7-1 初探 IG 的奇幻之旅

我們可以這樣形容，Facebook 是最能細分目標受眾的社群網站，主要用於與朋友和家人保持聯絡，而 Instagram 則是最能提供用戶發現精彩照片和瞬間驚喜，並因此深受感動及啟發的平台。對於現代行銷人員而言，需要關心 Instagram 的原因是能近距離接觸到潛在受眾，根據天下雜誌調查，Instagram 在台灣 24 歲以下的年輕用戶占 46.1%。

如果各位懂得利用 IG 龐大社群網路，當然是要以手機為主要媒介，這樣進行美拍、瀏覽、互動或行銷就很方便。Instagram 主要在 iOS 與 Android 兩大作業系統上使用，也可以在電腦上做登錄，用以查看或編輯個人相簿。官網：https://www.instagram.com/。

▲ 星巴克經常在 Instagram 上推出促銷
　活動

▲ Samsung 使用 Instagram 行銷帶動 LG
　新手機上市熱潮

如果你還未使用過 Instagram，那麼這裡告訴大家如何從手機下載 Instagram APP，同時學會 Instagram 帳戶的申請和登入。

7-1-1　安裝 Instagram APP

假如各位是 iPhone 使用者，請至 App Store 搜尋「Instagram」關鍵字，若是使用 Android 手機，請於「Play 商店」搜尋「Instagram」，找到該程式後按下「安裝」鈕即可進行安裝。安裝完成桌面上就會看到 圖示鈕，點選該圖示鈕就可進行註冊或登入的動作。

按此鈕安裝 Instagram APP

安裝完成，手機 桌面顯示 IG 圖示

7-1-2 登入 IG 帳號

第一次使用 Instagram 社群的人可以使用臉書帳號來申請，或是使用手機、電子郵件進行註冊。由於 Instagram 已被 Facebook 公司收購，如果你是臉書用戶時，只要在臉書已登入的狀態下申請 Instagram 帳戶，就可以快速以臉書帳戶登入。如果沒有臉書帳號，就請以手機電話號碼或電子郵件來進行註冊。選擇以電話號碼申請時，手機號碼會自動顯示在畫面上，按「下一步」鈕 Instagram 會發簡訊給你，收到認證碼後將認證碼輸入即可。如果是以電子郵件進行申請，則請輸入全名和密碼來進行註冊。

也可以選用手機電話號碼或電子郵件進行註冊

Instagram 可以直接使用臉書帳號進行申請和登入

Instagram 比較特別的地方是除了真實姓名外還有一個「用戶名稱」，當你分享相片或是到處按讚時，就會以「用戶名稱」顯示，用戶名稱也能隨時可做更改，因為 IG 帳號是跟你註冊的信箱綁在一起，所以申請註冊時會收到一封確認信函要你確認電子郵件地址。

註冊的過程中，Instagram 會貼心地讓申請者進行「Facebook」的朋友或手機「聯絡人」的追蹤設定，如左下圖所示，要追蹤「Facebook」的朋友請在朋友大頭貼後方按下藍色的「追蹤」鈕使之變成白色的「追蹤中」鈕，這樣就表示完成追蹤設定，同樣的邀請 Facebook 朋友也只需按下藍色的「邀請」鈕，或是按「下一步」鈕先行略過，之後再從「設定」功能中進行用戶追蹤即可。

▲ 按下藍色按鈕就可以對臉書朋友進行「追蹤」或「邀請」

完成上述步驟後，各位就已經成功加入 Instagram 社群，無論選擇哪種註冊方式，各位已經朝向 Instagram 行銷的道路邁進。下回只要在手機桌面上按下 鈕就可直接進入 Instagram，不需要再輸入帳號或密碼等的動作。

7-2 個人檔案建立要領

經營個人 IG 帳戶時，就可以分享個人日常生活中的大小事情，偶而也可以作為商品的宣傳平台。各位想要一開始就讓粉絲與好友印象深刻，那麼完美的個人檔案就是首要亮點，個人檔案就像你工作時的名片，鋪陳與設計的優劣，可說是一個非常重要的關鍵，因為這是粉絲認識你的第一步：

個人簡介的內容隨時可以變更修改，也能與你的其他網站商城、社群平台做串接。各位要進行個人檔案的編輯，可在「個人」🔘 頁面上方點選「編輯個人檔案」鈕，即可進入如下畫面，其中的「網站」欄位可輸入網址資料，如果你有網路商店，那麼此欄務必填寫，因為它可以幫你把追蹤者帶到店裡進行購物。下方還有「個人簡介」，也盡量將主要銷售的商品或特點寫入，或是將其他可連結的社群或聯絡資訊加入，方便他人可以聯繫到你：

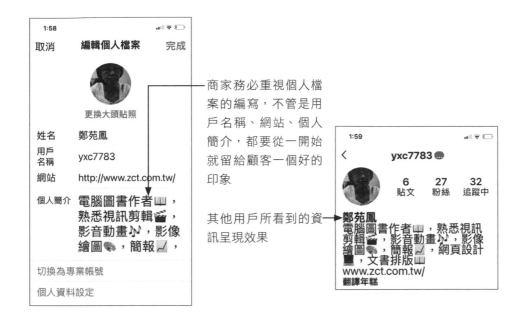

商家務必重視個人檔案的編寫，不管是用戶名稱、網站、個人簡介，都要從一開始就留給顧客一個好的印象

其他用戶所看到的資訊呈現效果

千萬不要將「個人簡介」欄位留下空白，完整資訊將給粉絲留下好的第一印象，如果能清楚提供訊息，頁面品味將看起來更專業與權威，記得隨時檢閱個人簡介，試著用 30 字以內的文字敘述自己的品牌或產品內容，讓其他用戶可以看到你的最新資訊。

7-2-1 大頭貼的設計

當各位有機會被其他 IG 用戶搜尋到，那麼第一眼被吸引的絕對會是個人頁面上的大頭貼照，圓形的大頭貼照可以是個人相片，或是足以代表品牌特色的圖像，以便從一開始就緊抓粉絲的眼球動線。大頭貼是最適合品牌宣傳的吸睛爆點，尤其在限時動態功能更是如此，也可以考慮以店家標誌（Logo）來呈現，運用創意且亮眼的配色，讓你的品牌能夠一眼被認出，讓粉絲對你的印象立馬產生聯結。

使用企業 LOGO 的大頭貼

使用個人相片的大頭貼

各位想要更換相片時,請在「編輯個人檔案」的頁面中按下圓形的大頭貼照,就會看到如下的選單,選擇「從 Facebook 匯入」或「從 Twitter 匯入」指令,

只要在已授權的情況下,就會直接將該社群的大頭貼匯入更新。若是要使用新的大頭貼照,就選擇「新的大頭貼照」來進行拍照或選取相片,加上運用創意且吸睛的配色,讓你的品牌被一眼認出,這也是讓整體視覺可以提升的絕佳方式。

7-2-2　帳號公開 / 不公開

在預設的狀態下,Instagram 會自動將你的帳號設定為公開,所以商家可以透過 Instagram 推廣自家商品,像是在貼文中加入「# 標籤」設定,能讓更多人藉由搜尋方式看到你的貼文。如果你只希望親朋好友看到你的貼文,那麼也可以將帳號設為不公開,如此只有你核准的人才可以看到你的相片和影片,但是粉絲並不會受影響。

此帳號為私人帳號

追蹤這個帳號即可查看他的相片和影片。

▲ 設定為「不公開帳號」，那麼該用戶的下方就會顯示如圖的標示，
　 除非追蹤該帳戶才可看到他的貼文

請切換到個人頁面👤，按下右上角的「選項」☰ 鈕，接著點選「設定」鈕，在「設定」頁面中點選「隱私設定和帳號安全」，再點選「帳號隱私設定」的選項，才會看到「不公開帳號」呈現灰色。

當各位按下灰色按鈕使之變藍色，就會將帳號設為「不公開」：

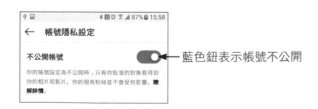

藍色鈕表示帳號不公開

7-2-3　贏家的命名思維

IG 所使用的帳戶名稱，名稱也最好能夠讓人耳熟能詳，因為名稱代表品牌給消費者的形象，想要在眾多品牌用戶中脫穎而出，取個好名字就是首要基本條件。所以當你使用 IG 的目的在行銷自家的商品，那麼建議帳號名稱取一個與商品相關的好名字，並添加「商店」或「Shop」的關鍵字，這樣被搜尋時就容易被其他用戶搜尋到。如左下圖所示的個人部落格，該用戶是以分享「高雄」美食為主，所以用戶名稱直接以「Kaohsiungfood」作為命名，自然而然的該用戶就增加被搜尋到機會。或是如右下圖所示，搜尋關鍵字「shop」，也很容易地就看到到該用戶的資料了。

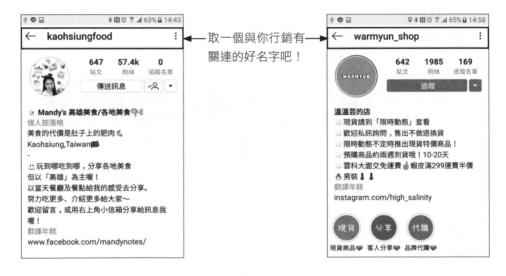

取一個與你行銷有關連的好名字吧！

千萬別以為你設定的用戶名稱無關緊要，用心選擇一個貼切於商品類別的好名稱，簡直就是成功一半，朗朗上口讓人好記且容易搜尋為原則，以後可以用在宣傳與行銷上，幫助店家來推廣商品。

7-2-4　新增商業帳號

在 Instagram 的帳號通常是屬於個人帳號，如果你想利用帳號來做商品的行銷宣傳，那麼也可以考慮選擇商業帳號，過去很多自媒體經營者仍舊使用「一般帳號」在經營 IG，強烈建議轉換成「商業帳號」，而且申請商業帳號是完全免費，

不但可以在 IG 上投放廣告，還能提供詳細的數據報告，容易讓顧客更深入瞭解你的產品、服務或商家資訊。

如果你使用的是商業帳號，自然是以經營專屬的品牌為主，主打商品的特色與優點，目的在宣傳商品，所以一般用戶不會特別按讚，追蹤者相對也會比較少些。你也可以將個人帳號與商業帳號兩個帳號並用，因為 Instagram 允許一個人能同時擁有 5 個帳號。早期使用不同帳號時必須先登出後才能以另一個帳號登入，現在則可以直接由左上角處進行帳號的切換，相當方便。

如果想要同時在手機上經營兩個以上的 IG 帳號，那麼可以在「個人」頁面中新增帳號。請在「設定」頁面下方選擇「新增帳號」指令即可進行新增。新帳號若是還沒註冊，請先註冊新的帳號喔！如圖示：

當擁有兩個以上的帳號後，若要切換到其他帳號時，可以從「設定」頁面下方選擇「登出」指令，登出後會看到左下圖，請點選「切換帳號」鈕，接著顯示右下圖時，只要輸入帳號的第一個字母，就會列出帳號清單，直接點選帳號名稱就可進行切換。

❷ 出現帳號清單時，
直接點選要登入的
帳號即可

❶ 按此切換帳號

此外，當手機已同時登入兩個以上的帳號後，你就可以從「個人」頁面的左上
角快速進行帳號的切換喔！

❶ 按此處

❷ 出現帳號清單時，直接
點選要進入的帳號名稱

若沒看到其他帳號，也可
以由此進行新增帳號

7-3 IG 聚粉不求人

Instagram 不只是能分享照片的社群平台，也是所有社群中和追蹤者互動率最高
的平台。經營 IG 真的需要有花費一段時間做功課，店家要成功吸引到有消費力
的客群加入，確實需要不少心力，不能抱著只把短期利益擺前頭，也不能因為
「別人都這樣做，所以我也要做」的盲從心理，反而不論是照片影片你都必須確

保具有一定水準，因為能讓貼文嶄露頭角的最重要指標就是高品質的內容。就跟我們開店一樣，要培養自己的客群，特別是剛開立帳號，商家們都期待可以觸及更多的人，一定會先邀請自己的好友幫你按讚。這樣就有機會相互追蹤，請他們為你上傳的影音／相片按讚（愛心）增強人氣。

7-3-1　探索用戶

在 Instagram 裡，透過追蹤好友可以了解朋友的動態，追蹤熱門人物或時尚品牌才能知道大多數人喜好。如果你是第一次使用 Instagram 社群，「首頁」 🏠 的畫面按下頁面中的「尋找要追蹤的朋友」鈕，即可找尋有興趣的對象來進行追蹤，如左下圖所示。而任何時候你都可在右下方按下 👤 鈕切換到「個人」頁面，接著按下右上方的 ☰ 鈕選擇「探索用戶」，即可針對朋友或熱門人物進行探索。

新用戶按此鈕尋找追蹤對象

尋找用戶的頁面，包括兩個標籤，一個是 IG 跟各位建議追蹤的名單，另一個則是你的朋友或手機上的聯絡人。通常按下 追蹤 鈕就會變成 追蹤中 的狀態。

7-3-2　推薦追蹤名單

曝光率就是行銷的關鍵，而且和追蹤人數息息相關，例如女性用戶大部分追求時尚和潮流，而男性則是喜歡嘗試了解新事物。各位可別輕忽 IG 跟各位推薦的

熱門追蹤名單,因為這裡的「建議」清單包含了熱門的用戶、已追蹤朋友所追蹤的對象、還有 IG 為你所推薦的對象。

每次 IG 為你建議的清單都不一樣,追蹤公眾人物可知道現今熱門的趨勢

有些帳戶必須得到對方的同意,所以按下「追蹤」鈕若變成「已要求」,就必須得到對方認可後才會進行追蹤

「首頁」🏠 通常是顯示已追蹤者所發佈的相片 / 影片的頁面,已追蹤的朋友如果要取消追蹤,可從朋友貼文的右上角按下「選項」⋮ 鈕,當出現如右下圖的功能表時選擇「停止追蹤」指令即可。

此外，按下鈕切換到「個人」頁面，右上方按下「追蹤中」就會進入「追蹤名單」的頁面，直接在欲取消追蹤者的後方按下「追蹤中」鈕，就能在開啟的視窗中選擇「停止追蹤」指令，悄悄的移除追蹤者。

7-3-3　廣邀朋友加入

其實不管經營任何一種社群平台，基本目標一定還是會多少在意粉絲數的增加，這樣就有機會相互追蹤，請他們為你上傳的影音／相片按讚（愛心）來增強人氣。請由「設定」頁面按下「追蹤和邀請朋友」鈕，接著點選「邀情朋友」的選項，下方會列出各項應用程式，諸如 Messenger、電子郵件、LINE、Facebook、Skype、Gmail 等，直接由列出清單中點選想要使用的圖鈕即可。

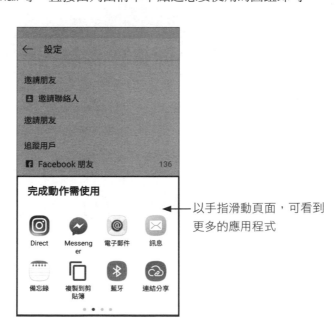

以手指滑動頁面，可看到
更多的應用程式

7-3-4　以 Facebook/Messenger/LINE 邀請朋友

從各社群邀請朋友加入也是不錯的方法，被如下所示，Facebook 只要留個言，設定朋友範圍，即可「分享」出去。Messenger 只要按下「發送」鈕就直接傳送，或是 LINE 直接勾選人名，按下「確定」鈕，系統就會進行傳送。

▲ Facebook 畫面

▲ Messenger 畫面

▲ LINE 畫面

7-4　IG 介面操作功能

各位小編要好好利用 Instagram 來進行行銷活動，當然要先熟悉它的操作介面，了解各種功能的所在位置，這樣用起來才能順心無障礙。Instagram 主要分為五大頁面，由手機螢幕下方的五個按鈕進行切換。

- **首頁**：瀏覽追蹤朋友所發表的貼文。

- **搜尋**：鍵入姓名、帳號、主題標籤、地標等，用來對有興趣的主題進行搜尋。

■ **新增**：可以新增貼文、限時動態或直播。

■ **商店**：點進「商店」分頁後用戶就能查看個人化推薦的商店與商品，可能是根據你按讚或追蹤的內容來推薦。

■ **個人**：由此觀看你所上傳的所有相片 / 貼文內容、摯友可看到的貼文、有你在內的相片 / 影片、編輯個人檔案，如果你是第一次使用 Instagram，它也會貼心地引導你進行。

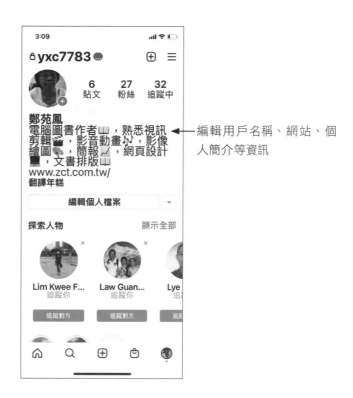

← 編輯用戶名稱、網站、個人簡介等資訊

7-5 爆量成交的 PO 文心法

社群平台如果沒有長期的維護經營，有可能會讓粉絲們無情地取消關注。如果希望自己的帳戶的追蹤者能像滾雪球一樣地成長，那麼就要讓粉絲喜歡你，不會有人想追蹤一個沒有內容的粉專，因此貼文內容扮演著最重要的角色，甚至粉絲都會主動幫你推播與傳達。因此必須定期的發文撰稿、上傳相片 / 影片做宣傳、注意貼文下方的留言並與粉絲互動，如此才能建立長久的客戶，加強店家與品牌的形象。

▲ 一次只強調一個重點，才能讓觀看者有深刻印象

各位在 IG 上貼文發佈頻率其實沒有一定的準則，不過如果經營 IG 的模式是三天打魚兩天曬網，時間久了粉絲肯定會取消追蹤，最好盡可能做到每天更新動態，或者一週發幾則近況，發文的頻率確實和追蹤人數的成長有絕對的關聯，例如利用商業帳號查看追蹤者最活躍的時段，就在那個時段發文，便能有效增加貼文曝光機會，或者能夠有規律性的發佈貼文，粉絲們就會願意定期追蹤你的動態。

但是也不要在同一時間連續更新數則動態，太過頻繁也會給人疲勞轟炸的感覺。當追蹤者願意按讚，一定是因為你的內容有料，所以必須保證貼文一定要有吸引粉絲的賣點才行。由於社群平台皆為開放的空間，所發佈貼文和相片都必須是真實的內容才行，同時必須慎重挑選清晰有梗的行銷題材，盡可能要聚焦，一次只強調一項重點，這樣才能讓觀看的用戶留下深刻的印象。

7-5-1 貼文撰寫的小心思

時下利用 Instagram 拉近與粉絲距離的店家與品牌不計其數，首先各位要清楚對大多數人而言，使用 Facebook、Instagram 等社群網站的初心絕對不是要購買東西，所以在社群網站進行商品推廣時，務必「少一點銅臭味，多一點同理心」，千萬不要一味地推銷商品，最好能在文章中不露痕跡地陳述商品的優點和特色。

在社群經營上，首要任務就是要懂你的粉絲，因為投其所好才能增加他們對你的興趣，例如用心構思對消費者有益的美食貼文，這樣不起眼的小吃麵攤有可能透過社群行銷，也能搖身變成外國旅客來訪時的美食景點，店家發文時，不妨試試提出鼓勵粉絲回應的問題，想辦法讓粉絲主動回覆，這是和他們保持互動關係最直接有效的方法。

▲ 設身處地為客戶著想，較容易撰寫出引人共鳴的貼文

發佈貼文的目的當然是盡可能讓越多人看到越好，一張平凡的相片，如果搭配一則好文章，也能搖身一變成為魅力十足的貼文。寫貼文時要注意標題訂定，設身處地為用戶著想，了解他們喜歡聽什麼、看什麼，或是需要什麼，這樣撰寫出來的貼文較能引起共鳴，千萬不要留一些言不及義的罐頭訊息或是丟表情符號或嗯啊這樣比較沒 fu 的互動方式。標題部分最好還能包括關鍵字，同時將關鍵字隱約出現在貼文中，然後同步分享到各社群網站上，如此可以大大增加觸及率。

7-5-2　按讚與留言

在 Instagram 中和他人互動是很簡單的事，對於朋友或追蹤對象所分享的相片 / 影片，如果喜歡的話可在相片 / 影片下方按下 ♡ 鈕，它會變成紅色的心型 ♥，這樣對方就會收到通知。如果想要留言給對方，則是按下 ◯ 鈕在「留言回應」的方框中進行留言。真心建議各位有心的店家每天記得花一杯咖啡的時間，去看看有哪些內容值得你留言分享給愛心。

按讚與留言

留言視窗

7-5-3 開啟貼文通知

不想錯過好友或粉絲所發佈的任何貼文，各位可
以在找到好友帳號後，從其右上角按下「選項」
鈕 ⋯ 鈕，並在跳出的視窗中點選「開啟貼文通
知」的選項，這樣好友所發佈的任何消息就不會
錯過。

點選此項，好友發佈貼文都不會錯過

同樣地，想要關閉該好友的貼文通知，也是同上方式在跳出的視窗中點選「關
閉貼文通知」指令就可完成。

在探索主題或是瀏覽好友的貼文時，對於有興趣的內容也可以將它珍藏起來，
也就是保存他人的貼文到 IG 的儲存頁面。要珍藏貼文請在相片右下角按下 🔖
鈕使變成實心狀態 🔖 就可搞定。貼文被儲存時，系統並不會發送任何訊息通知
給對方，所以想要保留暗戀對象的相片也不會被對方發現。

按此處進行珍藏，目前顯
示珍藏狀態

如果想要查看自己所珍藏的相片，切換到「個人」 ，按下右上方的 ☰ 鈕，接著點選「我的珍藏」，就會顯示「我的珍藏」頁面。如右下圖所示：

○ 設定

⟳ 典藏

⟲ 你的動態

🔳 QR 碼

🔖 我的珍藏 ❶

☰ 摯友

◎ 新冠病毒資訊中心

顯示所有珍藏的內容 →

剛剛新加入 → 的珍藏項目

由於珍藏的內容只有自己看得到，如果珍藏的東西越來越多時，可在「珍藏分類」的標籤建立類別來分類珍藏。設定分類的方式如下：

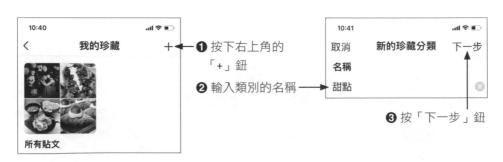

❶ 按下右上角的「+」鈕

❷ 輸入類別的名稱

❸ 按「下一步」鈕

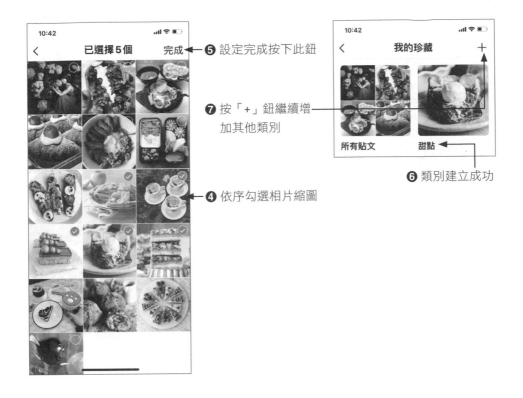

❺ 設定完成按下此鈕

❼ 按「＋」鈕繼續增加其他類別

❻ 類別建立成功

❹ 依序勾選相片縮圖

7-5-4　貼文加入驚喜元素

在這個資訊爆炸的時代，不會有人想追蹤一個沒有趣味的用戶，因此貼文內容扮演著重要的角色，在貼文、留言當中，或是個人檔案之中，可以適時地穿插一些幽默元素，像是表情、動物、餐飲、蔬果、交通、各種標誌等小圖示，讓單調的文字當中顯現活潑生動的視覺效果。

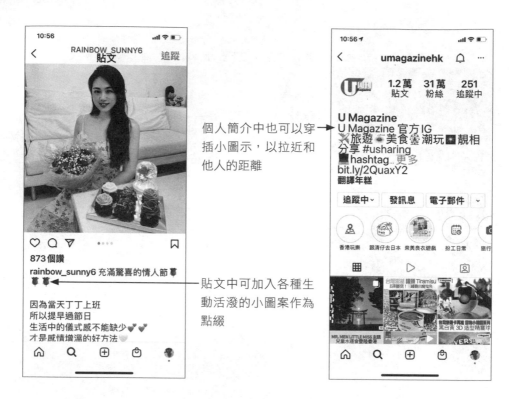

個人簡介中也可以穿插小圖示,以拉近和他人的距離

貼文中可加入各種生動活潑的小圖案作為點綴

各位要在貼文中加入這些小圖案一點都不困難,當你要輸入文字時,手機中文鍵盤上方按下 😀 鈕,就可以切換到小插圖的面板,如右下圖所示,最下方有各種的類別可以進行切換,點選喜歡的小圖示即可加入至貼文中。

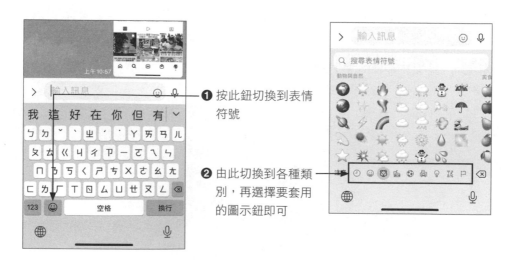

❶ 按此鈕切換到表情符號

❷ 由此切換到各種類別,再選擇要套用的圖示鈕即可

在首面中按下 ⊞ 的新增「貼文」中也可以輕鬆為文字貼文加入如上的各種小插圖，如左下圖所示。別忘了在首面中按下 ⊞ 的新增「限時動態」中，還可以使用趣味或藝術風格的特效拍攝影像，只需簡單的套用，便可透過濾鏡讓照片充滿搞怪及趣味性，讓相片做出各種驚奇的效果，偶爾運用也能增加貼文趣味性喔！

文字貼文也可以加入小插圖

進行拍照時，左右滑動可加入各種特效

7-5-5 跟人物 / 地點說 Hello

小編要在貼文中標註人物時，只要在相片上點選人物，它就會出現「這是誰？」的黑色標籤，這時就可以在搜尋列輸入人名，不管是中文名字或是用戶名稱，IG 或自動幫你列出相關的人物，直接點選該人物的大頭貼就會自動標註，如右下圖所示。同樣地，標註地點也是非常的容易，輸入一兩個字後就可以在列出的清單中找到你要的地點。

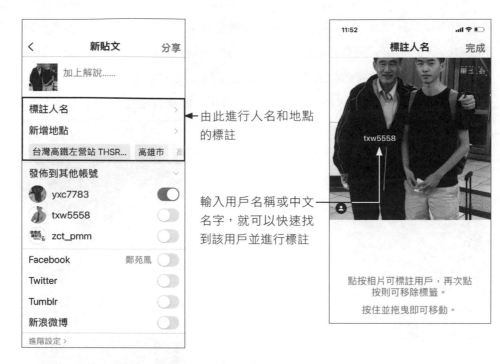

由此進行人名和地點的標註

輸入用戶名稱或中文名字，就可以快速找到該用戶並進行標註

7-5-6　推播通知設定

IG 主要是以留言為溝通管道，當你接收到粉絲留言時應該迅速回覆，一旦粉絲收到訊息通知，知道留言被回覆時，他也能從中獲得樂趣與滿足。若與粉絲間的交流變密切，粉絲會更專注你在 IG 上的發文，甚至會分享到其他的社群之中。如果你要確認貼文、限時動態、留言等各種訊息是否都會都知你，或是你不希望被干擾想要關閉各項的通知，那麼可在「設定」頁面的「通知」功能中進行確認。

點選「通知」後，你可以針對以上的幾項來選擇開啟或關閉通知，包括：「貼觀看文、限時動態和留言」、「追蹤名單和粉絲」、「訊息」、「直播和 IGTV」、「募款活動」、「來自 Instagram」、「其他通知類型」、「電子郵件和簡訊」、「購物」等。

 ## 7-6 豐富貼文的變身技

社群媒體是能經常接觸到品牌的地方，因此 IG 的貼文需要花許多時間經營與包裝，還需要編排出有亮點的文字內容，讓閱讀有更好的體驗。各位想要建立兼具色彩感的文字貼文，在 Instagram 中也可以輕鬆辦到，用戶可以設定主題色彩和背景顏色，讓簡單的文字也變得五彩繽紛。貼文不只是行銷工具，也能做為與消費者溝通或建立關係的橋樑，不妨嘗試一些具有「邀請意味」的貼文，友善的向粉絲表示「和我們聊聊天吧！」以文字來推廣商品或理念時盡可能要聚焦，而且一次只強調一項重點，這樣才能讓觀看的粉絲有深刻的印象。

7-6-1　建立限時動態文字

各位要建立限時動態文字，請在 IG 只要在 IG 下方按下 ⊞ 鈕，並在出現的畫面下方選定「限時動態」，並在畫面左側按「Aa」鈕建立「文字」，接著點按螢幕即可輸入文字。

❷ 按「Aa」鈕建立「文字」

❸ 點一下螢幕，開始輸入文字

按此鈕變換主題色彩

❶ 切換到「限時動態」

❹ 顯示你所輸入的文字內容

螢幕上方還提供文字對齊的功能，可設定靠左、靠右、置中等對齊方式。另外也提供字體色彩的變更及不同文字框的選擇：

這裡提供字體色彩的變更

變更及不同文字框的

按此鈕設定文字對齊方式

文字和主題色彩設定完成後，按下圓形的「下一步」鈕就會進入如下圖的畫面，點選「限時動態」、「摯友」、「傳送對象」等即可進行分享或傳送。

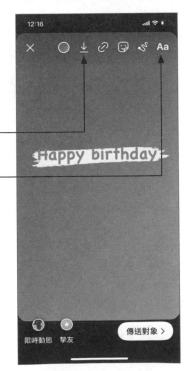

按此鈕可將畫面儲存下來

按此鈕可新增文字內容

7-6-2 吸睛 100 的文字貼文

各位可別小看「文字」貼文的功能，事實上 IG 的「文字」也可以變化出有設計風格的貼文，因為你可以為文字自訂色彩、為文字框加底色、幫文字放大縮小變化、為文字旋轉方向、也可以將多組文字進行重疊編排，讓你製作出與眾不同的文字貼文。善用這些文字所提供的功能，就能在畫面上變化出多種的文字效果，組合編排這些文字來傳達行銷的主軸，也不失為簡單有效的方法。

按點一下文字就可以進入編輯狀態，再次編輯文字或屬性

最後編輯的文字會放置在最上層

滑動兩指指間，可調整文字大小或旋轉角度

文字框加底色的效果

7-6-3 重新編輯上傳貼文

人難免有疏忽的時候，有時候貼文發佈出去才發現有錯別字，想要針對錯誤的資訊的進行修正，可在貼文右上角按下「選項」… 鈕，再由顯示的選項中點選「編輯」指令，即可編修文字資料。

❶ 按「選項」鈕

刪除

典藏

隱藏按讚人數

關閉留言功能

❷ 選擇「編輯」指令編輯資料 → 編輯

複製連結

分享至……

分享

取消

7-6-4　分享至其他社群網站

由於所有行銷的本質都是「連結」，對於不同受眾來說，需要以不同平台進行推廣，如果將自己用心拍攝的圖片加上貼文放在行銷活動中，對於提升粉絲的品牌忠誠度來說則有相當的幫助。因此社群平台的互相結合能讓消費者討論熱度和延續的時間更長，理所當然成為推廣品牌最具影響力的管道之一。

如果想要將貼文或相片分享到 Facebook、Twitter、Tumblr 等社群網站，只要在IG 下方按下 ⊕ 鈕選定相片，依序「下一步」至「新貼文」的畫面，即可選擇將貼文發佈到 Facebook、Twitter、Tumblr 等社群。由下方點選社群使開啟該功能，按下「分享」鈕相片 / 影片就傳送出去了。由於 Instagram 已被 Facebook收購，所以要將貼文分享到臉書相當的容易，請各位按下「進階設定」鈕使進入「進階設定」視窗，並確認偏好設定中有開啟「分享貼文到 Facebook」的功能，這樣就可以自動將你的相片和貼文都分享到臉書上：

7-6-5　加入官方連結與聯絡資訊

在前面的章節中我們曾經強調過，個人或店家都應該在「個人」頁面上建立完善的資料，包括個人簡介、網站資訊、電子郵件地址、電話等，因為這是其他用戶認識你的第一步。但是一般用戶在瀏覽貼文時並不會特別去查看，所以每篇貼文的最後，最好也能放上官方連結和聯絡的資訊。例如歌手羅志祥的每篇貼文後方一定會放入個人 IG 帳號或主題標籤，方便粉絲們最連結。如果有其他的聯絡資訊，如商家地址、營業時間、連絡電話等，方便粉絲直接連結和查看：

showlostager [20181019] 美好奇妙夜 3p
Sexy💧 @showlostage #showlo
#showlostage #羅志祥
Cr:泡泡冰專送｜羅志祥

👥各項活動可私訊詢問及報名！
🔍IG搜尋：va俱樂部
📱也可點選IG個人簡介 @focus0103 上的網站，詢問及報名！

本章 Q&A 練習

1. Instagram 行銷較適用於那些產業？

2. 請簡介 Instagram 的特性。

3. 請問探索人物的頁面，包括哪三個標籤？

4. 有哪些 Instagram 登入的方式？

5. 如何將所拍攝的相片 / 視訊和好朋友分享與行銷？

6. 請問 IG 的「文字」貼文有哪些功能？

7. 當各位選取素材後進入「下一步」會看到哪一種功能？

8. 請簡介 Instagram 的相機功能。

9. 如何將 IG 貼文分享至其他社群網站？

10. 請簡介 Instagram 所提供的相片「編輯」功能。

MEMO

08
Chapter

成功店家的 LINE
超級賺錢秘笈

隨著智慧型手機的普及，行動通訊軟體已經迅速取代傳統手機簡訊。國人最常用的 APP 前十名中，即時通訊類佔了四位，第一名便是 LINE。在台灣，國人最常用的前十名 APP 中，即時通訊類佔了四個，而第一名便是 LINE。隨著 LINE 社群的熱門而蓬勃興起的行動社群行銷，也能做為一種創新的行銷與服務通道。雖然在資訊傳播上不如 FB 與 IG，但是著重於品牌與人之間的交流，讓加入的用戶能夠在與 LINE 的接觸中感受出品牌與眾不同的特殊魅力！

LINE 的封閉性和資訊接收精準度，帶來了一種全新的商業方式，LINE 更提供了多元服務與應用內容，不但創造足夠的眼球與目光，更讓行銷可以不僅限於社群媒體的內容創作，而是屬於共同連結思考的客製化行銷服務。只要一個人、一部手機與朋友圈就可以準備在行動社群網路開賣賺錢了，才是 LINE 社群的真正行銷價值所在。

8-1 LINE 行銷簡介

LINE 主要是由韓國最大網路集團 NHN 的日本分公司開發設計完成，是一種可在行動裝置上使用的免費通訊 APP，能讓各位在一天 24 小時中，隨時隨地盡情享受免費通訊的樂趣，甚至透過免費的視訊通話和遠地的親朋好友聊天，就好像 Skype 即時通軟體一樣可以利用網路打電話或留訊息。LINE 自從推出以來，快速縮短了人與人之間的距離，讓溝通變得無障礙，不過 LINE 除了一般的通訊功能之外，有別於 FB、IG 等社群媒體的溝通模式，LINE 是由一對一的使用情境而出發延伸，許多店家與品牌都想藉由 LINE 行動精準行銷與消費者建立深度的互動關係。

8-2 LINE 行銷的集客風情

LINE 是亞洲最大的通訊軟體，全世界有接近三億人口是 LINE 的用戶，而在台灣就有二千多萬的人口在使用 LINE 手機通訊軟體來傳遞訊息及圖片。LINE 在台灣就相當積極推動行動行銷策略，LINE 公司推出最新的 LINE@ 生活圈 2.0 版 -LINE 官方帳號，類似 FB 的粉絲團，讓 LINE 以「智慧入口」為遠景，打造虛席整合的 OnLINE to OffLINE（O2O）生態圈，一方面鼓勵商家開設官方帳號，另一方面自己也企圖將社群力轉化為行銷力，形成新的社群行銷平台。

▲ LINE 與 LINE 官方帳號圖示並不相同

LINE 的功能不再只是在朋友圈發發照片，反而快速發展成為了一種新的經營與行銷方式，核心價值在於快速傳遞信息，包括照片分享、位置服務即時線上傳訊、影片上傳下載、打卡等功能變得更能隨處使用，然後再藉由社群媒體廣泛

的擴散效果，透過朋友間的串連、分享、社團、粉絲頁的高速傳遞，使品牌與行銷資訊有機會直接觸及更多的顧客。

LINE 的貼文不但沒有字數限制，還可以在中間插入許多圖片相片、影片等多媒體素材，例如標題是否能讓粉絲想點擊的興趣，最關鍵的是圖文是否能引起粉絲共鳴，避免落落長純文字內容，讓大多數潛在消費者主動關注，並有可能轉化成忠誠的客戶，跟臉書不同之處是不著重在追求粉絲數量，而是強調一對一的互動交流，所以不像臉書或其他社交平台可以創造熱門話題後引起迴響。各位要在手機上下載 LINE 軟體十分簡單，各位可以直接在安卓手機的「Play 商店」或蘋果手機「App Store」中輸入 LINE 關鍵字，即可安裝或更新 LINE APP：

蘋果手機「App Store」中輸入 LINE 關鍵字就可以安裝或更新 LINE 程式

8-3 LINE 貼圖

LINE 設計團隊真的很會抓住東方消費者含蓄的個性，例如用貼圖來取代文字，活潑的表情貼圖是 LINE 的很大特色，不僅比文字簡訊更為方便快速，還可以表達出內在情緒的多元性，不但十分療癒人心，還能馬上拉近人與人之間的距離，非常受到亞洲手機族群的喜愛。LINE 貼圖可以讓各位盡情表達內心悲傷與快樂，趣味十足的主題人物如熊大、兔兔、饅頭人與詹姆士等，更是 LINE 的超人氣偶像。

▲ 可愛貼圖行銷對於保守的亞洲人有一圖勝萬語的功用

8-3-1　企業貼圖療癒行銷

由於手機文字輸入沒有像桌上型電腦那麼便捷快速，對於聊天時無法用文字表達心情與感受時，圖案式的表情符號就成了最佳的幫手，只要選定圖案後按下「傳送」▶鈕，對方就可以馬上收到，讓聊天更精彩有趣。

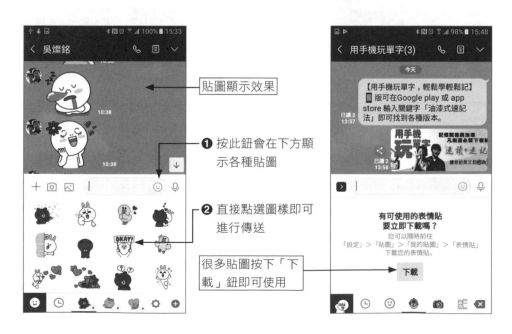

LINE 的免費貼圖，不但使用者喜愛，也早已成了企業的行銷工具，特別是一般的行動行銷工具並不容易接觸到掌握經濟實力的銀髮族，而使用 LINE 幾乎是全民運動，能夠真正將行銷觸角伸入中大齡族群。通常企業為了做推廣，會推出好看、實用的免費貼圖，打開手機裡的 LINE，裡會不定期推出免費的貼圖，吸引不想花錢買貼圖的使用者下載，下載的條件——加入好友就成為企業推廣帳號、產品及促銷的一種重要管道。

越來越多店家和品牌開始在 LINE 上架專屬企業貼圖，為了龐大的潛在傳播者，許多知名企業無不爭相設計形象貼圖，除了可依照自己需求製作，還可以讓企業利用融入品牌效果的貼圖，短時間就能匯集大量粉絲，將有助於品牌形象的提升。

例如立榮航空企業貼圖第一天的下載量就達到 233 萬次，千山淨水 LINE 貼圖兩週貼就破 350 萬次下載。根據 LINE 官方資料，企業貼圖的下載率約九成，使用率約八成，而且有三成用戶會記得贊助貼圖的企業。

只要加入好友就可下載可愛的企業貼圖

許多商家會提供貼圖免費下載，增加品牌知名度

8-4 個人檔案的貼心設定

經營 LINE 朋友圈沒有捷徑，必須要做足事前的準備，不夠完整或過時的資訊會顯得品牌不夠專業，店家想要在 LINE 上給大家一個特別的印象，那麼個人檔案的設定就絕對不可輕忽。尤其是當你擁有經營的事業或店面時，只要好友們點選你的大頭貼照時，就可以一窺你的個人檔案或狀態消息，如果沒有加入個人的相片作為憑證，為了預防詐騙集團安全起見，多數人是不會願意把你加為好友。接下來我們針對個人檔案的設定做說明，讓別人看到你特別有印象。LINE裡面設定或變更個人大頭貼照，請先切換到「主頁」 🏠 頁面，點選「設定」 ⚙ 鈕。接著點選「個人檔案設定」鈕即可進入「個人檔案」來進行大頭貼照、背景相片、狀態消息的設定。

設定大頭貼照

設定背景相片

加入背景歌曲

8-4-1　設定大頭貼照

經常聽到許多資深小編們提到：「讓消費者建立
第一印象的時間只有短短的 3 秒鐘」，因此大頭
貼的整體風格所傳達的訊息就至關重要。大頭貼
照主要用來吸引好友的注意，對方也可以確認你
是否是他所認識的人。按下大頭貼照可以選擇透
過「相機」進行拍照，或是從媒體庫中選取相片
或影片，另外也可以選擇虛擬人像。

LINE 提供的「相機」功能相當強大，除了一般
正常的拍照外，你還能在拍照前加入各種的貼圖
效果，或是套用各種濾鏡變化處理變成美美的藝
術相片，一開始就要緊抓好友的視覺動線，加上
運用創意且吸睛的配色，讓你的特色被一眼被認
出。如下圖所示是各種類型的貼圖效果，點選之
後可以看到套用後的畫面效果，調整好你的位置
與姿勢就可進行拍照。

套用濾鏡效果———

你也可以直接選擇照片或影片，你可以勾選「分享至限時動態」的選項，這樣按下「完成」鈕就會將你變更的相片自動張貼到「貼文串」的頁面中，接著各位就可以在個人檔案處看到大頭貼照片已更改。

狀態消息

好友清單上所顯示
的圓形大頭貼照

8-4-2　變更背景相片

在背景照片部分，如果你有經營事業或店面，那麼不妨將你的商品或相關的意念圖像加入進來，因為擁有一個具有亮眼設計感的背景相片，一定能為你的品牌大大加分，按下背景相片可以從手機中的「所有照片」來找尋你要使用的相片。

❶ 按個人封面照片

❷ 按「選擇個人封面」

挑選要成為個人封面的照片

你可以進行位置的調整或是旋轉畫面，按「下一步」鈕後還可在背景相片上加入塗鴉線條、輸入文字、可愛插圖、或濾鏡效果，讓你的底圖相片更具有特色

按「完成」鈕完成背景圖片的設定

個人封面已變更成功

8-5 建立 LINE 群組

LINE 行銷的起手式，無疑就是想方設法加入好友，有了一堆好友後，接下來就是建立群組，然後想方設法邀請好友們加入群組。如果你是小店家，想要利用小成本來推廣你的商品，那麼「建立 LINE 群組」功能不失為簡便實用的管道，好的群組行銷技巧，絕對不只把品牌當廣告。

建立群組除了可以和自己的親朋好友聯繫感情外，很多的公司行號或商品銷售，也都是透過這樣的方式來傳送優惠訊息給消費者。只要將你的親朋好友依序加入群組中，當有新產品或特惠方案時，就可以透過群組方式放送訊息，讓群組中的所有成員都看得到。有需要的人直接在群組中發聲，進而開啟彼此之間的對話就顯得非常重要。

設定背景相片

LINE 群組最多可以邀請 500 位好友加入，大多數都是以親友、同事、同學等等在生活上有交集的人所組成，好友加入群組可以進行聊天，群組成員也可以使

用相簿和記事本功能來相互分享資訊，即使刪除聊天室仍然可以查看已建立的相簿和記事本喔！

8-5-1　開始建立新群組

店家要在 LINE 裡面建立新群組是件簡單的事，請切換到「主頁」  頁面，由「群組」類別中點選「建立群組」即可開始建立：

接下來開始在已加入的好友清單中進行成員的勾選，你可以一次就把相關的好友名單通通勾選，按「下一步」鈕再輸入群組名稱，最後按下「建立」鈕完成群組的建立。作法如下：

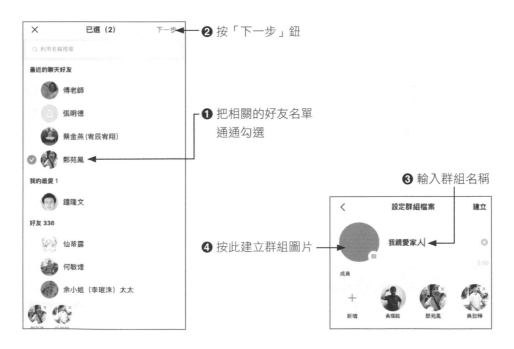

❷ 按「下一步」鈕

❶ 把相關的好友名單通通勾選

❸ 輸入群組名稱

❹ 按此建立群組圖片

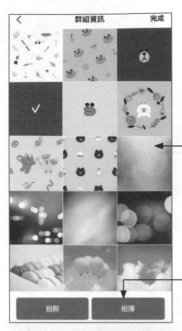

❺ LINE 內建的圖案樣式

❻ 你可以從手機的相簿中進行挑選，也可以進行拍照。此處示範由「相簿」加入現有的群組圖案

由此可為群組相片加入貼圖、文字、塗鴉、濾鏡等效果

最後按下「建立」鈕完成群組的建立

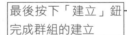

8-5-2　聊天設定

當群組建立成功後,「主頁」的群組列表中就可以看到你的群組名稱,點選名稱即可顯示群組頁面。頁面上除了群組圖片、群組名稱外,還會列出所有群組成員的大頭貼,方便你跟特定的成員進行聊天。

按此鈕進入「其他設定」頁面

變更群組名稱,最多 50 個字

顯示群組成員,以及正在邀請中的名單,也可以進行新成員的邀請

按此進行背景圖設定

顯示已經加入的群組成員

8-5-3　邀請新成員

在前面建立新群組時,各位已經順道從 LINE 裡面將已加入的好友中選取要加入群組的成員,這些成員會同時收到邀請,並顯示如左下圖的畫面,被邀請者可以選擇參加或拒絕,也能看到已加入的人數,願意「參加」群組的人就會依序顯示加入的時間,如下圖所示:

各位也可以在進入群組畫面後，點選右上角的 ☰ 鈕，就會顯示如右的選單，讓你進行邀請、聊天設定、編輯訊息……等各項設定工作，其中的「邀請」指令可以來邀請更多成員的加入。

你可選擇行動條碼、邀請網址、電子郵件、SMS 等方式，將 LINE 社群以外的朋友也邀請加入至你的 LINE 群組中。

🎯 行動條碼

點選「行動條碼」會出現如右圖的行動條碼，你可以將它儲存在你的手機相簿中，屆時再傳給對方讓對方進行掃描。

⊙ 邀請網址

點選「複製邀請網址」鈕，就可以將邀請網址轉
貼到布告欄，或其他的通訊軟體上進行傳送。

⊙ 電子郵件

提供電子郵件方式來傳送邀請，也可以使用連結
分享方式，以選定的應用程式來共享檔案。如下
所示是透過電子郵件來傳送群組邀請。

輸入收件者資料即可進行傳送 ——

邀請函內容 ——

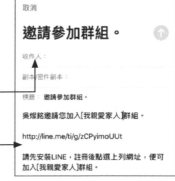

⊙ SMS

會出現「新增訊息」的視窗，只要輸入收件人的
電話後，按下訊息內容右側的 ⬆ 「發送」鈕就
可以邀請對方加入群組。

如果因為某些因素或言論較不遵守群組成員的共同規範，為避免因為該成員言
論而破壞群組成員聊天的心情，如果想要刪除群組特定成員，是可以輕易辦
到，作法如下：

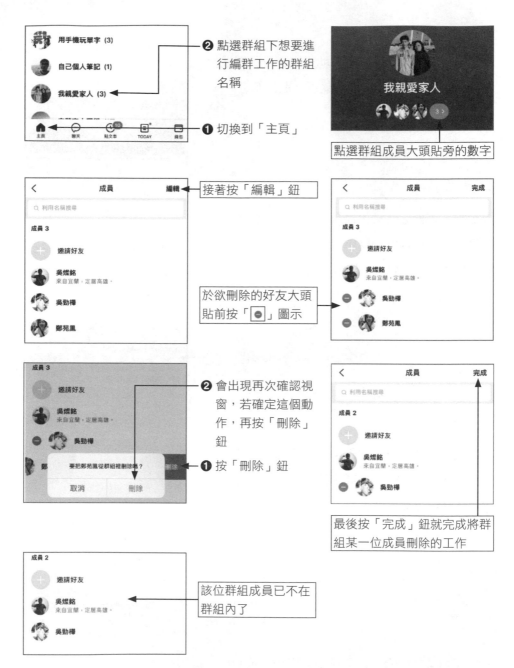

❷ 點選群組下想要進行編群工作的群組名稱

❶ 切換到「主頁」

點選群組成員大頭貼旁的數字

接著按「編輯」鈕

於欲刪除的好友大頭貼前按「■」圖示

❷ 會出現再次確認視窗，若確定這個動作，再按「刪除」鈕

❶ 按「刪除」鈕

最後按「完成」鈕就完成將群組某一位成員刪除的工作

該位群組成員已不在群組內了

萬一群組內的成員想主動退出群組，和上述作法類似，先切換到「主頁」，再找到想要退出編群的群組名稱。由該群組名稱最右側向左滑動，會出現「退出群組」鈕，按「確定」鈕就可以退出群組。不過有一點要特別提醒，當您退出

群組後，群組成員名單及群組聊天記錄將會被刪
除，所以進行這項動作前，請務必考慮清楚後再
進行較好。

❷ 如果確定要退出群組，再
　按下「確定」鈕即可

❶ 由最右側向左滑動，會出
　現「退出群組」鈕

8-6 認識 LINE 官方帳號

由於 LINE 一直是一對一的行動通訊溝通軟體，對於網路行銷推廣上，還是有
擴散力不足的疑慮，幾年前 LINE 官方開始鎖定全國實體店家，為了服務中小
企業，LINE 開發出了更親民的行銷方案，導入日本的創新行銷工具「LINE@ 生
活圈」的核心精神，企圖在廣大用戶使用行動社群平台上，創造出新的行銷缺
口，目前則推出 LINE 官方帳號。

▲ LINE 官方帳號是台灣商家
　提供行動服務的最佳首選

▲ LINE 個人帳號的群組訊息
　很容易被洗版

各位剛開始接觸 LINE 官方帳號時，一定有許多困惑，到底 LINE 官方帳號和平常我們所用 LINE 個人帳號有何不同：例如 LINE「群組」可以將潛在客戶集結在一起，然後發送商品相關訊息，不過店家不斷丟廣告給消費者已經不是好的行銷手法，現在消費者根本不會買單，加上群組中的任何成員都可以發送訊息，往往會很多有心人士加入群組然後隨意發送廣告或垃圾訊息。因此所發出的訊息很容易被洗版，每天都要花費心力在封鎖、刪除廣告帳號，成員彼此之間的對話內容也比較不具有隱私性，有些私密問題不適合在群組中公開發問，且 LINE 無法做多人同時管理，造成無法有效管理顧客，而且使用群組也有人數限制，這樣也會造成商家行銷的觸及率也會受限。

▲ 加入商家為好友，可不定期看到好康訊息

全新 LINE 官方帳號擁有「無好友上限」的優點，過去 LINE@ 生活圈好友數量八萬的限制，在官方帳號沒有人數限制，還包括許多 LINE 個人帳號沒有的功能，例如：群發訊息、分眾行銷、自動訊息回覆、多元的訊息格式、集點卡、優惠券、問卷調查、數據分析、多人管理……等功能，不僅如此，LINE 官方帳號也允許多人管理，店家也可以針對顧客群發訊息，而顧客的回應訊息只有商家可以看到。

我們還可以在後台設定多位管理者，來為商家管理階層分層負責各項行銷工作，有效改善店家的管理效率，以利提高的商業利益。這樣的整合無非是企圖將社群力轉化為行銷力，形成新的行動行銷平台，以便協助企業主達成「增加好友」、「分眾行銷」、「品牌互動溝通」等目的，讓實體

▲ 透過 LINE 官方帳號玩行動行銷，可培養忠實粉絲

零售商家能靈活運用官方帳號和其延伸的周邊服務，真正和顧客建立長期的溝通管道。因應行動行銷的時代來臨，LINE 官方帳號的後台管理除了電腦版外，也提供行動裝置版的「LINE Offical Account」的 APP，可以讓店家以行動裝置進行後台管理與商家行銷，更加提高行動行銷的執行效益與方便性。

8-6-1　LINE 官方帳號功能總覽

LINE 官方帳號是一種全新的溝通方式，類似於 FB 的粉絲團，讓店家可以透過 LINE 帳號推播即時活動訊息給其他企業、店家、甚至是個人，還可以同步打造「行動官網」，任何 LINE 用戶只要搜尋 ID、掃描 QR Code 或是搖一搖手機，就可以加入喜愛店家的官方帳號，在顧客還沒有到店前傳達訊息，並直接回應客戶的需求。商家只要簡單的操作，就可以輕鬆傳送訊息給所有客戶。由於朋友圈中的人們彼此會分享資訊，相互交流間接產生了依賴與歸屬感，除了可以透過聊天方式就可以輕鬆做生意外，甚至包括各種回應顧客訊息的方式及各種商業行銷的曝光管道及機制可以幫忙店家提高業績，還可以結合多種圖文影音的多元訊息推播方式，來提升商家與顧客間的互動行為。

▲ https://tw.LINEbiz.com/service/account-solutions/LINE-official-account/

8-6-2 聊天也能蹭出好業績

現代人已經無時無刻都藉由行動裝置緊密連結在一起，LINE 官方帳號的主要特性就是允許各位以最熟悉的聊天方式透過 LINE 輕鬆做行銷，以更簡單及熟悉的方式來管理您的生意。透過官方帳號 APP 可以將私人朋友與顧客的聯絡資料區隔出來，可以讓您以最方便、輕鬆的方式管理顧客的資料，重點是與顧客的關係聯繫可以完全藉助各位最熟悉的聊天方式，LINE 官方帳號也可以私密的一對一對話方式即時回應顧客的需求，可用來拉近消費者距離，其他群組中的好友是不會看到發出的訊息，可以提高顧客與商家交易資訊的隱私性。

說實話，沒有人喜歡不被回應、已讀不回，優質的 LINE 行銷一定要掌握雙向溝通的原則，在非營業時間內，也可以將真人聊天切換為自動回應訊息，只要在自動回應中，將常見問題設定為關鍵字，自動回應功能就如同客服機器人可以幫忙真人回答顧客特定的資訊，不但能降低客服回覆成本，同時也讓用戶能更輕易的找到相關資訊，24 小時不中斷提供最即時的服務。

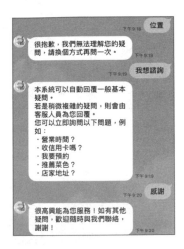

▲ LINE 官方帳號方便商家行動管理

8-6-3　業績翻倍的行銷工具

對於 LINE 官方帳號來說，行銷工具的工具相當多，例如商家可以隨意無限制的發送貼文串（類似 FB 的動態消息），不定期地分享商家最新動態及商品最新資訊或活動訊息給客戶，好友們可以在你的投稿內容底下進行留言、按讚或分享。如果投稿的內容被好友按讚，就會將該貼文分享至好友的貼文串上，那麼好友的朋友圈也有機會看到，增加商家的曝光機會。

更具吸引力的地方，除了訊息的回應方式外，LINE 官方帳號提供更多元的互動方式，這其中包括了：電子優惠券、集點卡、分眾群發訊息、圖文選單……等。其中電子優惠經常可以吸引廣大客戶的注意力，尤其是折扣越大買氣也越盛，對業績的提升有相當大的助益。

▲ 電子優惠券對業績提升很有幫助

「LINE 集點卡」也是 LINE 官方帳號提供的一項免費服務，除了可以利用 QR Code 或另外產生網址在線上操作集點卡，透過此功能商家可以輕鬆延攬新的客戶或好友，運用集點卡創造更多的顧客回頭率，還能快速累積你的官方帳號好友，增加銷售業績。集點卡提供的設定項目除了款式外，還包括所需收集的點數、集滿點數優惠、有效期限、取卡回饋點數、防止不當使用設定、使用說明、點數贈送畫面設定……等。

▲ LINE 集點卡創造更多的顧客回頭率

使用 LINE 官方帳號可以群發訊息給好友，讓店家迅速累積粉絲，也能直接銷售或服務顧客，在群發訊息中，可以透過性別、年齡、地區進行篩選，精準地將訊息發送給一群屬性相似的顧客，這樣好康的行銷工具當然不容錯過。

為了大力行銷企業品牌或店家的優惠行銷活動，使用 LINE 官方帳號也可以設計圖文選單內容，引導顧客進行各項功能的選擇，更讓人稱羨的是我們可以將所設計的圖文選單行銷內容以永久置底的方式，將其放在最佳的曝光版位。

8-6-4　多元商家曝光方式

經營 LINE 官方帳號沒有捷徑，當然必須要有做足事前的準備，不夠完整或過時的資訊會顯得品牌不夠專業，在商家資訊的提供方面，盡可能在行動官網刊載店家的營業時間、地址、商品等相關資訊，假設你開設的是實體商店，並希望增加在地化搜尋機會，那麼填寫地址、當地營業時間是非常重要的。讓這些資訊得以在網路上公開搜尋得到，增加商店曝光的機會。

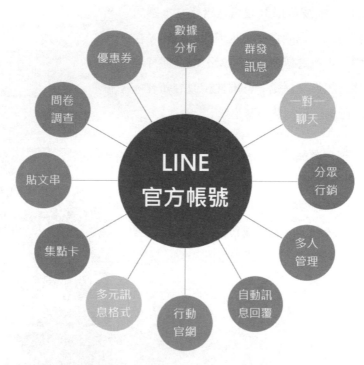

▲ LINE 官方帳號擁有許多的優點

任何 LINE 用戶只要搜尋「官方帳號 ID」、「官方帳號網址」、「官方帳號行動條碼」、「官方帳號連結鈕」等方式，就可以加入喜愛店家的 LINE 官方帳號，在顧客還沒有到店前傳達訊息，並直接回應客戶的需求，像是預約訂位或活動諮詢等，實體店家也可以利用定位服務（LBS）鎖定生活圈 5 公里的潛在顧客進行廣告行銷，顧客只要加入指定活動店家的帳號，即可收到店家推播的專屬優惠。所以如果你擁有實體的店面的商家，更適合申請 LINE 官方帳號，讓商家免費為自己的商品做行銷。

8-6-5　申請一般帳號

前面提到過一般官方帳號是任何人都可以申請和擁有的帳號，不但步驟簡單，更無須進行繁複的審核流程，唯一的限制只有「申請者必須具備 LINE 帳號」這個條件而已，只要拿到帳號，立馬就可給每一位有使用 LINE 的好友。接下

來就來示範如何以建立新帳號的方式申請 LINE 官方帳號。首先如果您要在網頁上申請 LINE 官方帳號，請開啟瀏覽器連上「LINE for Business」官網的首頁（https://tw.LINEbiz.com/），操作步驟如下：

於此按「免費開設帳號」鈕

在「LINE 官方帳號」頁面的下方按「免費開設帳號」鈕

LINE 官方帳號登入方式有兩種，一種是「使用 LINE 帳號登入」，另一種是「使用商用帳號登入」，請按下「建立帳號」

為了可以和 LINE 個人帳號有所區別，建議準備另一組電子郵件與密碼，再選按「使用電子郵件帳號註冊」

❶ 輸入電子郵件帳號

❷ 按「傳送註冊用連結」

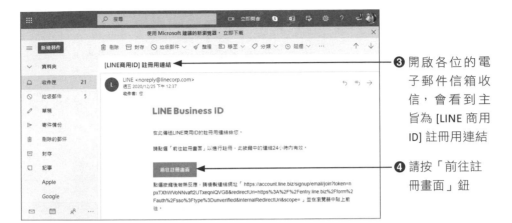

❸ 開啟各位的電子郵件信箱收信，會看到主旨為 [LINE 商用 ID] 註冊用連結

❹ 請按「前往註冊畫面」鈕

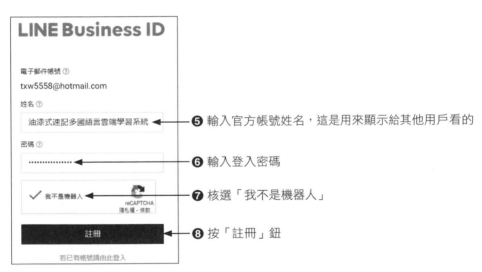

❺ 輸入官方帳號姓名，這是用來顯示給其他用戶看的

❻ 輸入登入密碼

❼ 核選「我不是機器人」

❽ 按「註冊」鈕

❾ 出現此畫面，再按「完成」鈕

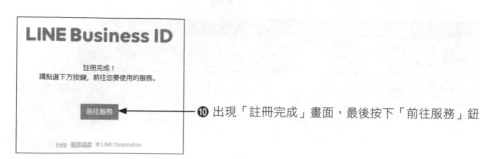

⓾ 出現「註冊完成」畫面，最後按下「前往服務」鈕

⓫ 請依本畫面指示輸入建立 LINE 官方帳號的基本資訊

⓬ 輸入完畢後按下「確認」鈕

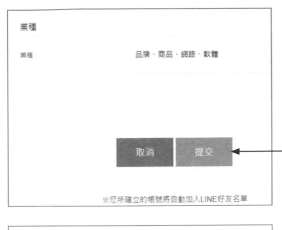

❸ 接著進入「確認輸入內容」頁
面,如果帳號的基本資訊沒問
題,最後按「提交」鈕

❹ 出現此畫面表示官方帳號已建立
完成,請點按「前往 LINE Official
Account Manager」鈕

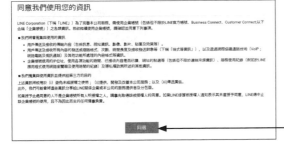

❺ 看完相關條文後按下「同意」鈕

❻ 接著會進入官方帳號管理畫面,
並會在畫面中間出現如圖的歡迎
畫面,請直接按下「略過」鈕

⓱ 在官方帳號管理畫面的上方，可就以看到各位所申請的官方帳號的名稱與系統隨機產生的一組 ID

8-6-6　大頭貼與封面照片

完成帳號建立後，下一步就是設定帳號的各種基本資訊，當我們在 LINE 裡面點選某一帳號時，首先跳出的小畫面，或是按下「主頁」鈕所看到的畫面就是「主頁封面」。「主頁封面」照片關係到店家的品牌形象，假如不做設定，好友看到的只是一張藍灰色的底，這樣就無法凸顯出店家想表現的特色。主頁封面或大頭貼照，主要是讓用戶對你的品牌或形象產生影響和聯結，主頁封面是佔據官方帳號版面最大版面的圖片，所以在加入好友之前，一定要先設定好主頁封面照片，一開始就要努力緊抓粉絲的視覺動線，這樣才能凸顯帳號的特色。

—— 主頁封面照片

主頁封面照片 ——

從設計上來看，各位最好嘗試整合大頭照與封面照，例如在大頭貼部分，我們將選擇上傳店家的 Logo 或專屬商標，主頁封面則是展現出店內的特色景觀，加上運用創意且吸睛的配色，讓你的品牌被一眼認出。由 LINE 官方帳號進行「大頭貼」及「封面照片」的設定時，請切換到「首頁」並選按「設定」鈕，於「帳號設定 / 基本設定」的「基本檔案圖片」右側的「編輯」鈕可以設定大頭貼，目前基本檔案圖片的圖片規格需求如下：

檔案格式：JPG、JPEG、PNG

檔案容量：3MB 以下

建議圖片尺寸：640px × 640px

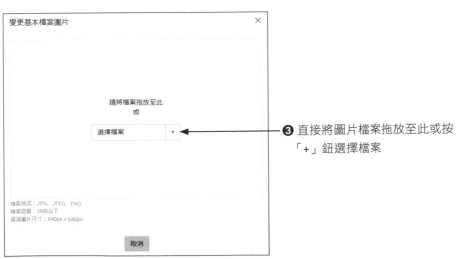

❶ 在電腦後台管理頁頁按下「設定」鈕

❷ 在「帳號設定 / 基本設定」底下的「基本檔案圖片」右側的「編輯」鈕

❸ 直接將圖片檔案拖放至此或按「＋」鈕選擇檔案

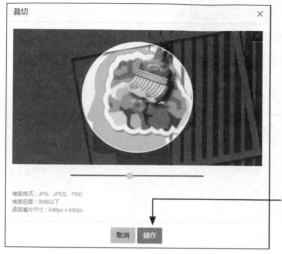

❹ 選取檔案後適檔裁切圖片的範圍，
最後按下「儲存」鈕

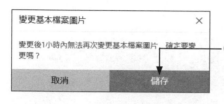

❺ 接著會出現此提醒視窗告知變更後 1 小時內
無法再次變更基本檔案圖片，如果確定要變
更圖片，請再按下「儲存」鈕

同理請於「封面照片」右側的「編輯」鈕可以加入官方建議的封面照片的尺寸
大小，各位可以選擇現有的照片或直接使用相機進行拍攝，目前基本檔案圖片
的圖片規格需求如下：

檔案格式：JPG、JPEG、PNG

檔案容量：3MB 以下

建議圖片尺寸：1080px × 878px

如果需裁切範圍請自行按下「裁切範圍」鈕進行設定，裁切好想要的圖片範圍後，就可以按下「套用」鈕。

接著會出現如下圖的詢問視窗，如果要將新的封面照片張貼至貼文串，則請按下「貼文」鈕。

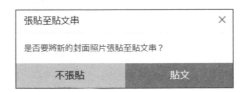

本章 Q&A 練習

1. 請簡介 LINE 提供的三種加好友方式。

2. 請簡述如何加入「LINE 官方帳號」。

3. 請簡介「LINE 官方帳號」的功能。

4. 請問如何將 LINE 訊息一次傳給多人？

5. 請說明網路電話（IP Phone）的原理。

6. 「LINE 官方帳號」電腦管理後台有哪些手機所沒有的功能？

7. 什麼是 LINE 的最大特色？

8. 在決定創作 LINE 貼圖時，首要工作是什麼？如何做？

9. 當各位店家在註冊一般帳號並進入「LINE 官方帳號」手機管理介面後，可以看到哪幾個標籤？

10. 請問「狀態消息」的位置與功用？

11. 客戶的資料加入到「LINE 官方帳號」好友有幾種方式？

09
Chapter

YouTube 的
超級網紅工作術

影音行銷是近十年來才開始成為網路消費導流的重要方式,每個行銷人都知道影音行銷的重要性,比起文字與圖片,透過影片的傳播,更能完整傳遞商品資訊,消費者漸漸也習慣喜歡在 YouTube 上尋求商業建議,甚至於「現在很多好的廣告影片,比著名電影還好看!」。好的廣告就如同演講家,說到心坎處自然能引人入勝。影片還能夠建立企業與消費者間的信任,影音的動態視覺傳達可以在第一秒抓住眼球。

▲ 優酷網是中國最大的影音網站

TIPS 影音部落格（Video Web Log, Vlog）,也稱為「影像網路日誌」,相關主題非常廣泛,是傳統純文字或相片部落格的衍生類型,每個人都能將自己當成主角,允許網友利用上傳影片的方式來編寫網誌或分享作品。

9-1 YouTube 影音社群王國

根據 Yahoo! 的最新調查顯示,平均每月有 84% 的網友瀏覽線上影音、70% 的網友表示期待看到專業製作的線上影音。在 YouTube 上有超過 13.2 億的使用者,每天的影片瀏覽量高達 49.5 億,使用者可透過網站、行動裝置、網誌、臉書和電子郵件來觀看分享各種五花八門的影片,全球使用者每日觀看影片總時

數超過上億小時，更可以讓使用者上傳、觀看及分享影片。在這波行動裝置熱潮所推波助瀾的影片行銷需求，目前全球幾乎有一半以上 YouTube 使用者是在行動裝置上觀賞影片，成為現代人生活中不可或缺的重心。

▲ YouTube 廣告效益相當驚人！紅色區塊都是可用的廣告區

YouTube 是分享影音的平台，任何人只要擁有 Google 帳戶，都可以在此網站上傳與分享個人錄製的影音內容，各位可曾想過 YouTube 也可以是店家影音行銷的利器嗎？當企業想要在網路上銷售產品時，還不如讓影片以三百六十度方式來呈現產品規格，從以往的微電影到現今的病毒影片，YouTube 商業模式已經明顯進入了網路行銷市場卡位戰。YouTube 可以作為企業或店家傳播品牌訊息的通道，透過用戶數據分析，顯示客製化的推薦影片，使用戶能夠花更多時間停留在 YouTube，順便提供消費者實用的資訊，更可以拿來投放廣告，因此許多企業開始使用 YouTube 影片放送付費廣告活動，這樣不但能更有效鎖定目標對象，還可以快速找到有興趣的潛在消費者。

9-2 Pro 級影片享用

YouTube 這樣的網上影片分享平台，也是全球最大的線上影片服務提供商，使用者可透過網站、行動裝置、網誌、臉書和電子郵件來觀看分享各種五花八門的影片。想要進入 YouTube 網站，除了輸入它的網址外（https://www.YouTube.com/），也可以從 ⊞ 鈕下拉，就能進入個人的 YouTube。

❶ 按此鈕

❷ 選擇 YouTube
應用程式

9-2-1　影片搜尋

YouTube 吸引了一群伴隨網路成長的世代，只要能夠上網，每個人都可以尋找有關他們嗜好和感興趣的影片。在 YouTube 上要搜尋一段影片是相當簡單，只要輸入所要查詢的關鍵字，查詢結果會先跑出完全符合或部分符合關鍵字的影片，如下圖所示：

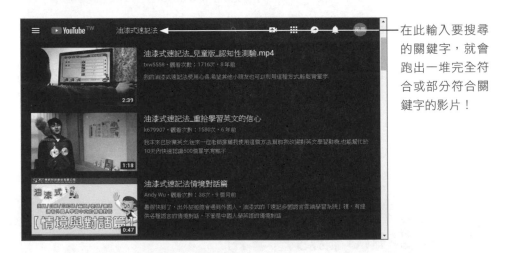

在此輸入要搜尋
的關鍵字，就會
跑出一堆完全符
合或部分符合關
鍵字的影片！

如果各位想要更精確的搜尋結果，建議先輸入「allintitle:」，後面再接關鍵字，就會讓搜尋結果更符合你所要搜尋的結果。

9-2-2 全螢幕 / 戲劇模式觀賞

當各位找到有興趣的影片並進行瀏覽時，由於預設值的畫面周圍還有其他的資訊會影響觀看的效果，各位不妨選擇「戲劇模式」或「全螢幕模式」鈕來取得較佳的觀賞模式。

全螢幕模式

戲劇模式

9-2-3　訂閱影音頻道

對於某一類型的影片或是針對某一特定人物所發佈的影片有興趣，你也可以進行「訂閱」的動作，這樣每次有新影片發佈時，你就可以馬上觀看而不會錯過。

❶ 找到有興趣的影片

❷ 按此鈕進行訂閱

9-2-4　自動加中文字幕

觀看外國影片時，特別是非英語系的國家，可能完全都聽不懂它在講什麼。事實上 YouTube 有提供翻譯的功能，能把字幕變成你所熟悉的語言 - 繁體中文。

❶ 先按此鈕，使顯現預設的字幕

❷ 按下「設定」鈕，下拉選擇「字幕」，再選擇「自動翻譯」指令

❸ 再點選「中文（繁體）」的選項

❹ 字幕已變更為中文囉！

9-2-5　YouTube 影片下載

YouTube 平台的影片資源相當多，當中不乏許多相當優質的影音作品，不過所有影片都必須上網連線才能觀看。對於長期使用 YouTube 影音服務的使用者來說，當看到喜愛的影片時，在不侵犯他人著作權的前提下，可以利用像 Freemake Video Downloader、YouTube Downloader 影片下載軟體來進行下載保存。如下圖所示，便是 OnLINE Video Converter 的下載網址：https://www.onLINEvideoconverter.com/YouTube-converter

❶ 將 YouTube 的視訊影片網址貼入

❷ 按此鈕開始轉換

要將 YouTube 的視訊影片下載很簡單，請將影片網址貼入上方的網址列上，按下「START」鈕後接著會出現如下視窗，顯示你想下載的影片名稱、檔案量，按下「DOWNLOAD」鈕就會開始進行下載。

❶ 按此鈕進行下載

❷ 顯示下載情況

下載後開啟所指定的資料夾，就可以看到所下載的影片。

9-3 認識網紅行銷

網紅行銷（Internet Celebrity Marketing）並非是一種全新的行銷模式，就像過去品牌找名人代言，主要是透過與藝人結合，提升本身品牌價值。例如遊戲產業很喜歡用的代言人策略，每一套新遊戲總是要找個明星來代言，花大錢找當紅的明星代言，最大的好處是會保證有一定程度以上的曝光率，不過這樣的成本花費，也必須考量到預算與投資報酬率。

時至今日，民眾在社群軟體上所建立的人脈和信用，如今成為可以讓商品變現的行銷手法，越來越多的素人走上社群平台，虛擬社交圈更快速取代傳統銷售模式，為各式產品創造龐大的銷售網路。相對於企業砸重金請明星代言，網紅的推薦甚至可以讓廠商業績翻倍，素人網紅似乎在目前的行動平台更具說服力，逐漸地取代過去以明星代言的行銷模式。

▲ 阿滴跟滴妹國內是英語教學界的網紅

9-3-1　網紅（KOL）簡介

▲ 網紅館長成功代言了許多運動相關產品

（圖片來源：https://www.YouTube.com/watch?v=fWFvxZM3y6g）

隨著網紅行銷的快速風行，許多品牌選擇藉助網紅來達到口碑行銷的效果，網紅通常在網路上擁有大量粉絲群，就像平常生活中的你我一樣，加上了與眾不同的風格與知名度，很容易讓粉絲就產生共鳴，所謂「網紅」（Internet Celebrity）就是經營社群網站來提升自己的知名度的網路名人，也稱為 KOL（Key Opinion Leader），能夠在特定專業領域對其粉絲或追隨者有發言權及重大影響力的人。

一旦成為網紅，不僅可以得到知名度，隨之而來的海量粉絲增長和趨之若鶩的廣告主們，網紅的知名度和吸金實力在展現無限可能的同時，目前越來越多的人準備把網紅當作一門事業來好好經營。這股由粉絲效應所衍生的現象，能夠迅速將個人魅力做為行銷訴求，利用自身優勢快速提升行銷有效性，充分展現了網紅文化的蓬勃發展。

▲ 可愛搞笑的蔡阿嘎可以說是台灣網紅始祖

網紅行銷的興起對品牌來說是個絕佳機會點，因為社群持續分眾化，粉絲是依照興趣或喜好而聚集，所關心或想看內容也會不同，網紅就代表著這些分眾社群的意見領袖，透過網紅的推播，反而容易讓品牌迅速曝光，並找到精準的目標族群。他們可能意外地透過偶發事件爆紅，也可能經過長期的名聲累積，店家想將品牌延伸出網紅行銷效益，除了網紅必須在特社群平台上必須具有相當人氣外，還要能夠把個人品牌價值轉化為商業價值，最好能透過獨特的內容行銷來對粉絲產生深度影響，才能真正帶動銷售成長。

9-4 YouTuber 網紅淘金術

「人氣能夠創造收益」稱得上是經營 YouTube 頻道的不敗天條，YouTube 每天都會有數十億以上的瀏覽量，絕大多數的 YouTube 影片無論在開頭、中間或結尾都帶有廣告，只要有人看到這些廣告，上傳影片的創作者幾乎都會有收益，這即是 YouTube 推行的「分潤機制」，分潤方式不是依據影片的觀看次數，而是閱覽影片開頭或是中間插入的廣告，通常廣告出現 5 秒後便可以跳過，但觀眾一定要看滿 30 秒，YouTube 會向廣告主收費後，才會分潤給創作者。至於影片表現得好或不好，訂閱數高還是低，全部都是透明，如此巨大的流量與獎勵機制自然也能夠帶來許多人氣與賺錢的好機會，這也是帶動網紅行銷的主要推手。

9-4-1 YouTuber 的精采生活

所謂 YouTuber，就是指以 YouTube 為主要據點的網路紅人，不管你是學生、家庭主婦或者是有空的上班族，都紛紛以成為 YouTuber 為新興時代的賺錢職業，因為現在看 YouTube 影片比看電視還要頻繁。網紅就是已經通過了市場的考驗，養出一批專屬的受眾，而且具備相當人氣的 YouTuber，其製作的影片通常能夠吸引觀眾點擊，直接造成廣告曝光次數增加。YouTuber 網紅行銷對品牌來說是個絕佳的機會點，YouTuber 就代表著這些分眾社群的意見領袖，成為一位 YouTuber，必須從構思、腳本、拍攝、剪輯、粉絲互動的全能通才，特別是人類天生就喜歡在意外的創意裡找樂趣，最好還能透過真正有哏的內容來對粉絲產生深度影響。

YouTube 影片是否受歡迎的因素相當多種，包含了影片內容、創意、行銷模式、圖片、圖示數據分析、文字說明等，都會影響影片的點擊率。通常人們訂閱你的頻道是期待你呈現更多的內容，盡量做到要讓觀眾見你比見他女友還多，只要你的內容讓人很容易共鳴，看了就有分享給朋友的衝動，那麼這支影片就很容易成為爆紅影片，更重要的是更新頻率要高，還要選擇在最多用戶在線的時間發佈影片，最容易讓品牌迅速曝光，才有機會快速觸及大眾。

9-4-2　建置我的品牌頻道

YouTube 絕對有潛力為品牌或個人帶來龐大的流量，也是社群行銷非常重要的一個環節，人氣大的 YouTube 頻道，不但是粉絲多，影響力也大。各位想要成為一位 YouTuber，首先就是要在 YouTube 擁有自己的頻道，不但讓你方便整理所有的影片，也才能上傳自己的影片、發表留言、或是建立播放清單。請各位在 Google 瀏覽器上登入 Google 帳戶後，瀏覽器右上角會顯示你的名稱，由「Google 應用程式」 ⣿ 鈕下拉選擇「YouTube」圖示，就能進入個人的 YouTube 帳戶。

❶ 登入 Google 帳戶

❷ 按「Google 應用程

❸ 點選「YouTube」圖示

❹ 進入個人 YouTube 帳戶後，按此鈕，再下拉選擇「您的頻道」指令

首頁顯示你最近
所上傳的影片

以往許多品牌運用影片行銷的時候，只能獨立上傳影片，無法將影片進行分類
展示和管理。現在在個人 YouTube 帳戶下，你可以透過品牌帳戶來建立頻道，
讓品牌擁有各自的帳戶名稱與圖片，這樣可以和個人帳戶區隔開來。

對於行銷人員來說，通常按照影片內容主題定位不同頻道是對的，也可以同時
經營與管理多個頻道而不會互相影響，更能讓潛在的客戶有系統獲得企業希望
傳達的相關影片。一個品牌帳戶會有一個主要擁有者，他可以管控整個品牌帳
戶的擁有者和管理者，讓多人一起管控這個帳戶，而管理者可在 Google 相簿上
共享相片，或是在 YouTube 上發佈影片。如果你有自己的商家或品牌，就可以
透過以下的方式來建立品牌帳戶：

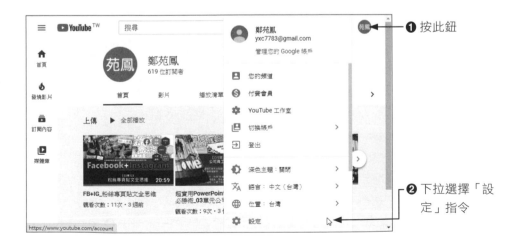

❶ 按此鈕

❷ 下拉選擇「設
定」指令

❸ 點選「新增或
管理您的頻
道」指令

❹ 按下「建立新
頻道」鈕

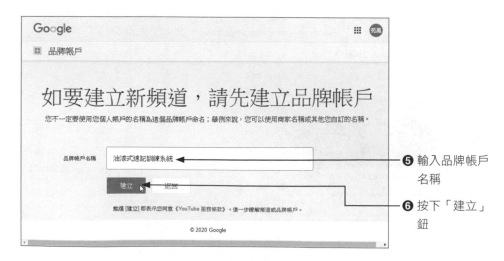

❺ 輸入品牌帳戶
名稱

❻ 按下「建立」
鈕

❼ 顯示新建立品牌的首頁

由此可以上傳品牌的相關影片

9-4-3 輕鬆切換帳戶

當各位透過前面介紹的方式建立品牌帳戶之後,如果想要切換到個人帳戶或其他的品牌帳戶,只要按下瀏覽器右上角的大頭貼,下拉選擇「切換帳戶」指令,就可以進行切換。

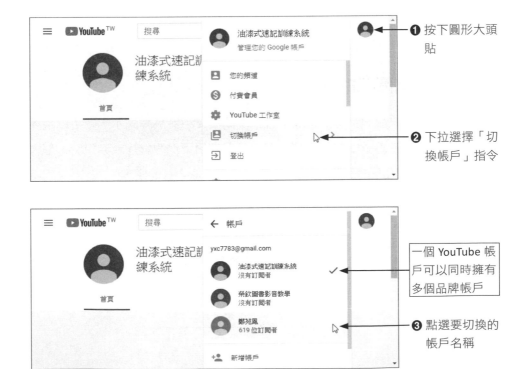

❶ 按下圓形大頭貼

❷ 下拉選擇「切換帳戶」指令

一個 YouTube 帳戶可以同時擁有多個品牌帳戶

❸ 點選要切換的帳戶名稱

帳戶切換後會看到大頭貼已經切換成你所指定的帳戶，但是頁面尚未切換，所以必須執行「你的頻道」指令才會看到頻道的內容喔！

❹ 下拉執行此指令，頁面才會切換過去

9-5 美化你的頻道外觀

當各位建立品牌帳戶與頻道後，不但可以透過圖示來呈現品牌形象，也能利用頻道圖片來呈現品牌特色，並為頻道頁面打造與眾不同的外觀和風格，因為觀眾在看一個影片的時候，好的影片圖示，就會從旁邊即將播放的推薦影片中脫穎而出，以吸引觀眾的目光。

9-5-1 頻道圖示的亮點

品牌圖示主要用來呈現品牌的形象，各位千萬不要小看品牌圖示，它可以讓瀏覽者一看到圖示就馬上聯想到品牌，因為觀眾在瀏覽你的影片或頻道時，都會看到頻道圖示，所以在選擇圖片時，盡可能選擇辨識力高的圖案。

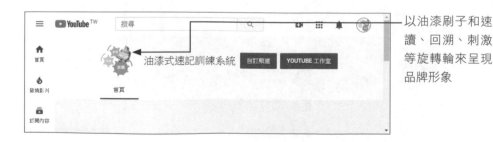

以油漆刷子和速讀、回溯、刺激等旋轉輪來呈現品牌形象

製作頻道圖示有一定的規範，不能上傳含有公眾人物、裸露、藝術作品、或版權的圖像，建議上傳 800 x 800 像素的圖片大小，上傳後會顯示成 98 x 98 的圓形，JPG、PNG、GIF，BMP 等格式都可以被接受。要注意的是，無法從行動裝置上編輯頻道圖示，必須在電腦上進行變更。

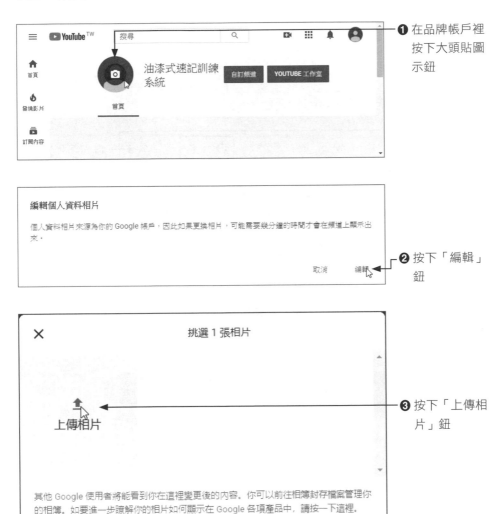

❶ 在品牌帳戶裡按下大頭貼圖示鈕

❷ 按下「編輯」鈕

❸ 按下「上傳相片」鈕

❹ 點選要上傳的
圖片

❺ 按下「開啟」
鈕

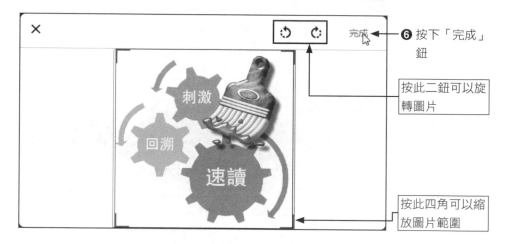

❻ 按下「完成」
鈕

按此二鈕可以旋
轉圖片

按此四角可以縮
放圖片範圍

顯示相片資料已
更新,這裡的變
更會和你建立和
分享的內容一起
顯現

完成如上的動作後，只要在 YouTube 平台上切換到品牌帳戶，就能看到變更後的圖示了！

9-5-2 新增頻道圖片

頻道圖片顯示在頻道首頁的頂端，此圖片在電腦、行動裝置、電視上所呈現的方式略有不同，為確保頻道圖片在各裝置上呈現最佳的效果，建議使用 2560x1440 像素的圖片為佳。建立頻道圖片的方式如下：

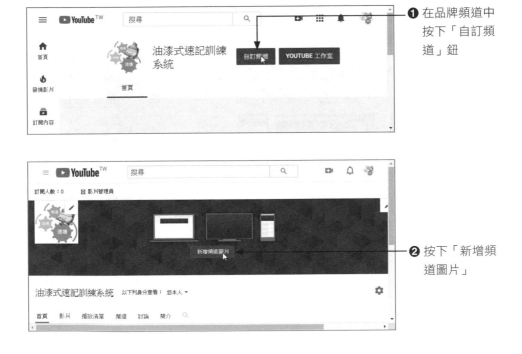

❶ 在品牌頻道中按下「自訂頻道」鈕

❷ 按下「新增頻道圖片」

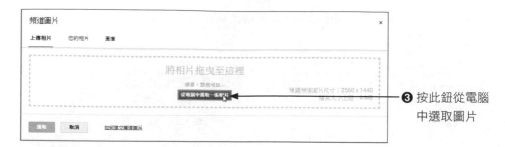

❸ 按此鈕從電腦
中選取圖片

❹ 點選圖片

❺ 按下「開啟」
鈕

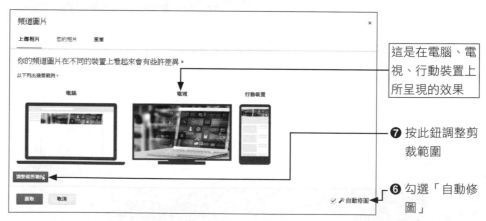

這是在電腦、電
視、行動裝置上
所呈現的效果

❼ 按此鈕調整剪
裁範圍

❻ 勾選「自動修
圖」

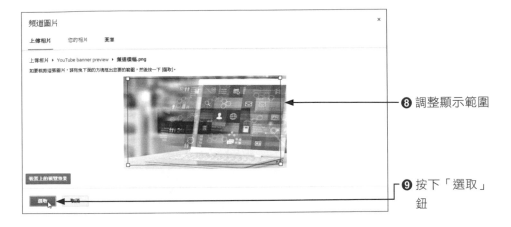

❽ 調整顯示範圍

❾ 按下「選取」鈕

完成頻道圖片的設置

9-5-3 變更頻道圖示 / 圖片

由於頻道圖示是最容易吸引注目的地方，不論是解析度、色調或明暗度，都會影響所呈現的畫質或感覺，已經建立頻道圖示與圖片後，如果想要更新成其他圖案，以營造不同的氛圍，只要滑鼠移到如下的圖示上，就可以重新上傳圖片。

按此變更頻道圖片

按此變更頻道圖示

9-5-4 加入頻道說明與連結

在加入品牌帳戶與頻道後，你可以在「簡介」部分使用廣告詞，進行簡單的頻道介紹，這樣可以讓訂閱者或是瀏覽者更深入了解你的頻道。請切換到「簡介」標籤，從「簡介」的頁面中可以加入頻道說明、電子郵件、以及連結網址。

🎯 頻道說明

按下 ⊕ 頻道說明 鈕後將顯示如下的「頻道說明」欄位，由此欄位為自己的頻道做簡要的說明，輸入完成案「完成」鈕完成設定。

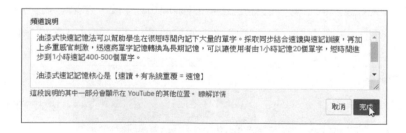

🎯 電子郵件

按下 ⊕ 電子郵件 鈕將可輸入聯絡的電子郵件信箱，方便做業務上的諮詢。點選該鈕後顯示如下的欄位，直接輸入郵件地址即可。

🎯 連結

按下 ⊕ 連結 鈕可在頻道圖片上加入五個以內的網站或社群連結，透過這些連結可以讓瀏覽者或是訂閱者快速連結到你的官方網站、FB 粉絲專頁、IG 社群。

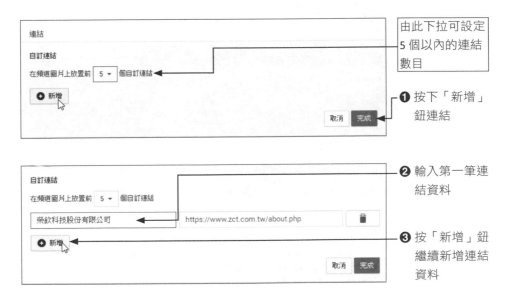

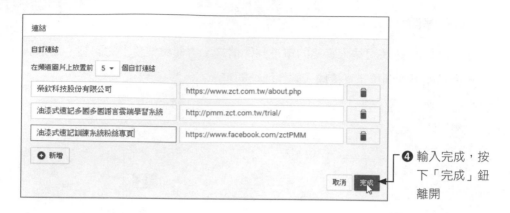

❹ 輸入完成,按
下「完成」鈕
離開

完成設定之後,除了在「簡介」標籤中可以快速連結到自訂的網站,頻道圖片
的右下角也會顯示連結的圖示。

自訂的連結顯示
在此

 9-6 頻道管理宮心計

在 YouTube 平台上建置品牌帳戶和頻道後,當然要妥善的經營管理,讓頻道中
的內容能夠以最新、最好的面貌呈現在瀏覽者或訂閱者的面前。這裡我們會針
對頻道管理員的新增 / 移除、品牌頻道 ID 的複製、預設頻道、轉移 / 刪除頻道
等功能作介紹,讓你輕鬆管理你的頻道。

9-6-1　新增 / 移除頻道管理員

前面我們提到過，品牌帳戶可以設定多個管理員，讓多個管理員可以同時管理帳戶內的所有設定。要新增管理員，請按下品牌的大頭貼照，然後下拉選擇「設定」指令，在「帳戶」標籤頁中，各位會看到如下的「頻道管理員」，點選「新增或移除管理員」的連結，即可進行設定。

❶ 點選「帳戶」標籤

❷ 按下「新增或移除管理員」

❸ 按下「管理權限」鈕

按下「管理權限」鈕後，Google 會先驗證你的身分，請輸入密碼，再按「繼續」鈕，它會透過手機進行驗證，確認是本人之後才會進入「管理權限」的視窗讓你進行人員的新增。新增方式如下：

ChatGPT 社群行銷圈粉力

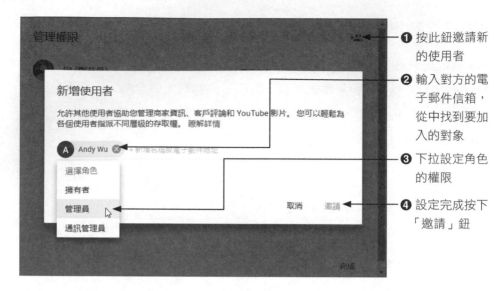

❶ 按此鈕邀請新的使用者

❷ 輸入對方的電子郵件信箱，從中找到要加入的對象

❸ 下拉設定角色的權限

❹ 設定完成按下「邀請」鈕

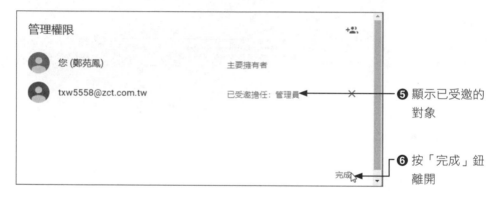

❺ 顯示已受邀的對象

❻ 按「完成」鈕離開

如果想要移除已加入的管理人員，只要在其右側按下 ✕ 鈕即可移除。

9-6-2　品牌頻道 ID

當你建立品牌頻道，同時頻道中已有上傳的影片，那麼你的頻道就會有專屬的 ID，透過這個 ID 可以讓其他人在瀏覽器上找到你的品牌頻道。想要知道自家品牌頻道的 ID，請由品牌的大頭貼照下拉選擇「設定」指令，接著在如下視窗左側點選「進階設定」，就能看到品牌帳戶的頻道 ID 了。

❶ 按此鈕下拉選擇「設定」指令

❷ 點選「進階設定」

❸ 頻道 ID 顯示於此，按下「複製」鈕可複製該 ID

各位只要將此 ID 貼到瀏覽器的網址列上，就能立即找到你在 YouTube 上的品牌帳戶囉！所以善用這個 ID 可以讓更多人看到你的頻道內容。

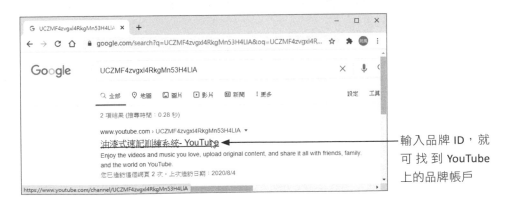

輸入品牌 ID，就可找到 YouTube 上的品牌帳戶

9-6-3 預設品牌頻道

前面介紹的新建品牌帳戶與頻道，都是在同一個 Google 帳戶下新增品牌帳戶，當你同時擁有個人頻道與品牌帳戶時，如果希望每次進入 YouTube 平台時，以指定的頻道直接進入，而不需要進行帳戶的切換，那麼可以透過「進階設定」的功能來進行設定。設定方式如下：

❶ 切換到主管理的品牌帳戶與頻道

❷ 點選該品牌帳戶的「進階設定」

❸ 勾選此項，使之變成預設頻道

9-6-4 轉移 / 刪除頻道

在「進階設定」的類別中還有兩項功能，一個是「轉移頻道」，另一個是「刪除頻道」，這裡為各位做說明。

◎ 轉移頻道

「轉移頻道」可將頻道轉移至你的 Google 帳戶或其他品牌帳戶。此功能可將你在 YouTube 平台上經營一段時間的個人頻道轉移到品牌頻道上。如此一來,可順利將個人頻道內的訂閱者、影片內容,播放清單等輕鬆轉移到品牌帳戶中。點選該功能,Google 會要求你輸入密碼進行確認,接著點選要連結的品牌帳戶即可轉移頻道。

◎ 移除頻道

「移除頻道」會將目前的 YouTube 頻道進行刪除,刪除的內容包括所有你在 YouTube 上的留言、回覆、訊息、觀看記錄等相關內容。移除頻道時會先驗證擁有者的身分,確認身分後才能進行永久刪除。

9-7 影片優化的戲精行銷技巧

建立品牌帳戶後,頻道中的影片上傳技巧和你個人頻道的影片上傳方式一樣,這裡要為各位介紹兩項 YouTube 新增的功能 -「新增結束畫面」與「新增資訊卡」,善用「結束畫面」可以為你的品牌頻道增加點閱率,同時建立忠實的觀眾,而「資訊卡」可以宣傳影片或網站,所以進行品牌行銷時,這樣的功能千萬別錯過。除此之外,還會為各位介紹「播放清單」的功能,讓你可以將頻道內的影片有效地歸納分類。

9-7-1 活用結束畫面

各位在觀看 YouTube 影片時,有時會在影片的最後看到如下的結束畫面,如果你想要讓觀眾連結到另一個影片或是讓人訂閱你的頻道,那麼結束畫面是一個非常有用的工具,透過這樣的畫面可以方便觀賞者繼續點閱相同題材的影片內容。

影片結束前,直接點選影片圖示,就可繼續觀看同品牌的影片

當你擁有品牌帳戶與頻道後,在你上傳宣傳影片時,可以在如下的步驟中點選「新增結束畫面」的功能來做出如上的版面編排效果。

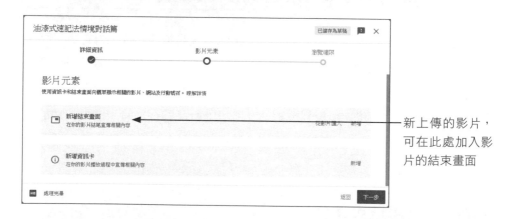

新上傳的影片,可在此處加入影片的結束畫面

「新增結束畫面」是 YouTube 新推出的功能,對於商家或品牌行銷來說是一大好處。除了新上傳的影片可以加入影片結束畫面外,以前所上傳的影片也可以事後再進行加入。如果你想為已經在頻道中的影片加入結束畫面,可以透過以下的技巧來處理。

❶ 按此鈕下拉選
　擇「您的頻
　道」，使顯現
　如圖畫面

❷ 點選要加入結
　束畫面的影片
　縮圖

❸ 在影片下方按
　下「編輯影
　片」鈕，使進
　入「影片詳細
　資料」的畫面

❹ 在右下方點選
　「結束畫面」
　的按鈕

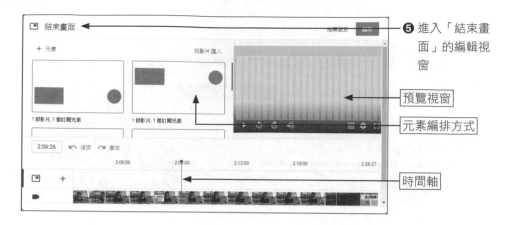

❺ 進入「結束畫面」的編輯視窗

預覽視窗

元素編排方式

時間軸

各位可以看到，左上角提供各種的元素編排版面可以快速選擇，下方是時間軸，也就是影片播放的順序和時間，你可以指定元素要在何時出現，而右上方則是預覽畫面，可以觀看放置的位置與元素大小。

在元素部分，你可以選擇最新上傳的影片、最符合觀眾喜好的影片，或是選擇特定的影片，至於「訂閱」鈕它會以你品牌帳號的大頭貼顯示，所以不用特別去做設計。

此處要示範的是：在片尾處加入一個播放影片和一個訂閱元素。

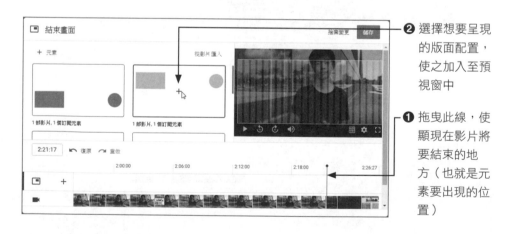

❷ 選擇想要呈現的版面配置，使之加入至預視窗中

❶ 拖曳此線，使顯現在影片將要結束的地方（也就是元素要出現的位置）

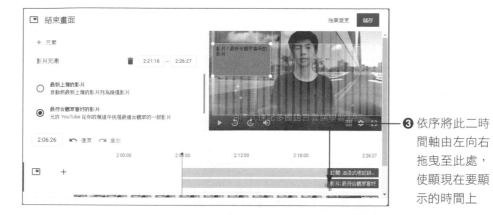

❸ 依序將此二時間軸由左向右拖曳至此處，使顯現在要顯示的時間上

❹ 點選「訂閱」圖示可以調整擺放的位置

❺ 點選「影片」圖示

❻ 由此點選「選擇特定影片」的選項

❼ 選取要顯示的
影片

❽ 設定完成按
「儲存」鈕

設定完成後，影片結束之前就會顯現你所設定的影片和「訂閱」鈕，讓喜歡你
影片的粉絲可以訂閱你的頻道。

9-7-2 資訊卡的魔力

YouTube 推出了「資訊卡」，相當於強化版的註釋功能，能夠讓你在影片裡面直接置入對外連結。資訊卡是在影片的右上角出現 ⓘ 的圖示，點選可以看到說明的資訊，如下圖所示。透過資訊卡可以連結到宣傳的頻道、影片、播放清單、或者能獲得更多觀眾觀看的特定影片，其中連結網站必須加入 YouTube 合作夥伴計畫才能使用。

資訊卡可以在你上傳新影片時加入，也可以事後再補上。這裡示範的就是事後加入資訊卡的方式，請在影片下方按下「編輯影片」鈕，使進入「影片詳細資料」的畫面，接著依照下面的步驟進行設定：

❶ 按此鈕進入「資訊卡」設定畫面

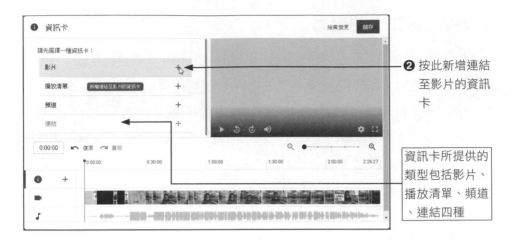

❷ 按此新增連結至影片的資訊卡

資訊卡所提供的類型包括影片、播放清單、頻道、連結四種

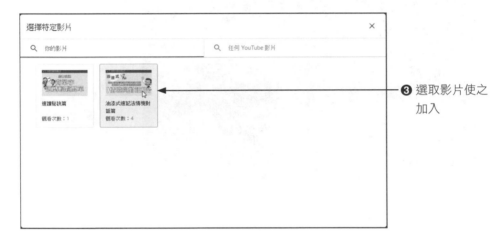

❸ 選取影片使之加入

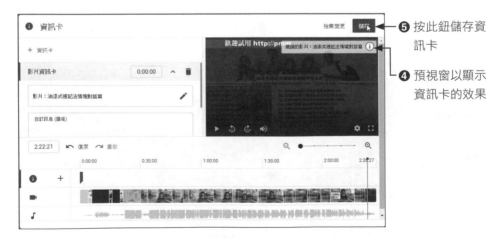

❺ 按此鈕儲存資訊卡

❹ 預視窗以顯示資訊卡的效果

設定完成後，當影片開始播放時，你就會看到資訊卡出現的三種畫面效果。

 ←─ 影片開始播放時所顯示的建議影片

 ←─ 滑鼠移入圖示時所顯示的提供者

 ←─ 按下圖示鈕顯示的影片資訊

9-7-3 省心的播放清單

如果你希望粉絲泡在你的頻道裡一整天，首先就需要建立「播放清單」！播放清單是用戶整理 YouTube 播放內容的好方法，可將頻道內的影片進行分類管

理。比起單一影片，整個清單裡的影片將更有機會被搜尋到。冷門影片與熱片影片被放在同一個清單中，增加冷門影片被看到的機會，甚至可以嵌入你的網站中。

這些列表將有機會出現在 YouTube 的搜尋結果中，當然名稱就很重要。此外，「資訊卡」也有提供「播放清單」的加入功能，建議各位使用這些卡片在影片中推薦其它影片、播放列表或者能獲得更多觀眾觀看的特定影片以達到蹭熱點的功用，這樣也可以讓訂閱者或是瀏覽者快速找到同性質的影片繼續觀賞。

❶ 進入頻道後按下「自訂頻道」鈕

❷ 點選「新增播放清單」

❸ 輸入播放清單的標題

❹ 按下「建立」鈕

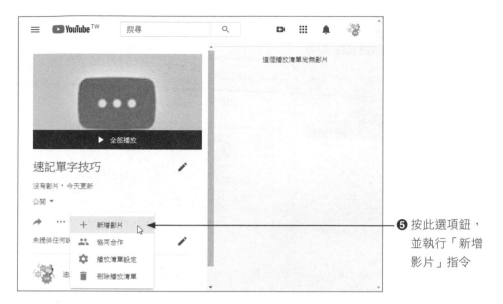

❺ 按此選項鈕，
  並執行「新增
  影片」指令

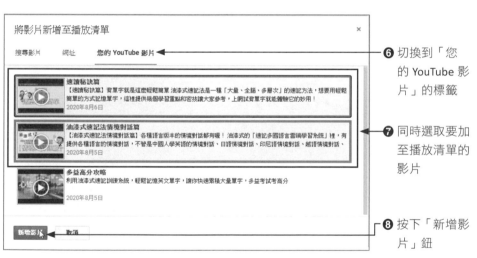

❻ 切換到「您
  的 YouTube 影
  片」的標籤

❼ 同時選取要加
  至播放清單的
  影片

❽ 按下「新增影
  片」鈕

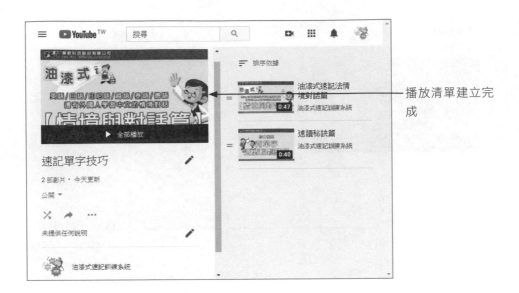

播放清單建立完成

本章 Q&A 練習

1. 何謂（Video Web Log, Vlog）？

2. 如何在搜尋影片有更精確的搜尋結果？

3. 何謂網紅（Internet Celebrity）？

4. 請簡述 YouTuber。

5. 請簡介資訊卡的功用。

6. 播放清單功用為何？

MEMO

10
Chapter

直播帶貨的秒殺集客
搶錢密技

人類一直以來聯繫的最大障礙，無非就是受到時間與地域的限制，近年來透過行動裝置開始打破和消費者之間的溝通藩籬，特別是 Facebook 開放直播功能後，手機成為直播最主要工具。不同以往的廣告行銷手法，影音直播更能抓住消費者的注意力，依照臉書官方的說法，觸及率最高的第一個就是直播功能，許多店家或品牌開始將直播作為行銷手法，

▲ 星座專家唐綺陽靠直播贏得廣大星座迷的信任

10-1 我的直播人生

平時廣大用戶除了觀賞精彩直播影片，例如電競遊戲實況、現場音樂表演、運動賽事轉播、線上教學課程和即時新聞等，更可以利用直播影片來推銷商品，並透過連結引流到自己的網路商店，直接在網路上賣東西賺錢。例如不同以往的廣告行銷手法，小米直播用電鑽鑽手機，證明手機依然毫髮無損，這就是活生生把產品發表會做成一場直播秀，這些都是其他行銷方式無法比擬的優勢，也將顛覆傳統數位行銷領域。

▲ 小米機新產品直播秀非常吸睛

遊戲網紅直播主應該算是目前在社群平台上最賺錢的直播模式之一，利用遊戲實況直播分享自己的操作心得和經驗，許多年收入超過億元台幣的世界級遊戲網紅都是靠這個起家。來自美國 26 歲的網紅遊戲實況主泰勒‧布萊文斯（Tyler Blevins），綽號「忍者（Ninja）」，他以遊戲《要塞英雄》（Fortnite）闖出名號，YouTube 頻道上有超過 1 千萬個追蹤者，他的影響力甚至讓許多國際知名大廠都找他合作。

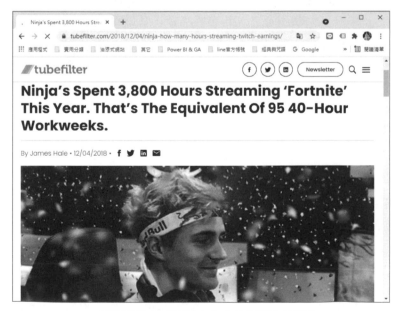

▲ 忍者是遊戲直播平台上收入最高的直播主

10-1-1　認識直播帶貨

目前全球玩直播正夯，許多店家開始將直播作為行銷手法，消費觀眾透過行動裝影音直播的頻率最為明顯，利用直播的互動與真實性吸引網友目光，從個人販售產品透過直播跟粉絲互動，延伸到店家品牌透過直播行銷。隨著社群媒體興起，兩岸直播帶貨的風氣也越來越盛行，特別是在新冠疫情時期，街道上店鋪封城關門，餐廳裏門可羅雀，與線下商場的冷清形成對比的，越來越多人開始喜歡在社群上看直播，大家更常使用網購平台購物 ，也助長了「直播帶貨」風潮。

▲ 李小璐在幾個小時的直播帶貨中，銷售額達到千萬人民幣以上

直播帶貨風潮是從中國開始崛起，而台灣最近也搭上直播帶貨的順風車，所謂「直播帶貨」（Live Delivery），就是直播主使用直播技術進行近距離商品展示、諮詢答覆、導購與銷售的新型服務方式，也是屬於粉絲經濟的範疇。直播帶貨不用與客戶面對面就能賣東西，乍聽下來和電視購物類似，不過直播比起電視購物的臨場感與便利性又更勝一籌，所帶來的互動性與親和力更強。消費者可以像在大賣場一樣，跟賣家進行交流甚至討價還價，如果與知名帶貨 KOL 合作，還能輕易達到超乎預期的銷售量，消費觀眾透過手邊行動裝置，不用親自到門市就能迅速瞭解產品細節，利用直播的互動與真實性吸引網友目光，商家也能接觸廣大潛在顧客。

10-1-2 直播帶貨隱藏版心得

直播帶貨成為現代零售消費新戰場,當直播帶貨正在改變電商平台的發展走向,許多店家或品牌開始將直播作為行銷手法,從口紅到筆電,似乎任何商品都可以通過直播來購買,除了可以和粉絲分享生活心得與樂趣外,儼然成為商品銷售的素民行銷平台,不僅能拉近品牌和觀眾的距離,還能建立觀眾對品牌的信任,加上直播間動輒能容納幾百人觀看,簡單分享直播連結給親友就能聚集人流,完全沒有實體店面的空間限制,而且想賣誰家的產品就賣誰的,只要直播主流量夠大,分潤機制與合作條件完全不設限,近年來越來越多藝人、網紅紛紛投入直播領域。

▲ 賺錢的直播主都要身懷各種直播帶貨的行銷套路

(圖片來源:https://www.youtube.com/watch?v=SIzCOqVuOS0)

在這個人人都可以成為自媒體的時代,各位要規劃一個成功的直播頻道,成功的第一步,說穿了就是要押寶直播主的影響力。這個流量就是平時經營個人粉絲的來源,假設你完全沒有花時間在社群媒體,開直播根本不會有人理你。通常每個直播主本身的屬性、調性和特色都不同,成功的主播不一定是顏值最佳,但是一定有他的魅力與特色,例如有重量級的知名藝人直播主代言、搞笑親切的叫賣型直播主,或是懂得炒熱氣氛的時尚 KOL,只要讓參與的粉絲擁有親臨現場的感覺,也可以帶來瞬間的高流量,都可能為廠商帶來更多客源與業績。

▲ 開箱直播經常是直播帶或的起手式

（圖片來源：https://www.youtube.com/watch?v=BxjBkOhUB68）

在目前疫情與網購升溫狀態下，直播帶貨能最大滿足網購者的需求，最重要是能夠創造出比起一般視訊影片更高的「真實性」，因為鏡頭後的一舉一動都會直接傳送到粉絲面前，大家容易對直播的內容產生信賴，因此直播成功的關鍵就在於創造真實的口碑，有些很不錯的直播內容都是環繞著特定的產品或是事件，將產品體驗開箱拉到實況平台上。由於直播帶貨是向粉絲推銷自己熟門熟路的商品，所以我們必須在直播帶貨中弄清楚粉絲的喜好和消費需求。作為新手主播，一般從自己的粉絲定位出發，分析用戶畫像，擴大產品的目標受眾，然後規劃好主題、產品和直播時間，直播過程中，務必細閱留言與觀眾互相傾談互動，越熟悉產品，自然越能用專業和有深度的詞彙表達，並盡可能講述產品的多個試用場景。切記！直播途中的中斷是絕對不能夠接受的，因為觀眾會因此果斷離開！

直播主要做的事情不僅僅是帶貨，就要期待用戶會下單購買，還必須包括問答、討論和教學三個過程。你需要熟練各種直播帶貨的玩法，才能更好地刺激用戶的消費欲望。例如在整個直播過程中，你必須讓粉絲不斷保持著「What is next?」新鮮感，讓他們去期待後續的結果，直播中最好有一個明確的指令，示意觀眾可在這時下單「買了！保證你不後悔！」，營造過了這個村就沒這個店的搶購氛圍，才有機會抓住最多粉絲的眼球，進而達到翻轉行銷的能力。直播

除了可以和網友分享生活心得與樂趣外，儼然成為商品銷售的素民行銷平台，不僅能拉近品牌和觀眾的距離，這樣的即時互動還能建立觀眾對品牌的信任。值得注意的是，消費者的核心信仰在於直播帶貨所帶來的性價比，因此體驗性強、毛利率高、客單價低、退貨率低的相關非標品最受歡迎，多數業者大多以玉石、寶物、鞋服、美妝溫杯、各種日用品或玩具的銷售為主，現今投入的商家越來越多，不管是3C產品、冷凍海鮮、生鮮蔬果、漁貨、衣服…等通通都搬上桌，直接在直播平台上吆喝叫賣。

▲ 直播吆喝海鮮蔬果最受廣大菜籃族的喜愛

目前越來越多銷售是透過直播進行，因為最能強化觀眾的共鳴，粉絲喜歡即時分享的互動性，在每個人都喊「+1」的情況下，為粉絲創造一種急迫感，接著很容易就跟著下單，也由於競爭越來越激烈且白熱化，在直播帶貨中，最常用的帶貨玩法就是抽獎及發放優惠券，用抽獎的方式吸引用戶，活躍了直播間氣氛的同時，還能讓用戶有一種參與感。固定的開場形式，對於老客戶來說，即便抽不到獎也去想去湊湊熱鬧，有些商家為了拼出點閱率，拉抬直播的參與度與活躍度，還會祭出贈品或現金等方式來拉抬人氣，吸引更多用戶參與其中，直播過程時刻保持和用戶互動，才會有繼續觀看直播的想法，只要進來觀看的人數越多，就可以抽越多的獎金，也讓圍觀的粉絲更有臨場感，並在直播快結束時抽出幸運得主。

10-1-3　直播帶貨設備 Know How

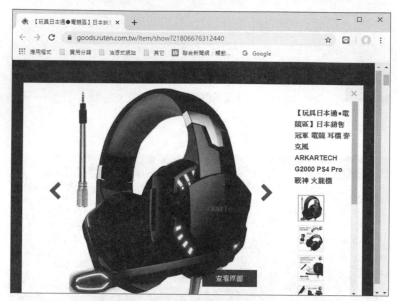

▲ 耳機決定聽覺的舒適感，尤其在遊戲直播上更為重要

「工欲善其事，必先利其器。」想要做好直播帶貨，無論走到哪裡播，都要先裝修一個畫面清晰的直播空間，因為這會影響到用戶的體驗。對於有興趣準備成為直播主的生手而言，當然必須要先有一套基本攝影設備。由於直播的類型非常多元，可以各自依照不同主題選擇使用的設備。

▲ 美妝直播必備的就是燈光設備

例如美妝直播需要的是加強燈光、攝影設備與產出背景音樂內容的相關影片，所以對於麥克風、混音器等等收音設備就會非常要求，至於遊戲實況直播主為了能夠進行遊戲的同時並錄製影片，則需要效能好的電腦與攝影鏡頭，來確保影像畫質足以提供粉絲完美的遊戲體驗。

▲ ATEN StreamLive HD 多功能直播機目前十分受到直播主歡迎

不少人認為當一個直播主，應該需要購買昂貴的器材，才能拍出高質素的影片，例如相機、麥克風、或是一台強大電腦才能進行拍攝和剪片。事實上，在經費有限的情況下，只要一支智慧型手機，就能利用其相機隨時開始直播和觀眾互動，或者外接網路攝影機、筆電，然後搭配手機的有線耳麥就可以馬上開工了。設備當然不嫌多，越多越好的設備，當然拍攝出來的品質越高，各位如果想從零開始學習成為直播主，只要你口袋荷包夠深，想要怎麼換都可以，後來再慢慢添購其他設備。

▲ 指向型麥克風可區分為「單一指向型」及「雙指向型」

 10-2 熱門直播平台介紹

對於一位帶貨新主播來說，想開好一場直播，相比於場景、貨源，最重要的就是找對直播平台。隨著直播的流行，不同的直播平台也根據各自的強項，專攻某些類型的直播節目。如遊戲、生活、品牌導購等，直播主想找到「對的觀眾」，了解個人特質與適合的直播平台，就是獲取大量粉絲之前的首要功課。例如 Twitch 平台的最大特色就是直播自己打怪給別人欣賞，因此它在全球遊戲類的流量在各種直播中拔得頭籌，Twitch 非常重視玩家的參與感，功能包括平台提供遊戲玩家進行個人直播及提供電競賽事的直播，每個月全球有超過 1 億名社群成員使用該平台，有許多剛推出的新款遊戲，遊戲開發廠都會指定在 Twitch 平台上開直播，也提供聊天室讓觀眾們可以同步進行互動。

▲ Twitch 堪稱是遊戲素人直播的最佳擂台

對個人與品牌端而言，直播是維持顧客關係的重要趨勢，對於電商來說，直播帶貨更是新興促銷方法，主要流程是真人展示產品，對消費者而言既新鮮又有吸引力。各大社群平台看準直播商機，許多社群平台如臉書、Instagram 也相繼推出直播功能，甚至在手機上也推出許多直播 APP，例如 17 直播、Uplive、浪Live 等手機直播平台，社群平台的直播體系較為完善，目前發展最成熟的就是YouTube，接下來我們要為你介紹目前相當熱門社群直播平台。

▲ 台灣本土的 17 直播平台開播內容多元且主題豐富

10-2-1　臉書直播

臉書擁有的 15 億活躍用戶與對社群的依賴性，同樣為臉書直播打下了穩固的基礎，更成為直播帶貨的新戰場，主要是因為臉書鍾愛影片類型的貼文，不單單只是素人與品牌直播而已，還有直播拍賣搶便宜貨，讓你的品牌觸及率大大提升。直播主只要用戶從手機上下一個鈕，就能立即分享當下實況，臉書上的其他好友也會同時收到通知。腦筋動得快的業者就會直接利用臉書直播來賣東西，甚至延攬知名藝人和網紅來拍賣商品。

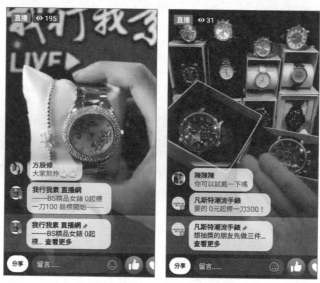

▲ 臉書直播是直播帶貨的新藍海

臉書直播的即時性很能吸引粉絲目光，而且沒有技術門檻，只要有網路或行動裝置在手，任何地方都能變成拍賣場，開啟麥克風後，再按下臉書的「直播」鈕，就可以向臉書上的朋友販售商品。直播帶貨只要名氣響亮，觀看的人數眾多，主播者和網友之間有良好的互動，進而加深粉絲的好感與黏著度，記得對粉絲好一點，粉絲自然會跟你互動，就可以在臉書直播的平台上衝高收益率，帶來令人驚喜的業績。

▲ iPhone 手機和 Android 手機都是按「直播」鈕

在店家直播的過程中，臉書上的粉絲可以留言、喊價或提問，也可以按下各種的表情符號讓主播人知道觀眾的感受，適時詢問粉絲意見、開放提問、轉述粉絲留言、回應粉絲等可以讓粉絲有參與感，完全點燃粉絲的熱情，為網路和實體商品建立更深厚的顧客關係。當直播主概略介紹商品後便喊出起標價，然後讓臉友們開始競標，臉友們也紛紛留言下標，搶購成一團，造成熱絡的買氣。如果觀看人數尚未有起色，也會送出一些小獎品來哄抬人氣，按分享的臉友也能到獎金獎品，透過分享的功能就可以讓更多人看到此銷售的直播畫面。

臉友的留言也會直接
顯示在直播放面上

直播過程中，瀏覽者
可以隨時留言、分享
或按下表情的各種符
號

在結束直播拍賣後，通常業者會將直播視訊放置在臉書中，方便其他的網友點閱瀏覽，也會針對已追蹤粉絲專頁的用戶進行推播，甚至寫出下次直播的時間與贈品，以便臉友預留時間收看，預告下次競標的項目，吸引潛在客戶的興趣，或是純分享直播者可獲得的獎勵，讓直播影片的擴散力最大化，想在臉書直播上取得成果，維持粉專的高互動、鞏固觀眾對內容的信任便相當重要。

10-2-2　Instagram 直播

Instagram 和 Facebook 一樣，也有提供直播的功能，不過 Instagram 上特有的限時動態與圖片貼文形式，更容易吸引到女性及年輕族群，如果你針對的觀眾族群是這兩大族群，或許 Instagram 會更適合你。Instagram 可以在下方留言或加愛心圖示，也會顯示有多少人看過，但是 Instagram 的直播內容並不會變成影片，而且會完全的消失。當各位按 IG 下方中間的 ⊕ 鈕，功能底端選用「直播」，只要按下「直播」鈕，Instagram 就會通知你的一些粉絲，以免他們錯過你的直播內容。

當你的追蹤對象分享直播時，可以從他們的大頭貼照看到彩色的圓框以及 Live 或開播的字眼，直播影片會優先顯示在所有限時動態之前，按大頭貼照就可以看到直播視訊。

你的追蹤對象如有開直播，可從他的大頭貼看到看到彩虹圓框，若在限時動態中分享直播視訊會顯示播放按鈕

很多廠商經常將舉辦的商品活動和商品使用技巧等直播方式，來活絡直播主與粉絲的關係，或者找一些 Instagram 的網紅來幫助，也能嘗試邀請觀眾加入直播

間，與用戶進行談話性質的互動。粉絲觀看直播視訊時，可在下方的「傳送訊息」欄中輸入訊息，也可以按下愛心鈕對影片說讚。

觀賞者可在「傳送訊息」欄上輸入訊息或加入表情符號

直播影片時，用戶留言都會在此顯現

顯示按讚的情況

10-2-3　YouTube 直播

YouTube 因為是大眾熟悉的影音平台之一，其用戶對影音類型的直播接受度高，進軍 YouTube 直播最強大的優勢，便在於他以影音起家，且擁有海量的用戶。從個人 YouTuber 販售產品，並透過直播跟粉絲互動，延伸到電商品牌透過直播行銷。各位要在 YouTube 上進行直播，基本上有兩種方式：「行動裝置」、「網路攝影機」。其中以行動裝置最適合初學者來使用，因為不需要太多的設定就可以立即進行直播，而進階使用者則可以透過編碼器來建立自訂的直播內容。

各位可以依照個別帳戶的狀況來選擇適合的其中一種直播方式，雖然這是一個能夠讓你不用花太多時間剪輯，就可以創造出影音內容的方式，不過不代表你可以隨意擺放鏡頭就開拍。最好在事前想清楚節目腳本，特別要記得長久經營自己的品牌，呈現出來的作品創意是必須的，然後透過不公開或私人直播的方式預先測試音效和影像，這樣可以讓你在直播時更有信心，當然在直播前，最

好預先讓粉絲們知道你何時要開始直播。如果你是第一次進行直播,那麼在頻道直播功能開啟前,必須先前往 YouTube.com/verify 進行驗證。這個驗證程序只需要簡單的電話驗證,然後再啟用頻道的直播功能即可。驗證方式如下:

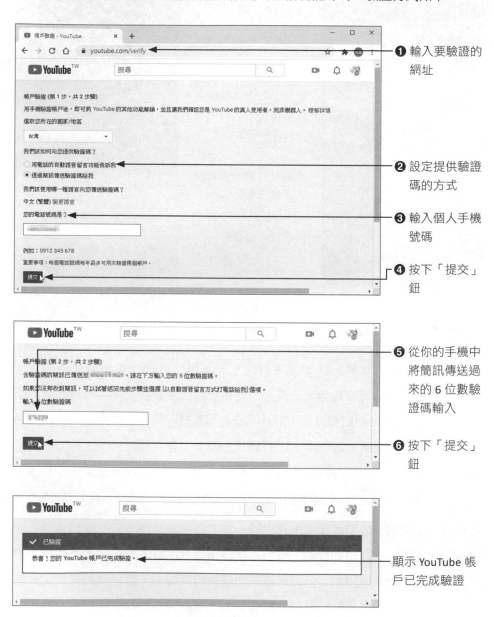

❶ 輸入要驗證的網址

❷ 設定提供驗證碼的方式

❸ 輸入個人手機號碼

❹ 按下「提交」鈕

❺ 從你的手機中將簡訊傳送過來的 6 位數驗證碼輸入

❻ 按下「提交」鈕

顯示 YouTube 帳戶已完成驗證

完成驗證程序後，只要登入 YouTube.com，並在右上角的「建立」鈕下拉選擇「進行直播」即可。如果這是你第一次直播，畫面會出現提示，說明 YouTube 將驗證帳戶的直播功能權限，這個程序需要花費 24 小時的等待時間，等 24 小時之後就能選擇偏好的 YouTube 直播方式。特別注意的是，直播內容必須符合 YouTube 社群規範與服務條款，如果不符合要求，就可能被移除影片，或是被限制直播功能的使用。如果直播功能遭停用，帳戶會收到警告，並且 3 個月內無法再進行直播。

◉ 行動裝置直播

由於行動裝置攜帶方便，隨時隨地都可進行直播，記錄關鍵時刻或瞬間的精彩鏡頭是最好不過了。不過以行動裝置進行直播，頻道至少要有 1000 人以上的訂閱者，且訂閱人數達標後，還需要等待一段時間，才能取得使用行動裝置直播權限。另外，你的頻道需要經過驗證，且手機必須使用 iOS 8 以上的版本才可使用。各位要在 YouTube 進行直播，請於頻道右上角按下 █ 鈕，出現左下圖的視窗時，點選「允許存取」鈕。

❶ 按下此鈕

❷ 點選「允許存取」鈕

由於是第一次使用直播功能，所以用戶必須允許 YouTube 存取裝置上的相片、媒體和檔案，也要允許 YouTube 有拍照、錄影、錄音的功能。

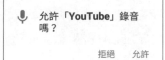

當各位允許 YouTube 進行如上的動作後，會看到「錄影」和「直播」兩項功能鈕，如下圖所示。

點選「直播」鈕後，還要允許應用程式存取「相機」、「麥克風」、「定位服務」等功能，才能進行現場直播，萬一你的頻道不符合新版的行動裝置直播資格規定，它會顯示視窗來提醒你，你還是可以透過網路設定機或直播軟體來進行直播。

⊙ 網路攝影機直播

如果各位擁有 YouTube 頻道，就可以透過電腦和網路攝影機進行直播。利用這種方式進行直播，並不需要安裝任何的應用程式，而且大多數的筆電都有內建攝影鏡頭，一般的桌上型電腦也可以外接攝影機，所以不需要特別添加設備。網路攝影機很適合做主持實況訪問，或是與粉絲互動。

各位要在電腦上使用網路攝影機進行直播，請先確定 YouTube 帳戶已經通過驗證，接著由 YouTube 右上角按下 ▇◢ 鈕，下拉選擇「進行直播」指令，經過數個步驟後，你會看到如圖的畫面，請耐心等待一天的時間後，再進行直播的設定。

顯示要等 24 小時
候才可準備就緒

經過 24 小時的準備時間後，帳戶的直播功能就可以開始啟用。請將麥克風接上你的電腦，再次由 YouTube 右上角按下 📹 鈕，下拉選擇「進行直播」指令，並依照下面的步驟進行設定。

❶ 按此鈕

❷ 下拉選擇「進行直播」指令

❸ 選此項準備開始直播

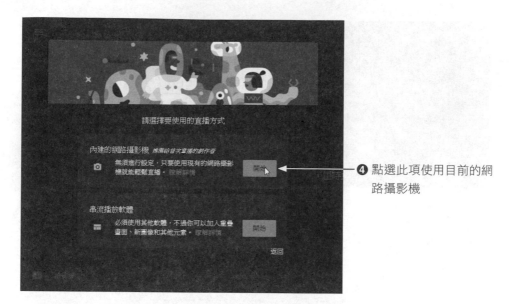

請選擇要使用的直播方式

內建的網路攝影機 *推薦給首次直播的創作者*

無須進行設定，只要使用現有的網路攝影機就能輕鬆直播。 取解詳情   開始

④ 點選此項使用目前的網路攝影機

串流播放軟體

必須使用其他軟體，不過你可以加入重疊畫面、新圖像和其他元素。 取解詳情   開始

返回

⑤ 按「允許」鈕允許 YouTube 存取麥克風和攝影機的功能

如要開始直播，請允許 YouTube 網站存取攝影機和麥克風

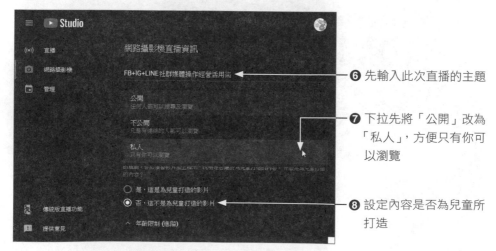

網路攝影機直播資訊

FB+IG+LINE社群媒體操作經營活用術

⑥ 先輸入此次直播的主題

公開
任何人都可以搜尋及瀏覽

不公開
只有有連結的人都可以瀏覽

私人
只有你可以瀏覽

⑦ 下拉先將「公開」改為「私人」，方便只有你可以瀏覽

是，這是為兒童打造的影片

否，這不是為兒童打造的影片

⑧ 設定內容是否為兒童所打造

年齡限制 (進階)

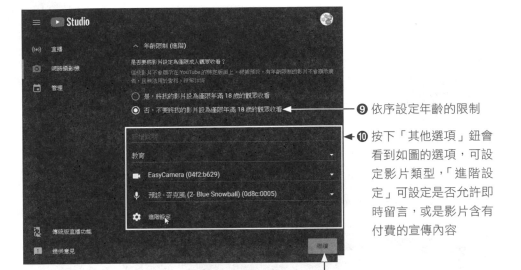

❾ 依序設定年齡的限制

❿ 按下「其他選項」鈕會看到如圖的選項，可設定影片類型，「進階設定」可設定是否允許即時留言，或是影片含有付費的宣傳內容

⓫ 設定完成按下「繼續」鈕

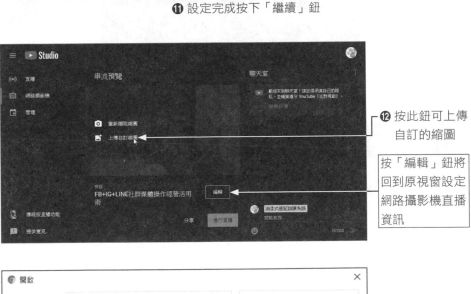

⓬ 按此鈕可上傳自訂的縮圖

按「編輯」鈕將回到原視窗設定網路攝影機直播資訊

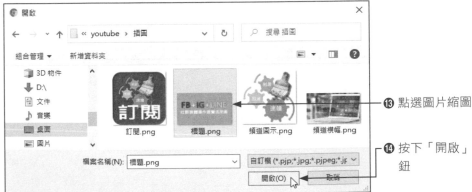

⓭ 點選圖片縮圖

⓮ 按下「開啟」鈕

⑮ 按此鈕開始進行直播

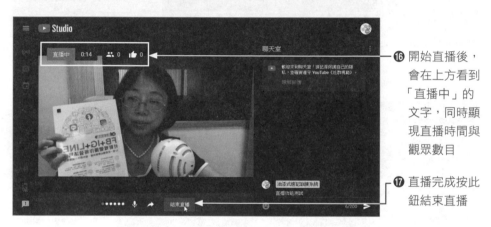

⑯ 開始直播後，會在上方看到「直播中」的文字，同時顯現直播時間與觀眾數目

⑰ 直播完成按此鈕結束直播

直播結束後，只要影片完成串流的處理，你就可以在「影片」類別中看到已結束直播的影片。如下圖所示：

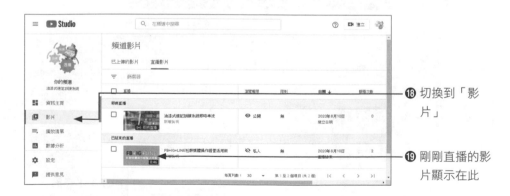

⑱ 切換到「影片」

⑲ 剛剛直播的影片顯示在此

在「直播影片」的標籤中，只要你將滑鼠移入該影片的欄位，就可針對直播的詳細資訊、數據分析、留言、取得分享連結、永久刪除等進行設定。

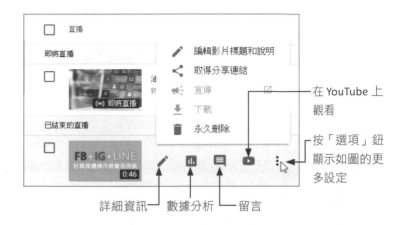

10-3 OBS 直播工具軟體

BS Studio（Open Broadcaster Software）是由 OBS Project 開發與維護，而且免費且開放原始碼的專業的螢幕錄製與串流直播軟體，能從電腦、攝影機、麥克風等來源裝置擷取素材，再上傳到 YouTube 串流播放直播。

▲ 可以到此網站免費下載

操作方式相當簡單，也有完整的繁體中文界面，可以支援多個作業系統，有 Windows、macOS 和 Linux 等，除了在 YouTube、Twitch、Facebook、LINE 和 Instagram 等等數十種影音與直播平台支援串流直播功能外，還能支援螢幕錄製、場景組成、編碼和廣播等諸多實用功能，對於遊戲畫面、運動賽事、演唱會等都很適合，因為它可以重疊畫面，讓畫面更豐富多變，是許多直播主愛用的直播工具軟體：

> 加入的來源素材可透過紅色框線來調整比例大小

▲ OBS 軟體直播軟體的視窗介面，可將多個來源畫面整合在一起

這套軟體的設定功能大致上可以在「檔案」功能表的「設定」指令中找到，各位可針對「串流」、「輸出」、「音效」、「影像」四個區塊來進行設定。

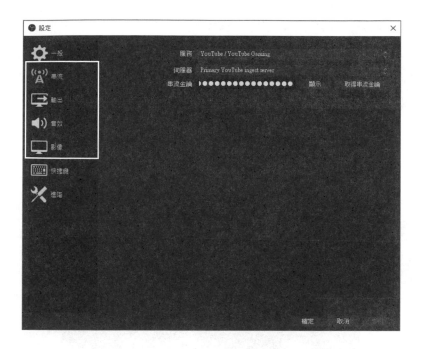

在「串流」類別中，服務的部分可以下拉選擇「YouTube/ YouTube Gaming」，伺服器為「Primary YouTube ingest server」，至於「串流金鑰」可按下後方的「取得串流金鑰」鈕，點進去後再從「編碼器設定」的區塊中，將「串流名稱 / 金鑰」複製後，貼入「串流金鑰」的空白欄位中，按下「套用」鈕就可設定完成。

在「輸出」類別中，影像位元率可設為 6500，畫面看起來會非常滑順。「編碼器」可選擇「硬體編碼」。至於「影像」部分，你可以自行設定來源與輸出的解析度，而「常用 FPS」的預設值為「30」，如果希望畫面能夠非常的順暢，可將數值設置到「60」。

當這些基本的設定都設定好之後,從視窗左下方的「場景」和「來源」兩個欄位就可以按下「+」鈕來增設場景和各種的擷取來源,而擷取畫面出現後還可透過紅色的外框線來調整畫面的大小,不想被看到的部分也可以透過眼睛圖示來將畫面隱藏。

本章 Q&A 練習

1. 請簡介影音行銷。

2. 直播行銷的好處是什麼？

3. 何謂網紅（Internet Celebrity）？

4. 請簡述直播帶貨（Live Delivery）。

5. 什麼是 OBS Studio（Open Broadcaster Software）工具軟體？

6. Twitch 平台有哪些特色？

7. 請簡述臉書直播的優勢。

8. 請介紹網紅行銷（Internet Celebrity Marketing）的由來與內容。

MEMO

11
Chapter

打造集客瘋潮的
抖音律動行銷

今天網路用戶偏好影音內容勝過文字呈現，這個事實已成為行銷規則，抖音（TikTok）短影音平台是近年來 Z 世代相當流行的風潮，甚至躍升為台灣網友愛用社交平台前五名，相當於每三人就有一人熱衷使用 TikTok，更是連續四年蟬聯全球 APP 下載量排行榜冠軍。抖音看準了年輕人「愛秀成癮」的「短」、「快」、「即時」行動影音傳播趨勢，讓許多人直接透過手機輕鬆拍攝短影片影片，可以錄製 15 秒至 1 分鐘、3 分鐘或者更長的影片，再搭配耳熟能詳的旋律，不斷進行內容創意的延展，將個人的創意和想法表現在影片當中，就能讓內容輕鬆吸引全球觀眾的目光，特別是 TikTok 能夠讓影片與活動同步在全球的社群平台展現，更可能因為影片的火紅讓他快速成為網紅，品牌若能與網紅合作，運用抖音行銷，將能吸引廣大年輕族群點閱，快速累積大量的粉絲，特別是 TikTok 影片對品牌有很優良的長尾效應。

▲ Adidas 很會運用抖音行銷產品

TIPS 克里斯・安德森（Chris Anderson）於 2004 年首先提出長尾效應（The Long Tail）的現象，也顛覆了傳統以暢銷品為主流的觀念。長尾效應其實是全球化所帶動的新現象，只要通路夠大，非主流需求量小的商品總銷量也能夠和主流需求量大的商品銷量抗衡，就像實體店面也可以透過虛擬的網路平台，讓平常週轉率（Turnover Rate）低的商品免於被下架的命運。

行銷活動第一步當然就是高曝光流量！如果你想透過簡單的操作模式來表現店家或品牌的特色，那麼透過抖音行銷就提供了品牌更豐厚商機。抖音和 TikTok 都是由中國字節跳動（ByteDance）公司所設計的兩款類似都不相通的 APP，抖音是在中國下載的版本，下載量持續榜上攀升，目前已成為中國最受歡迎的影音平台之一，而「TikTok」則是針對中國以外的地區的「國際版」抖音，例如我們在台灣就是使用 TikTok 版本。

隨著新冠疫情影響帶動網路使用習慣改變，使得用戶對於影音與娛樂內容的需求大幅增加。對於店家與品牌來說，TikTok 上充滿一定比例具備消費能力的群體，導購力超強。任何社群平台的核心都在於用戶，TikTok 是繼 YouTube 和 Instagram 之後，成為行銷人員大張旗鼓開疆闢土，推廣商品的新管道，形成了「高活躍、強互動」的社群特色。這個時代任何發想都可以用短影片來表達品牌故事，並打通品牌行銷與消費者連結的整合障礙，運用 TikTok 行銷，特別能吸引廣大年輕族群點閱，這些用戶群都是未來的消費族群，和他們建立良好的聯繫管道，就等同行銷商品的未來知名度，而且使用 TikTok 建立影片時，並不需要專業的攝影技能，只要有創意，用手機就可以快速完成。

11-1 從手機安裝與註冊 TikTok APP

由於創作門檻與設備低，TikTok 吸引了多元的創作者，不論是一般人、網紅、店家或各種身份，TikTok 已是經營品牌不可或缺的主流平台之一。店家可以用來擴張品牌影響力，更深的價值層面則是累積品牌自身的流量。各位想要透過 TikTok 來進行創作與行銷，首先就是安裝 TikTok APP 並註冊成為會員，相對於中國版抖音，TikTok 的帳號申請簡單許多，甚至可以跟 Google 等帳號做串連。iPhone 用戶請到「App Store」搜尋「TikTok」的關鍵字，而 Android 系統的用戶則點選「Play 商店」搜尋「TikTok」，找到 TikTok 的應用程式，按下「安裝」鈕進行安裝。稍後片刻，「安裝」鈕會變成「開啟」鈕，按下「開啟」鈕就會進入註冊階段。

❶ 搜尋「TitTok」關鍵字

❷ 點選「安裝」鈕

註冊 TikTok 時，你可以選擇使用電話或電子郵件，也可以使用各位已經有的社群帳號來註冊，像是 Facebook 帳號、Google 帳號、LINE 帳號等都可以被接受。使用現有的社群帳號直接進入 TikTok，就不用記一大堆的帳號密碼，這裡筆者選擇「使用 Facebook 繼續」，接著會看到「選擇你的興趣」的頁面，你可以根據自己的喜好勾選喜歡的主題，這樣 TikTok 會自動推薦你所喜歡的影片類型讓你觀看。

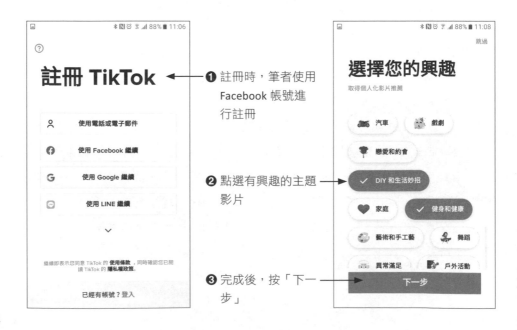

❶ 註冊時，筆者使用 Facebook 帳號進行註冊

❷ 點選有興趣的主題影片

❸ 完成後，按「下一步」

點選你的興趣類別後，按「下一步」鈕接著按下「開始觀看」鈕就可以透過手指上下滑動來觀看更多的內容。

❺ 以手指上下滑動就可以觀看影片

向上滑動即可查看更多

❹ 按「開始觀看」鈕

在你安裝與註冊完 TikTok 之後，下回只要在手機桌面上按下 鈕，就能直接進入該平台進行瀏覽或創作。

11-2 一看就懂的 TikTok 操作介面

輕鬆安裝完 TikTok 之後，如果你希望品牌在該平台上獲得成功，建議大家不要一開始就將 TikTok 看太複雜，記得從有趣的角度切入經營開始，首先必須了解你的受眾並學會使用 TikTok 工具。接下來就來認識 TikTok 操作介面，了解各種功能的所在位置，用起來才能順心無障礙。

→ 追蹤

→ 愛心

→ 評論

→ 分享

→ 音樂

TikTok 主要分為五大頁面，從左而右依序為「首頁」、「發現」、「新增」、「收件匣」、「我」，直接透過手機螢幕下方的五個按鈕就能進行切換。

11-2-1 「首頁」頁面

「首頁」顯示你所關注的對象或是 TikTok 為你推薦的對象，預設是顯示在「為你推薦」的頁面，也就是每次你進入 TikTok APP 時所自動播放的內容，而切換到「關注中」則有熱門的創作者，只要你對某個帳號有興趣，就可以直接按下紅色的「關注」鈕進行關注，這樣就能查看到該帳號最新發表的影片。

各位可別小看「首頁」的內容，因為你可以針對有興趣的主題或對象進行追蹤，像是你的競爭對象或同業 / 同行，關注它們的影片可以了解對方的各項資訊或行銷方式。所謂知己知彼，百戰百勝，新手若能從中學習對手的優點，依據對方的缺點進行行銷策略的擬定，就能讓自己立於不敗之地。

顯示「關注中」的畫面

顯示「為您推薦」的畫面

按「關閉」鈕可查看下一個熱門創作者的影片

按此鈕可追蹤特定人物或競爭對手

按「關注」鈕可關注該熱門創作者的最新影片

如果你是第一次使用 TikTok，那麼切換到「關注中」的畫面，它會顯示「熱門創作者」讓你參考，如右上圖所示。按下影片右上角的「X」鈕可查看下一個熱門的創作者，當你對於某個影片有興趣時，不妨先按下影片中間的圓形按鈕，這樣會直接連結到該帳號，你可以看到該帳號曾經發佈過的影片，也可以了解他的粉絲數目與評價，確認喜歡後再按「關注」鈕成為他的粉絲。

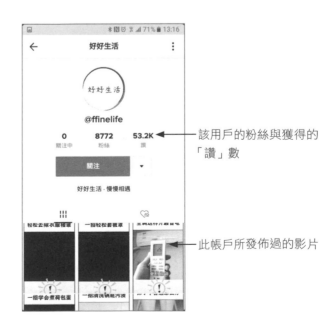

該用戶的粉絲與獲得的「讚」數

此帳戶所發佈過的影片

11-2-2 「發現」頁面

「發現」頁面顯示一系列熱門的影片，並透過主題標籤「#」分門別類顯示，像是：翻手舞、蹦蹦舞、螃蟹舞、變身漫畫等，只要在主題標籤下方以手指左右滑動，點選影片縮圖就能立即欣賞影片，而移到最右側時按下「點按查看更多內容」就能看到更多同類型的影片。

由此可輸入關鍵字詞進行搜尋

❷ 顯示與此標籤有關的所有影片

❶ 按此鈕查看更多同主題標籤的影片

以手指左右滑動可看到同類型的主題

11-2-3 「新增」頁面

按下「新增」 ➕ 鈕會立即進入如下圖的頁面，用戶可以從「圖庫」選取影片，或是直接透過手機上的鏡頭進行 15 秒或 60 秒的影片拍攝，只要你有構想和創意，利用「新增」按鈕即可進行影片的創作。

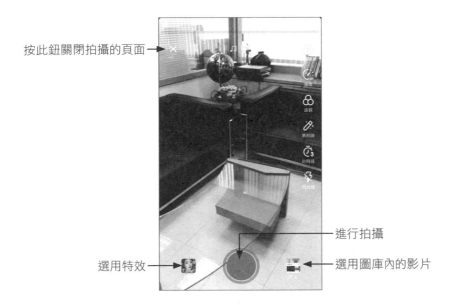

按此鈕關閉拍攝的頁面 →

進行拍攝

選用特效 →

選用圖庫內的影片 →

11-2-4 「收件匣」頁面

當用戶切換到「收件匣」的頁面，它會將所有活動訊息顯示在此頁面中，這些活動訊息包括了其他用戶對你的影片所按的「讚」、評論你的影片、提及到你，或是當你受到粉絲關注時，就會在此頁面顯示這些活動的通知。如果你只想針對某個活動進行了解，可按下拉鈕進行切換。如下圖所示：

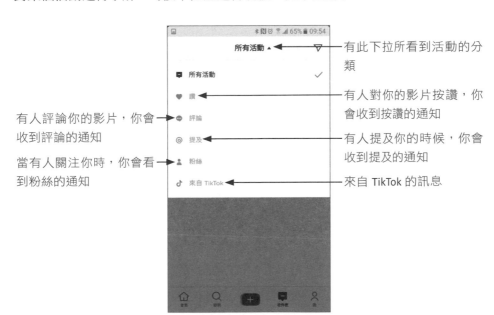

有此下拉所看到活動的分類

有人對你的影片按讚，你會收到按讚的通知

有人評論你的影片，你會收到評論的通知

有人提及你的時候，你會收到提及的通知

當有人關注你時，你會看到粉絲的通知

來自 TikTok 的訊息

11-2-5 「我」頁面

這是個人頁面，也就是其他人連結到你的頁面時所看到的資訊。如果你是商家或是名人，就要好好的編輯你的個人資訊，讓更多的搜尋者或是有機會成為你的粉絲者可以更了解你。

新手可按此鈕編輯個人資料

用心編輯個人資料，讓搜尋者有更多的機會或管道看到你

11-3 個人檔案建立要領

各位想要經營自家的 TikTok 帳號，觸及更廣大的消費族群，當然留給新朋友的第一印象是非常的重要，因為這是其他用戶認識你的第一步。個人的簡介內容可隨時變更修改，也可以和其他網站商城、社群平台做串接。新手只要在「我」的頁面按下「編輯個人資料」鈕，就可以進入「編輯個人資料」的頁面進行大頭貼、使用者名稱、個人簡介等資訊的編寫，也可以將你的 Instagram、YouTube、Twitter 等社群網站加入到個人的資料中。如左下圖所示：

11-3-1　更換個人照片

對於新手來說，想要更換個人的大頭貼照，按下左上方的圓形相機鈕，會顯示右上圖的畫面，用戶可以選擇直接以相機進行「拍照」，或是從現有的手機「圖庫中選取」相片。

◎ 拍照

選用「拍照」指令將開啟手機中的相機功能，你可以翻轉鏡頭方向，以便自拍或是拍攝前景畫面。確認拍照的畫面後還可進行裁切，以便確定相片的顯示範圍與效果。

◎ 從圖庫中選取

如果你是商家，不妨使用商家的標誌（Logo）圖案來作為代表，利用「從圖庫中選取」的功能將商家的特色圖案呈現出來，這樣品牌形象就能夠一眼被認出，讓用戶與你的品牌形象產生連結。如果是名人、明星、特殊才藝或專長者，也可以透過創意且吸睛的設計造型來博取大家的注意力。

❶ 從圖庫中勾選圖案後，會讓你檢視圖片，按「確定」鈕將顯示成右圖

❷ 滑動拇指和食指，調整畫面顯示的區域範圍

❸ 按「儲存」鈕儲存畫面，完成大頭貼的變更

依上述要領進行裁切與儲存相片，就能看到大頭貼照的更新囉！

11-3-2　設定使用者名稱

在 TikTok 社群裡，每個用戶都有一個獨一無二的「使用者名稱」，如果想在第一時間爭取受眾的注目與印象，建議名稱可以朝與行銷內容相關的方式呈現，讓用戶一眼看出重點的使用者名稱十分重要。這個名稱只能包含字母、數字、底線和英文句點。當你變更使用者名稱時，它會一併變更連結使連結到你的個人資料。如果在設定使用者名稱時，所輸入的名稱已經有他人使用，就無法進行儲存的動作，一直要等到出現綠色的勾勾，才表示可以使用。

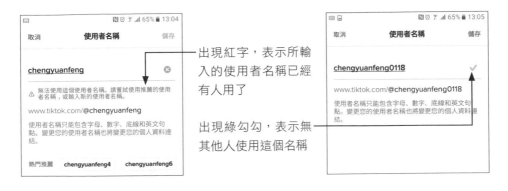

出現紅字，表示所輸入的使用者名稱已經有人用了

出現綠勾勾，表示無其他人使用這個名稱

特別注意的是，用戶每隔 30 天才能變更一次使用者名稱，所以新加入的用戶是無資格進行變更。另外，取一個與你的商品有關的好名稱，且命名時最好要能夠讓其他人用直覺就能搜尋到，或是使用者名稱能夠配合你的簡介內容是最好不過的了！

11-3-3　加入個人簡介

「個人簡介」是其他用戶認識你的最快速方法，尤其當尚未有任何的名氣時，簡潔有力的描述你的專業或特點，可以加深他人對店家的印象。如果你是以銷售為主的商家，不妨說明品牌在這裡落點的原因，以及告訴用戶在這可以取得什麼內容，最好在此加入你的商城或聯絡資訊。

個人簡介務求簡潔、專業，在有限的文字描述中表達個人的特點

文字的輸入以 80 個字元為限

其他用戶所看到的資訊呈現

11-3-4 社群平台的連結

TikTok 提供三個社群平台的連接,包括 Instagram、YouTube、Twitter 等。如果你有這三個社群,不妨將這些社群都新增到你的個人資料之中。如此一來,搜尋者若有機會搜尋到你的頁面,就可以直接連結到你的社群平台去觀看你的作品。

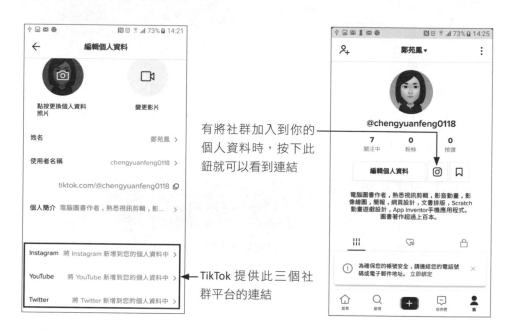

有將社群加入到你的個人資料時,按下此鈕就可以看到連結

TikTok 提供此三個社群平台的連結

以 Instagram 為例,在左上圖中按下「Instagram」後會顯示 Instagram 的登入畫面,輸入個人的 IG 帳號與密碼,按下「登入」鈕後,TikTok 會存取你的個人檔案資料,經「授權」後就可以完成連結的設定。

同樣地，即使你在 YouTube 平台上擁有多個品牌帳戶，也可以輕鬆指定，接著允許 TikTok 存取你的 Google 帳戶，就能將 YouTube 帳號新增到 TikTok 的個人資料中。

11-3-5 帳戶安全設定

使用社群平台,帳號的安全性是很重要的,對於新手來說,TikTok 貼心地在視窗下方顯示如下圖的警告視窗,讓用戶能夠透過電話號碼或是電子郵件地址來綁定帳號:

按下「立即綁定」,接著點選「綁定電話號碼或電子郵件」的選項,輸入個人的手機號碼再按下「傳送驗證碼」的按鈕,TikTok 就會傳送一則含有四位數字的驗證碼簡訊給用戶,除非你無法使用電話號碼做驗證,那就只能選用電子郵件的方式來驗證帳戶。

完成驗證手續 ⟶

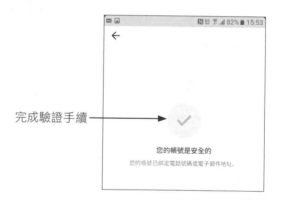

11-4 觸及率翻倍的 15 秒短影片

在這個非常講究視覺體驗的年代,如果品牌有意觸及年輕消費者,在 TikTok 這個竄起的平台試試水溫是最好不過,影片更是容易吸引年輕用戶的目光。大家都喜歡看逗趣好笑的影片,TikTok 上有非常多來自世界各地的爆紅商品影片,

只要影片內容有趣便能發揮行銷加乘效益，透過店家或品牌創意的內容，使行銷訊息顛覆傳統，讓消費者在娛樂的同時，一併汲取廣告訊息，讓煩悶的生活增添樂趣，而且動態視訊的呈現比起文字或圖片更有說服力，特別是年輕族群，越是酷炫、搞怪、無俚頭的影片更是吸睛的要點。

相較於 FB/IG 各種演算法限流，你最好自掏腰包投放廣告，TikTok 只要影片有梗有亮點，就有可能一傳十、十傳百甚至成千上萬人都有機會看到，特別是 TikTok 提供的拍攝功能相當完善，包括鏡頭切換、速度調整、濾鏡、特效、音樂等，各位只要先熟悉 TikTok 所提供的拍攝功能並加以善用，再加上個人的巧思與創意，也能讓短影片在短時間內贏得眾人的目光，觸及率翻倍成長。

進入 TikTok 後，按此功能鈕進入影片拍攝

11-4-1　拍攝基本功

各位從手機進入 TikTok APP 後，點按下方的 ➕ 按鈕會進入拍攝流程。首先看的是最基本的拍攝技巧。

❶ 按此鈕可切換自拍或拍攝場景

❷ 按此紅色圓鈕開始影片拍攝

預設是拍 15 秒

抖音的用戶可以拍攝和上傳 15 秒或 60 秒的短片，預設值是「拍 15 秒」，只要按下紅色圓形按鈕就可以進行影片的拍攝。

在拍攝之前，你可以是先選擇要自拍或是拍攝場景，只要透過右上方的「切換鏡頭」 鈕來進行切換即可。當你按下紅色的圓鈕開始拍攝時，將會進入左下圖的畫面，此時你有 15 秒的時間可以拍攝。你可以一口氣拍完 15 秒，也可以分段拍攝，只要按一下底端的 鈕就可以「暫停」和「繼續」。一旦 15 秒時間一到，TikTok 將自動停止錄影，此時會顯示右下圖的畫面，讓你觀看影片效果，而按「下一步」鈕就可以進行發佈的設定。

預覽影片時，可由此增加影片效果

錄製過程中，你可以隨時按此鈕暫停錄影，再按一下就可以繼續錄製

按「下一步」鈕進入發佈階段

預覽影片時，也可以由此增加效果

在預覽影片效果時，你可以透過右側或下方的功能鈕來讓影片更豐富有趣，如果影片拍攝完成，按「下一步」鈕就可以進入發佈的階段。此時寫上你的影片內容，設定影片是否公開，再按下紅色的「發佈」鈕，就可以將影片發佈出去。

11-5 花樣百出的工具應用

對內容創作者而言，TikTok 影片不需高規格製作，只要有話題與智慧型手機即可，至於影片拍攝除了剛剛介紹的基本拍攝技巧外，事實上 TikTok 還提供各種的工具鈕，可以讓你的影片變得豐富有趣。你可以在拍攝之前先行設定，也可以在預覽影片時再加入各種效果。這些工具鈕的類別相當多，包括速度的設定、美顏開、特效、濾鏡、音樂、文字、貼圖、變聲等，讓你的創意可以無限的擴展。這個小節就針對 TikTok 所內建的工具鈕來做說明。

11-5-1　拍攝速度

進行影片拍攝前，我們可以透過右側的「速度」 鈕來調整影片的速率。點選該鈕後，紅色的錄製鈕上方會看到如圖的數字，你可以根據需求來進行調整，數值越大顯示的影片動作就越快，反之則變慢速。

速度變慢 ── 速度加快

標準速度

透過這樣的功能，對於具有運動速度、潑水、噴灑之類的動態畫面，就能呈現更吸睛、強調的視覺效果。

11-5-2　美顏開

當你按下「美顏開」  工具鈕，你可針對拍照的人物進行光滑、瘦臉、眼睛的調整，讓人像變得皮膚光滑、臉蛋清瘦、眼睛變大變明亮。如下二圖所示，右圖就是透過「瘦臉」功能調整的結果，可以明顯感受到下巴和脖子變細。不想讓自己看起來變得肥胖臃腫，這招就挺管用的！

▲「瘦臉」功能的使用前和使用的差別

11-5-3 加入濾鏡效果

TikTok 的「濾鏡」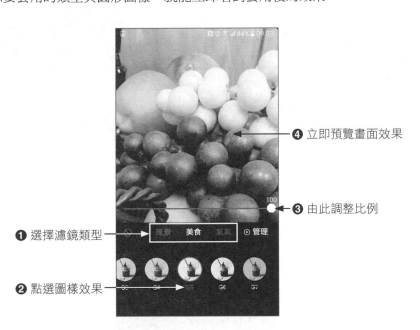 功能提供「肖像照片」、「風景」、「美食」、「氣氛」等類別
的濾鏡效果。運用這些強大的濾鏡功能可以輕鬆為圖像增色，或是製作出特別
的風格和品味，讓畫面瞬間變成具有藝術氣息。

使用方式很簡單，只要在錄製影片前先點選「濾鏡」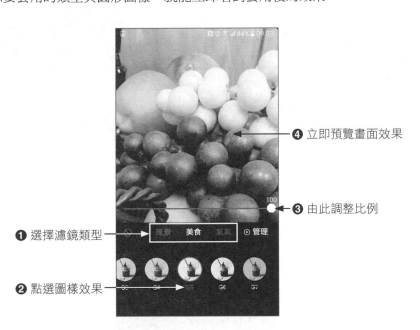，當下方出現面板時，
點選想要套用的類型與圓形圖樣，就能立即看到套用後的效果。

④ 立即預覽畫面效果

③ 由此調整比例

① 選擇濾鏡類型

② 點選圖樣效果

TIPS　在「濾鏡」類型的最右側有一個「管理」鈕，點選該鈕後可將一些你不
喜歡的濾鏡效果取消勾選，這樣可以讓你在選擇濾鏡效果時更快速些。

11-5-4 加入特效

TikTok 的「特效」功能提供熱門、新鮮、節目、遊戲、迷因、搞笑、Vlog、動
物、美妝、愛心等類型的效果，選定你要的類型及圖樣，按下紅色圓鈕就可以
讓影片加入特效。

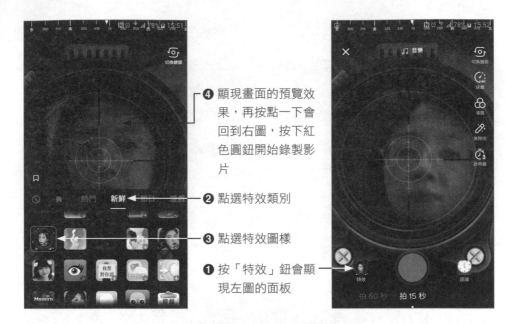

④ 顯現畫面的預覽效果，再按點一下會回到右圖，按下紅色圓鈕開始錄製影片

② 點選特效類別

③ 點選特效圖樣

① 按「特效」鈕會顯現左圖的面板

當各位選定一種類別和圖樣後，如果你不喜歡而想要再選用其他的效果時，可以先按下 鈕取消套用後，再選擇新的圖樣。

按此鈕取消套用

本章 Q&A 練習

1. 何謂長尾效應（The Long Tail）？

2. 請說明抖音和 TikTok 版本的不同之處？

3. 請簡介如何下載 TikTok APP。

4. 請舉出 3 種 TikTok 提供的拍攝功能。

5. 請問 TikTok 提供哪三個社群平台的連接？

MEMO

12
Chapter

課堂上學不到的社群
SEO 行銷

社群媒體本身看似跟搜尋引擎無關，其實卻是 SEO 背後相當大的推手，雖然粉絲專頁嚴格來說根本不是一個網站，不過社群媒體的分享數據也是 SEO 排名的影響與評等因素之一。各位經常會發現 Google 或 Yahoo 搜尋結果會出現 FB 粉專或 YouTube 影片的排名。我們知道 SEO 排名的兩個重要因素，一個是「權重」（Authority），另一個是「連結」（Linking），如果能有策略地針對 SEO 與社群媒體間的優化，在社群上表現良好的優質內容可能會獲得更多的反向連結（Backlink）。因為透過外部連結店家的網頁內容，SEO 認定權重越高，不但幫助排名，更可以幫助你網站的流量引導。

▲ Google 搜尋結果經常會出現 Facebook 粉專

> **TIPS** 搜尋引擎最佳化（SEO）也稱作搜尋引擎優化，是近年來相當熱門的數位行銷方式，就是一種讓網站在搜尋引擎中取得 SERP 排名優先方式，終極目標就是要讓網站的 SERP 排名能夠到達第一。簡單來說，做 SEO 就是運用一系列的方法，利用網站結構調整配合內容操作，讓搜尋引擎認同你的網站內容，同時對你的網站有好評價，就會提高網站在 SERP 內的排名。

社群做為數位行銷的重要管道，品牌擁有數個社群管道早已不稀奇，因此你的品牌做好 FB 粉專或 YouTube 影片的 SEO，也有機會超越一般網站的搜尋

排名，店家要做好社群 SEO 行銷，可以從三大社群（YouTube、Facebook、Instagram）下手，透過簡單易上手的功能、多邊平台整合，並依照各個社群媒體的 SEO 技巧來調整貼文內容，才是提升用戶轉換率的致勝關鍵。

12-1 臉書不能說的 SEO 技巧

談到社群媒體，臉書始終保有著不可取代的領先地位，由於店家官網屬於單向的傳遞資訊給客戶，主要是用來「呈現商品內容」，FB 的粉專則是可以有互動來往，大部分用來「交朋友」，幫助店家了解更多潛在客戶的訊息甚至潛移默化中轉成顧客，可以視為是企業的第二個官網。店家最好的辦法是同時建置網站與粉絲團，當店家貨品有新產品或促銷時，可以透過 FB 來曝光，進而將流量導回官網。當然如果你的品牌能一併做好官網與粉專的 SEO 優化，更容易在搜尋引擎上嶄露頭角，獲得更多曝光率和排名，也能讓品牌帳號更有機會接觸到潛在客戶。

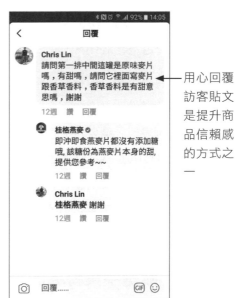

用心回覆訪客貼文是提升商品信賴感的方式之一

▲ 桂格燕麥粉絲專頁經營就相當成功

近年來相信很多小編都深深感受到 FB 觸及率開始下降了，FB 行銷似乎沒辦法像以往那麼容易帶來業績，因為社群平台並不會再像以前佛系般地主動替你帶來各種客源和流量，主要就是臉書演算法機制的改變，希望店家可以轉向購買臉書的廣告來增加曝光率，導致小編們用力回了半天的貼文，也沒有得到相對的轉換率，因此臉書貼文除了透過不同的發文形式而產生不同觸及率，還必須善用搭配 SEO 技巧來推廣。以下我們將要介紹如何透過 FB 進行 SEO 的特殊技巧。

12-1-1　優化貼文才是王道

未來社群行銷的模式與趨勢不管如何變化發展，內容都會是 SEO 最為關鍵的一點，貼文內容不僅是粉絲專頁進行網路行銷的關鍵，而且可以說是最重要的關鍵！我們知道任何 SEO 都會回歸到「內容為王」（Content is King）的天條，切記別為了迎合點擊率而產出對用戶毫無幫助的大內宣內容，因為任何再高明的行銷技巧都無法幫助銷售爛產品一樣，如果粉專內容很差勁，SEO 能起到的作用一定是非常有限。

▲ Baked by Melissa 成功張貼有趣又繽紛的貼文

例如果文章寫得不錯，粉絲還會幫忙分享，許多留言都會優化或加強文章內容，或者你的貼文擁有良好的互動表現，還要附上官網連結或者加入行動號召鈕（CTA），甚至於把最重要的 FB 貼文進行置頂，更容易引導消費者做出特定的導流行動。千萬記住！任何流量管道的經營，不管是被標籤或打卡都是增加網路聲量的好方法，SEO 上的排名肯定就會跟著上升！

12-1-2　關鍵字與粉專命名

經營粉絲專頁最基本的手段也是 SEO 關鍵字優化，用戶一樣是可以利用關鍵字找到粉專，所以在品牌故事、粉專基本資料、提供的服務、說明、地址、聯絡方式或網址等，都可以置入與品牌或商品有關的關鍵字，在粉絲專頁中，這些

都是對 SEO 非常有幫助的元素。每次發布 FB 貼文內容時也可以使用貼文主題相關的關鍵字或主題標籤（Hashtag）增加曝光度，讓粉絲／消費者更容易透過搜尋功能找到你的內容，貼文的開頭最好提到關鍵字，因為這些正是粉絲專頁能執行 SEO 的元素。

命名更是 SEO 的一門大學問！各位想要提高粉專被搜尋到的機會，首先就要幫你的粉專取個響亮好記的用戶名稱，也能把冗長的網址變得較為精簡，方便用戶記憶和分享，這點不但影響品牌形象，對搜尋量也相當有幫助，是 FB 的關鍵字優化的最關鍵的一步。粉絲專頁的用戶名稱就是臉書專頁的短網址。當客戶搜尋不到你的粉絲頁時，輸入短網址是非常好用的方法，所以盡量簡單好輸入。如下圖所示的「美心食堂」：

▲ 粉絲專頁名稱 + 粉絲專頁編號

由於網址很長，又有一大串的數字，過於複雜的網址對 SEO 優化來說沒有好處，在推廣上比較不方便，設置較為精簡的網址也更容易被搜尋引擎收錄，粉絲專頁的用戶名稱只要建立成功，就可以用簡單又好記的文字呈現，以後可以用在宣傳與行銷。如下所示，以「Maximfood」替代了「美心食堂 -1636316333300467」。

由於 FB 粉專代表著品牌形象，名稱不要太多底線、不容易辨識的字體、莫名奇妙的數字等等，尤其不要落落長取一個什麼 XX 股份有限公司，也務必要花時間好好地寫店家粉專的完整資訊，讓用戶可在最短的時間了解你這個品牌，基本資料填寫越詳細對消費者搜尋上肯定有很大的幫助，如果以網站來做對比，粉專名稱就如同 Title 標題，其他說明就好比 Meta description 描述，粉專名稱的最前方，最好適當塞入關鍵字，且符合目標受眾的搜尋直覺。

12-1-3　聊天機器人的應用

「聊天機器人」（Chatbot）則是目前許多店家客服的創意新玩法，背後的核心技術即是以自然語言處理（Natural Language Processing, NLP）為主，利用電腦模擬與使用者互動對話。聊天機器人能夠全天候地提供即時服務，與設定不同的流程來達到想要的目的，也能更精準地提供產品資訊與個人化的服務。FB 聊天機器人是粉絲專頁的創意新玩法，主要透過人工智慧（AI）方式，利用電腦模擬與使用者互動對話。聊天機器人可以協助商家開發自動回覆訊息，而不用寫任何一行的程式。例如 ManyChat、Chatfuel 等，只要使用聊天機器人製作一些常用問題或回答按鈕，當客戶有疑慮時，點擊按鈕就能自動回覆，完全不受時間的限制，能與用戶有 24 小時的服務連結，自然對 SEO 有大大助益。

> TIPS　所謂自然語言處理（Natural Language Processing, NLP）就是讓電腦擁有理解人類語言的能力，也就是一種藉由大量的文字資料搭配音訊數據，並透過複雜的數學聲學模型（Acoustic Model）及演算法來讓機器去認知、理解、分類並運用人類日常語言的技術。

如果消費者在商家的臉書上留言，系統就會自動私訊回覆預設訊息，由於用戶的開信率高，而粉絲留言時立即回覆與互動，甚至可以客製化互動模式，營造專人親自回覆的貼心感受，藉由 FB 粉絲專頁及聊天機器人與粉絲傳遞浪漫感動，不但創造驚人的流量，並且將流量引導到自身網站，不但給予粉絲們流暢的體驗，也提高了粉絲專頁的自然觸及率，最重要是還能夠直接得到對該服務或產品有興趣的客戶可能名單。

12-2 IG 吸粉的 SEO 筆記

由於 Instagram 是原生的手機應用為主的社群，強調影像式的原生內容，首重視覺衝擊第一，時下年輕人逐漸將重心轉移至 Instagram，使其成為品牌行銷的必備利器。至於 Instagram 本質上雖不全然是搜尋引擎，不過 Instagram 有內建的搜尋欄位，可依照用戶輸入的關鍵字來選擇，Instagram SEO 是用於站內優化，而非其他搜尋引擎，由於 SEO 也偏好社群活躍度高的用戶，想要自己的 IG 觸及更好，SEO 的某些技巧依舊可以套用在 Instagram 演算法，輕鬆獲取免費的自然流量和追蹤。以下我們將要介紹如何 IG SEO 的相關特殊技巧。

▲ 星巴克經常在 IG 上推出美美促銷圖片

12-2-1 用戶名稱的 SEO 眉角

Instagram 用戶名稱，等於是其中一個關鍵字管理重心，店家首先要花時間好好地寫 IG 帳號的完整資訊。因為 IG 帳號已經被視為是品牌官網的代表，IG 所使用的帳戶名稱與簡介也最好能夠讓人耳熟能詳，所以當你使用 IG 來行銷自家商品時，那麼帳號名稱最好取一個與商品相關的好名字，並添加「商店」或「Shop」的關鍵字，如果有主要行業別或產品也可加上，讓用戶在最短時間了解你的品牌，因為這不只攸關品牌意識，更關乎到 SEO。

例如當各位有機會被其他 IG 用戶搜尋到，第一眼被吸引的絕對會是個人頁面上的大頭貼照，圓形的大頭貼照可以是個人相片，或是足以代表店家特色的圖像，以便從一開始就緊抓粉絲的眼球動線。此外，個人檔案也是用戶點擊進入你的 Instagram 帳號後，下方會出現的資訊列，完善的個人檔案也是 SEO 重

點，我們建議這個地方也可以用來塞入長尾關鍵字，以增加帳號曝光率。不過請留意！雖然沒有適當的關鍵字就帶不出你的貼文，貼文中重複過多無意義的關鍵字，可能會被演算法認為是作弊行為，反而會讓 SEO 排名更下降。

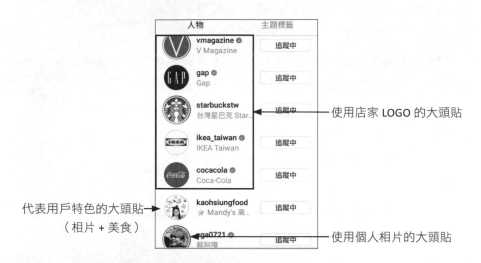

代表用戶特色的大頭貼
（相片 + 美食）

使用店家 LOGO 的大頭貼

使用個人相片的大頭貼

12-2-2　主題標籤的魔術

許多 SEO 的老手都知道關鍵字的重要性，關鍵字可以說是反應人群需求的一種集合數據，關鍵字搜尋量越高，通常代表越多人會做的相關主題，貼文內容最好能經常提及目標關鍵。例如文章第一行強烈建議打出標題、店名、品名、活動等各種關鍵字，可以更有效提升 SEO 排名，或者利用 ALT TEXT 功能，為相片加入清楚地自定義替代文字，這個 2019 年剛出爐的新功能會讓你的貼文有更多露臉機會，也能供用戶有更多的方式獲取 IG 的內容。由於 Google 並不會直接讀取圖片，它們會讀取 ALT TEXT 中的敘述文字，可以輕易讓貼文獲取更多觸及率，演算法也會針對有使用替代文字的貼文給予較好的排名，最後在文章當中，利用關鍵字連結到圖片，也是對 SEO 有不少加分的作用。

IG 的主題標籤（Hashtag）和網站 SEO 的關鍵字概念非常類似，Instagram SEO 就是使用 Hashtags 輕鬆帶出各位的貼文。店家可以把 Hashtag 想成文章的關鍵字，Hashtag 用的好，可有效增加互動及提升貼文能見度，一篇貼文內最多可以使用 30 個 Hashtags，越多的 Hashtags 表示可以觸及的用戶更多。很

多時候在 IG 上的用戶都是直接搜尋主題標籤找到店家，各位只要限時動態、圖片、文字中善加選擇熱門的 Hashtags，不僅貼文能被判定為有效貼文，在搜尋引擎中較容易被找到，或者標註你所在的城市與著名地標。

▲ 搜尋該主題可以看到數千則的貼文，貼文數量越多就表示使用這個關鍵字的人數越多

店家在決定使用什麼 Hashtags 之前，不妨先進入 IG 的搜尋欄中，看看使用這個 Hashtags 的貼文數，相關程度較高的標籤都有助於貼文有更多曝光機會，貼文內也必須包含自己品牌或店家名稱的 Hashtags，IG 也會主動將貼文推薦給會喜歡你 Hashtag 的用戶。當然你最好每天固定多花一些時間和粉絲互動，無論是留言、按讚或追蹤等，特別是在限時動態的觀看及留言都會被 SEO 判定為值得散播的內容。

12-2-3　視覺化內容的加持

視覺化內容在 IG 的世界絕對非常重要，由於 IG 用戶多半天生就是視覺系動物，內文要夠精簡扼要，配合高品質的影片或圖片，主題鮮明最好分門別類，頁面視覺風格一致，讓主題內的圖文有高度的關聯性，不但讓粉絲直覺聯想到

品牌，更迅速了解商品內容。檔案名稱也同樣可以給予搜尋引擎一些關於圖片內容的提示，建議使用具有相關意義的名稱，例如與關鍵字或是品牌相關的檔名，這也是 SEO 的技巧之一。

▲ 視覺化內容的優化對 SEO 排名也有幫助

請注意！只有 80% 以上的內容跟用戶有關，而且是他們想看的貼文，才有辦法創造真正有效的流量，不要忘記讓粉絲願意主動留言永遠是社群平台上唯二不敗的經營方式，許多留言更會優化或加強文章內容，或者你的貼文擁有良好的互動表現，還要附上官網連結，將 IG 變成嵌入到官網的一部分，讓粉絲點擊官網追蹤，進而還會幫忙分享，分享數與留言目前依然是提升貼文 SEO 排名的關鍵指標。如果文章寫得不錯，粉絲可能還會想跟品牌私底下互動，這個動作甚至比按愛心、留言及觀看還要被 SEO 看重。

12-3 YouTube SEO 的私房技巧

自從 2006 年 YouTube 被 Google 收購後，影片也更容易被納入 Google 搜尋結果，也就是可以透過 SEO 找流量，不但能吸引更多 Google 流量來源，也能提

高使用者瀏覽體驗。此外，YouTube 做為世界上第二大的搜尋引擎，也是最大的線上免費教學平台，搜尋量也絕對不容小覷，在許多場合 YouTube 甚至比黃金時段的電視有更大的流量。所謂流量即人潮，人潮就是錢潮，如果店家想增加品牌印象和與未來潛在消費者之間的連結，YouTube 肯定是你不可或缺的重要平台，根據研究機構統計，通常會在 FB 看影片的多半是路過客，但會願意留在你 YouTube 駐足的肯定是忠實鐵粉。因為 YouTube 的用戶多半都是以「搜尋」或接受推薦的方式去找到自己想要的訊息，FB 與 IG 多半是透過朋友圈和主題標籤進行擴散，對其他接受擴散訊息的用戶不見得真正有需求。

YouTube 與 FB、IG 之間最大的差異在於經營模式，很多 YouTuber 可能會有這樣一個經驗，辛辛苦苦地拍攝了一部高品質的影片，然後興沖沖上傳到 YouTube 由於 YouTube 平台上面的影片實在太多，最後觀看的人卻寥寥無幾。不用灰心！雖然 YouTube 平台特性不見得能夠讓你的影片流量馬上一飛衝天，但只要找到擅長主題，透過充分利用 YouTube SEO 就可以使影片脫穎而出，大量增加 YouTube 影片或頻道的曝光度。以下我們將要介紹如何透過 YouTube 進行 SEO 的特殊技巧。

12-3-1 玩轉影片的關鍵字

▲ YouTube 影片標題、縮圖、說明、標籤都會影響 SEO 的排名

許多 YouTuber 往往只專注在影片內容製作，卻忽略影片標題、說明、標籤等文字資訊的重要性。影片縮圖是使用者在搜尋後最先會關注的事情，建議影片的縮圖要清楚，盡量有明確的主題性，這也是 SEO 的加分題。首先盡可能地在影片標題的命名上讓你的目標客群（TC）有意願要點擊你的影片，盡可能找到搜尋量高且符合影片內容的關鍵字，一般建議將關鍵字放在標題前面，對於 SEO 的效果會較好，並將其貫穿主軸，例如在標題和描述中加入關鍵字，除了可以讓演算法得知影片內容，也是影響使用者點擊與否的關鍵。

由於 SEO 非常重視關聯性，如果是系列性的影片，標題的名稱一致性也非常重要，一個吸睛的影片標題雖然無法使影片內容變得更加精采，卻較容易使觀眾對影片更加感興趣，更重要的是要體現影片內容和價值。

有關標題優化及關鍵字的置入，可依照品牌的需求而定，我們也建議一支影片最好放入 5~10 個關鍵字，特別是在上傳影片的時候，在影片說明欄位的部份，提供完整的影片描述，對於 YouTube SEO 來說，會仰賴說明來判定影片與關鍵字的相關性，除了可以讓搜尋者快速瞭解影片資訊外，越是豐富的說明越能增加影片的曝光機會，至於在上傳影片之前，請先為影片命名一個適當的檔名，檔名中最好包含關鍵字，更是 YouTube SEO 優化的大重點，可以增加該影片的曝光機會。

▲ 系列性的影片最好要有一致性標題

12-3-2　優化導流與分享

YouTube也可以看成是一種宣傳的平台，影片不僅要吸引眼球，最重要的是要吸引訪客進入店家的官網，因為真正的產品與服務說明都在官網裡，所以導流相對重要，社群SEO行銷的首要目標就是掌握受眾的輪廓，而使用YouTube影片最強大的功能就是導流。

當店家將自製的影片上傳到YouTube品牌帳戶後，會讓更多人有機會觀看到你的影片，YouTube影片行銷是持久戰，不妨加把勁透過YouTube提供的「分享」功能來進行分享。YouTube可以讓影片透過轉發Facebook、Instagram導流圈粉，或者透過電子郵件方式將影片分享出去。例如對YouTuber網紅們來說，最基本的自然是把IG或FB上的粉絲導向到YouTube平台上，比起觀看次數，YouTube更在意使用者的回流率，包括該頻道訂閱的人數，以及觀看影片後訂閱頻道的人數也是YouTube SEO排名的重要準則，才能透過YouTube平台分潤機制獲得更可觀的收入。

▲ 直接上傳到FB或IG的影片，稱為原生影片

12-3-3　縮圖的致命吸睛力

縮圖對於吸引用戶的注意力和獲得點擊率至關重要，這也是 SEO 的加分題。當影片上傳完成時，YouTube 會自動生成三個縮圖，你可以從中擇一使用，也可以自行上傳縮圖，強烈建議使用自行上傳的方式，例如試著使用高對比或是高飽和的色調來讓縮圖更顯眼，務必包含有「具表情的臉孔或 Logo」和「清晰的文字與字體」，若有教學或娛樂性質可以較大的字體。

上傳影片時，可透過此鈕來上傳自製的影片縮圖，
也可以事後透過「編輯影片」鈕再由此進行加入

因為上傳自製的影片縮圖會比使用自動產生的縮圖畫面更具吸引力，各位可以把它當作是影片的宣傳畫面，透過強而有力的標題來吸引觀眾進行點閱。

自製的影片縮圖更具吸引力

12-3-4 　字幕、高清影像與時間軸的重要

對於用戶涉入程度較高，任何能引起受眾反應的影片都是佳作，例如美妝品牌影片最好直接做產品開箱與試色，是因為消費者在購買商品之前，都會想先透過影片「代為體驗」，創造貼近粉絲用戶的「嘗鮮感」影片的互動數也是 YouTube 判別影片好壞的關鍵指標之一，包括影片觀看次數、留言數、瀏覽量、點擊率、分享次數、訂閱與加入 CTA 鈕來引導消費者做出特定的導流行動等形式的互動行為，對曝光強度來說都是會加分。

當觀眾主動評論後，你的回覆留言內容最好也能適時的加入品牌關鍵字，因為每支影片獲得的評論訊息是 YouTube SEO 判斷影片優劣的關鍵原因。此外，加入字幕雖然是個耗時的工作，但影片內加上字幕不但可以加強關鍵字強度，也會增加影片的受眾與瀏覽體驗，對搜尋也有非常大的幫助。

▲ 影片內加上字幕，對於 YouTube SEO 帶來的效益非常大

影片製作除了要有精采內容之外，播放前 20~ 30 秒非常關鍵，建議最好立即勾劃出影片重點，觀眾會在這段時間決定對影片是感興趣，影片自然會獲得更長的觀看時間，這對 SEO 的排名也會提升。良好成像品質的影片會得到 YouTube 平台的特別青睞，比起觀看次數，YouTube 更在意使用者的回流率，排名在第一頁的影片有超過六成都是使用高清影像（Full HD）。

▲ 影片提供高清影像（Full HD）也是 YouTube SEO 的加分題

YouTube 官方也指出影片長度對於排名結果會有顯著的影響，因為較長的影片通常能夠提供價值相對也較多，YouTube 排名第一頁的影片平均長度約在 12~18 分鐘。此外，為了讓觀眾可以有更好的長影片觀看體驗，時間軸能讓他們搶先知道影片內容，如果能夠透過時間軸來標記出影片的重點，就能讓用戶透過時間軸快速找到自己想看的部分，減低中途關閉影片的流失。對於搜尋引擎而言，時間軸上所標記的關鍵字，也會影響到 YouTube SEO。

▲ 時間軸能讓用戶搶先知道影片內容

本章 Q&A 練習

1. 請簡述「原生影片」。

2. 請簡述聊天機器人（Chatbot）。

3. 請簡單說明標籤的功用。

4. 請簡介搜尋引擎最佳化（SEO）。

5. 何謂自然語言處理（Natural Language Processing, NLP）？

6. 請簡述 FB 粉專名稱的命名技巧。

MEMO

風格獨具的播客戀戀語音行銷

在行銷愈來愈激烈競爭的時代，播客（Podcast）已經悄然成為新媒體平台的顯學，所謂播客（Podcast）這個英文單字是由 iPod ＋ Broadcast 組合的靈感而來，在大部份的國家直接稱為「Podcast」，中國大陸則稱為「播客」。聽眾不需要到特定平台，像是「預錄好、只有聲音的網路節目」，只要你擁有可以收聽 Podcast 的設備，誰都可以收聽，透過可以播放 Podcast 的 APP 來獲取節目的更新。

▲ iPhone 內建有隨選（on demand）播放的 Podcast APP

13-1 Podcast 行銷初體驗

Podcast 其實是一種另類的數位媒體，通常解讀為純聲音節目頻道，也可以稱為網路廣播。根據維基百科的定義：「Podcast 是指一系列的音訊、影片、在線電台（Digital Radio）或文字以列表形式經網際網路發佈，聽眾可下載或串流當中的檔案以欣賞。」Podcast 行銷已經在歐美國家流行多時，直至近年，本地店家才開始發現 Podcast 背後的巨大商機與行銷效益。相對於 YouTube、Facebook、Instagram 等開始飽和的平台，台灣的 Podcast 行銷仍屬於剛剛起步，Podcast 也是一種內容行銷，可以吸引更多潛在聽眾或客戶。例如 Podcast 節目的原創製作人員可以將音訊或影片上傳到網路，就能輕鬆掌握自己的行

銷頻道，用戶可以隨時透過智慧型手機、平板或電腦收聽節目，或者願意訂閱主持人所推出的其他內容服務與廣告商品。常見的 Podcast 平台有 Apple Podcasts、Google Podcasts、Spotify、Stitcher 或 Pocket Casts。只要在平常搜尋音樂的地方，搜尋自己想聽的 Podcast 即可，沒有時間限制，各位還可以直接下載單集節目進行離線收聽。

iPhone 內建「Podcast」
APP 可以免下載，並播放 Podcast 這種類型數位媒體

▲ Apple iPhone 手機內建的 Podcast APP

另外粉絲也可以使用 Spotify 收聽 Podcast，Spotify 是一家瑞典線上音樂串流媒體平台，我們可以在電腦或手機上安裝 Spotify 應用程式，以 Windows 桌上電腦為例，下載 Spotify 之後，就可以在你的裝置上播放數百萬種歌曲和 Podcast。

Windows 作業系統的下載網址如下：https://www.spotify.com/tw/download/windows/

下載完成後並進行安裝後，就可以進入類似下圖的 Spotify 的客戶端程式，第一
次會要求註冊，各位可以直接以 Facebook 帳號進行註冊，在 Spotify 這個線上
音樂串流媒體平台，除了可以聽音樂外，也可以播放各類主題的 Podcast，如
下圖所示：

▲ Spotify

不過店家貨品牌要支撐一個長壽的 Podcast 節目並不容易，除非 Podcast 創作者建立明確的商業模式，有了這些合理的回饋，才足以支撐 Podcast 創作者願意花時間製播優質的 Podcast 節目。

▲ 知名網紅蔡阿嘎 Podcast 也正式開台

13-1-1 Podcast 和 YouTube、傳統廣播的差異

各位可能會好奇：那 Podcast 和 YouTube 或廣播之間有何不同？以往的廣播節目是 Live 播出，只有在固定頻率與地區內能聽到，且無法隨選隨聽。簡單來說，Podcast 就是聲音的節目，可錄製的音訊格式也很多元，聽眾可以在平台上隨意選擇自己想聽的節目內容與單集，和傳統廣播最大不同的是，Podcast 是一個隨選播放的使用方式，你可以根據自己的喜好隨時想聽就聽，想停就停，或許更貼切的形容，它有點像聲音版的 YouTube。

雖然說從維基百科對 Podcast 的定義來看，Podcast 並不完全一定是純聲音的節目，在早期有些 Podcast 創作者所錄製的 Podcast 根本就是有影像畫面的，這類 Podcast 就稱為為 Video Podcast，例如美國 CNN 電視台製作的「CNN 10」Video Podcast，就每天花 10 分鐘跟你說國際消息，但是為了和 YouTube 影片搜尋和分享平台有所區隔，現在大部份的人都把 Podcast 節目多半定調為「聲音的節目」。

▲ 有影像畫面的 CNN 10 稱為 Video Podcast

Podcast 節目還有一點和廣播不同,它結合了 RSS Feed 訂閱功能,所以當有新節目出現時,會自動出現在你的訂閱清單裡面。RSS（Really Simple Syndication,簡易資訊聚合）是一種用來分發和匯集內容,它是一種透過 XML 標準所制定的資料格式,RSS Feed 可以將網頁內容抽取出來,使用者透過訂閱 RSS Feed 配合 RSS 閱讀器,就可直接取得網站最即時的資訊,並給予使用者隨選訂閱的功能。因此 RSS Feed 也是用來建立 Podcast 的基本技術,當創作者為每一個節目生成專屬的 RSS Feed,其內容就會記錄該節目名稱、分類、節目音檔位址等細節資訊。

由於 RSS 是一種公開的資料，所有 Podcast 播放器都可以從 RSS Feed 讀取對應的節目，因此各位可以想像 RSS Feed 就有點像是節目的地址，Podcast 創作者只要將該節目的 RSS Feed 上架到各個播放平台，這些播放平台會定時掃描 RSS，檢查節目是否有更新。另外如果你的帳號底下創作了幾個不同的節目，每一個節目都會有專屬的 RSS Feed。

13-1-2　Podcast 適合的閱聽場景

那麼在哪一種情境下適合單純只用聲音來「聽」，其實大部分的人無法一直看著手機，例如走路、跑步、開車或騎車等等，這種情況下就適合聽廣播、音樂或是收聽 Podcast 這種類型的聲音節目，常見的 Podcast 節目形式有一對一的對話訪談、或是一個分享心情故事、事情觀點或是某領域的專業知識，另外也有一些屬於運動類型的 Podcast 或是多位主持人互相交談的節目。

▲ Hito 大聯盟 Podcast

▲ 小人物上籃 Podcast

13-1-3　Podcast 的收聽模式

那麼聽眾要用什麼方式收聽 Podcast 嗎？我們
可以透過 Apple Podcast、Google Podcast、
Spotify 等 APP 或網路平台來收聽 Podcast，就
以蘋果（Apple）iPhone 手機為例，它內建一個
Podcast APP，因此你不用另外下載 APP，而大
部份的 Podcast 創作者，通常都會上架到 Apple
的 Podcast 的播放平台。

▲ 內建的 Apple Podcast 可以
　 播放 Podcast

13-2　訂閱優質的 Podcast 節目

有別於文字和影片，收聽 Podcast 不受環境因素影響，這是另一個 Podcast 行
銷的好處。接著就以 Apple Podcast 來示範如何搜尋及訂閱感興趣的 Podcast
節目，我們以 iPhone 內建的 Podcast APP，試著尋找有趣的 Podcast 節目。

13-2-1　搜尋 Podcast 節目

當點選 iPhone 的「Podcast」圖示鈕開啟 APP
時，會先進入如下圖「立即聆聽」頁面，這個頁
面會推薦你可能喜歡的 Podcast 節目，各位可以
選擇自己想要收聽的節目，只要按下該節目的播
放鈕就可以馬上收聽。

另外我們也可以切換到「瀏覽」頁面，根據不同
類別進行瀏覽來找尋自己想追蹤的 Podcast 節目。

如果想直接以關鍵字搜尋 Podcast 節目，則可以
切換到「搜尋」頁面：

接著輸入要找尋節目的關鍵字，例如下圖中的
「商周」，就可以找到與該關鍵字相關的 Podcast
節目，例如下圖找到「商周 bar」的 Podcast 節
目。

直接點選下拉視窗的「商周 bar」Podcast 節目名稱，就可以找到該節目的節目單集列表。

接著直接點選要收聽的單集名稱，進入類似下圖畫面，就可以按下「播放」鈕進行節目的聆聽。

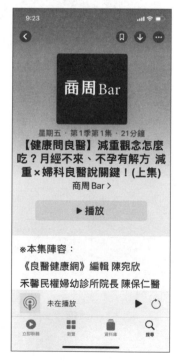

13-2-2　在 iPhone 上追蹤 Podcast

當你追蹤 Podcast 時，新單集會自動下載到裝置上，當然也可以收取新單集發佈的通知。如何在 iPhone 上 追 蹤 Podcast 節 目，首 先 請 先 打 開 Podcast APP，接著瀏覽或搜尋想要追蹤 Podcast 節目，並點選該節目以查看資訊頁面，最後按一下右上角「追蹤」按鈕  。

第一次追蹤 Podcast 節目，會要求啟用通知功能，一旦啟用就可以持續掌握最新消息。

接著出現下圖畫面，請按下「允許」鈕，就可以讓「Podcast」傳送通知給你。

如果要要查詢你所追蹤的 Podcast，請前往「資料庫」標籤頁。然後點一下「節目」，就可以看到目前「已追蹤」的 Podcast 節目。

13-2-3　取消追蹤 Podcast

打開 Podcast APP，並切換到「資料庫」標籤
頁，接著點選「節目」，然後點一下，點選要取消
追蹤的節目，以查看該節目的資訊頁面，並按一
下「更多」 按鈕，

接著再執行「取消追蹤節目」指令，就可以取消
追蹤該 Podcast 節目。

取消追蹤後，如果執行「從資料庫裡移除」，就會
將該單集從資料庫中移除。

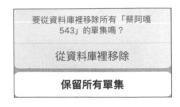

以下為取消追蹤後的節目清單，各位就可以發現已經沒有「蔡阿嘎543」的 Podcast 節目了。

13-2-4 付費訂閱 Podcast 節目

Apple 推出的 Podcast 付費訂閱服務，可允許用戶們在 Apple Podcast APP 內付費訂閱 Podcast 頻道，這種作法為 Podcast 創作者和聽眾們提供了更彈性的方案，但是即使 Apple 推出付費訂閱服務。但我們仍然可以繼續收聽數百萬個免費的 Podcast 節目。接下來會示範如何在 iPhone/iPad 訂閱 Apple Podcast 節目，以成為進階會員，同時也會以實例示範如何取消訂閱，以免用戶所訂閱的 Apple Podcast 節目被持續扣款。

首先請透過關鍵字進行 Podcast 節目的搜尋，接著從中選取要訂閱的節目，當完成該節目的訂閱後，就可以隨時想聽就聽、想停就停。接著以 Apple Podcast 為例，示範如何訂閱 Podcast 節目的參考步驟。首先請先開啟 Apple 內建的「Podcast APP」，將底端的功能頁切換到「瀏覽」。並在「精選頻道」內查看是否有想付費訂閱的 Podcast 頻道，

例如上圖例中我們點選「TED audio collective」進入該 Podcast 頻道後，點選上方的「訂閱」或「免費試聽」，某些頻道會提供免費試聽 7 天的優惠。

輸入你的 Apple ID 後，接著會出現小視窗提示你即將進行付費訂閱，也會顯示訂閱該 Podcast 的價格，確認後點選「訂閱」。

接著會要求輸入密碼，輸入完畢後請再按一下
「登入」鈕。

會出現下圖詢問是否同意與財政部分享你的電子
郵件位址，以作為中獎通知用途，如果是，請接
著再按下圖的「繼續」鈕表示同意。

訂閱成功後，回到 Podcast APP 上，進到該頻道後上方會顯示「訂閱者特別版」，代表你可以享有一個額外的福利，例如：無廣告收聽、新節目搶先聽等。

右圖就是本 Podcast 節目「訂閱者特別版」的畫面：

13-2-5 取消訂閱 Podcast 節目

在訂閱付費節目中，可以使用免費試聽 7 天，如果不想再付費訂閱某一個 Podcast 節目，為了避免被持續扣款，用戶必須依照以下步驟取消訂閱：

首先請開啟 Podcast APP，並接著點選首頁右上角的「個人檔案」圖示  按鈕。

按此「個人檔案」圖示按鈕

接著在「帳號」頁面內，點選「管理訂閱項目」。

在「訂閱中」的欄位內，點選你想取消訂閱的
Podcast，然後按一下「取消訂閱／取消免費試
用」。

在下圖中按下「確認」鈕，就可以真正完成取消
訂閱的動作。

取消訂閱該 Podcast 節目後，你就不再享有付費
會員的福利，當然你還是可以隨時重新訂閱。

13-2-6　調整單集播放速度

打開 Podcasts APP 並開始收聽 Podcast 節目，
接著點一下畫面底部的迷你播放器，以展開音訊
控制項目。

接著點一下「播放速度」按鈕，就可以依序選擇：1/2 倍、1 倍、1 1/4 倍、1 1/2 倍、2 倍 選擇速度，下圖為加快為 2 倍 Podcast 單集播放速度。

13-2-7　選擇單集播放順序

當用戶在追蹤 Podcast 時，也可以設定單集播放順序，例如「最舊到最新」或「最新到最舊」，至於如何設定單集播放順序，首先請先打開 Podcast APP，並切換到「資料庫」標籤頁，然後點一下「節目」，接著請點一下該節目以查看資訊頁面，再點一下右上角的「更多」按鈕：

然後從所出現的功能表選單中點一下「設定」指令：

再從如右圖的「設定」功能表選單中，點一下「最舊到最新」或「最新到最舊」，就可以依自己的喜好設定單集播放順序。

13-3 輕鬆製作 Podcast 節目

做好 Podcast 行銷的第一步，也是最重要的一步，是保證內容質量與創新。我想各位會做 Podcast，肯定是有甚麼人生故事或新知想跟聽眾分享，當要製作一個優質且有人氣的 Podcast 節目之前，可以先在各個可以播放 Podcast 平台（例如 Apple/Google /Spotify）的熱門推薦的 Podcast 節目清單中，找尋受歡迎

的 Podcast 節目，並收聽這類節目，了解為何吸引聽眾的關鍵特點，進而學習這些 Podcast 創作者的成功經驗。

▲ Spotify 上的熱門 Podcast

▲ Apple Podcasts 上的熱門節目及熱門單集

了解目前熱門 Podcast 節目的潮流後，或許你已對自己想要做的 Podcast 主題或主要設定聽眾群有了一些初步的想法，選定的主題最好是那些你很擅長或是有特殊性的小眾市場需求。當然定位自己的目標受眾也十分重要，定位受眾可以更方便你定位行銷的領域、類型以及風格，特別是主持人在增加個人辨識度的同時，也要強化頻道在受眾心中的印象。

舉例來說，假設你今天想製作關於如何快速記憶外語字彙的節目，建議你盡可能讓主題更明確，例如有特殊性的油漆式速記法開始發想。畢竟字彙快速記憶學習是一個很廣泛的主題，要從眾多相似的頻道中脫穎不是一件容易的事，除非你這個快速記憶單字的方法已廣泛具有一定的知名度。接著你可進一步將你的頻道定位為：專為記憶單字有困難，可以快速改進及大量增進字彙能力的節目，或是各種第二外語單字快速記憶的經驗或建議。

決定了節目主題的定位後，接著就要決定頻道的名稱及思考理想的節目長度，並尋找或購買 Podcast 的進場／轉場音樂及安排頻道的 Logo 視覺封面。下列為幾個主題明確及知名人物 Podcast 所設定的主題名稱、節目簡介及 Logo 視覺封面。

▲ 李艷秋說故事

▲ 蔡阿嘎 543

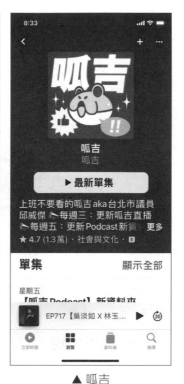

▲ 5 分鐘小故事：伊索寓言　　　　▲ 呱吉

13-3-1　製作 Podcast 的設備建議

相較起 YouTuber 拍攝影片，Podcast 的製作成本可以說是很低了，你只需一個錄音設備，甚至可以用手機收音，不過如果要更專業製作 Podcast，那麼通常就需要麥克風、腳架、錄音介面、防噴罩、耳機、編輯軟體等多媒體設備。各位想更進一步了解新手 Podcaster 的錄音器材建議，不妨參考「Daisy 愛自學」YouTuber 在 YouTube 所發佈的影片，這支影片中有新手 Podcaster 的六大器材建議的選購指南，讓各位不用花大錢也可以取得 CP 值超高的錄音器材，並有能製作出類似廣播等級的音質。

▲ https://www.youtube.com/watch?v=TSLWULfOycY

13-3-2　選定 Hosting 託管商

大家常聽到的託管商（代管平台）有：SoundOn、Buzzsprout、Simplecast、Captivate、Libsyn、SoundCloud、Anchor、Blubrry、Podbean 等。 想 要 了解 Podcast 託管平台怎麼挑，及較推薦的 Podcast Hosting 服務商，建議各位不妨參考底下的「Daisy 愛自學」網頁的文章，就可以大致了解較適合推薦的 Podcast Hosting 服務商及各 Podcast 代管服務商的優劣勢。

你也可以直接訂閱「Daisy 愛自學」YouTube 頻道，可以看到更多教學影片喔。例如底下為「Daisy 愛自學」YouTube 頻道的「YouTuber 的 2022 熱門 Podcast Hosting 代管商推薦」影片，有興趣更進一步了解各 Podcast Hosting 代管商的推薦細節，不妨連上底下的影片精彩的介紹。

▲ Daisy 愛自學：https://www.youtube.com/watch?v=mbheDJFzgqo&t=10s

13-3-3　編輯 Podcast 節目的技巧

音訊數位化是多媒體產品製作上的重要一環，而數位音訊的壓縮與音效處理一直是數位音訊相關應用的核心技術。由於沒有經過壓縮的影像和音訊資料容量非常龐大，除了可大幅壓縮音樂檔案，節省大量的存放空間，也不至於損失太多的音質表現。事實上，所謂音訊壓縮（Audio Compression）的基本原理是將人類無法辨識的音訊去除，在不會被察覺的情況下，儘量減少資料量的同時，也能維持重建後的音訊品質。當聲音壓縮之後，不可能完全如原音重現般地轉換到另一種音訊格式，就稱為失真破壞性壓縮。數位音效的音效檔的格式有許多種，不同的音樂產品有不同格式，比較常用的音效檔案格式有 WAV、MIDI、MP3、AIF、CDA 等。

所謂數位音訊剪輯，就是透過軟體直接將現成的音效檔案編輯，加工後變成自己所期望的音效檔。而 Windows 所提供的「錄音機」程式，便是一個簡單又實用的工具，它供錄音的功能，其操作介面簡易，讓使用者不必透過專業錄音室的設備，就能達成錄音的工作。第一次嘗試製播 Podcast 時，各位並不需要花太多時間及心力去將你的 Podcast 編輯到盡善盡美，只要學會一些簡單的剪輯技巧，並懂得如何加入背景音樂或旁白、混音及匯出 Podcast。建議你可以下載 GoldWave。

GoldWave 是一個實用的聲音編輯軟體，除了針對音樂進行播放、錄製、編輯等處理外，也附有許多的聲音效果可，以方便處理音檔，像是回音、混音、倒轉、搖動、動態等，還能將所編輯好的檔案轉成為 wav、mp3、aiff 等格式。另外，它可支援的檔案相當多，包括：WAV、WMA、MP3、AIFF、AU、MOV等，也可以從 CD、VCD、DVD 或其他音訊檔案擷取音訊。甚至可以針對一批檔案進行批次轉檔的處理，這對於音訊從業人員來說是一大福音。

這套數位音效（Digital Audio）編輯軟體，除了操作介面相當直覺外，操作也相當簡單。請各位先到官方網站 https://goldwave.com/release.php 進行最新版本的下載，下載後並進行安裝的動作，底下將簡介常會用到的音訊編輯技巧。

音訊的錄製

你可以使用麥克風來錄製聲音。請在 GoldWave 程式中按下「Control」面板上的 ⬤ 鈕，它會自動開啟一個新檔案，各位即可對著麥克風進行錄音。

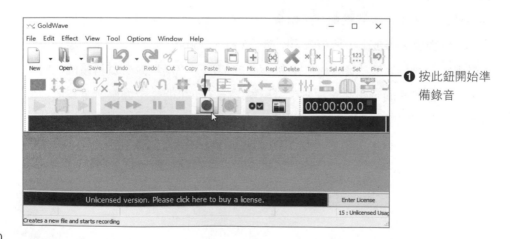

❶ 按此鈕開始準備錄音

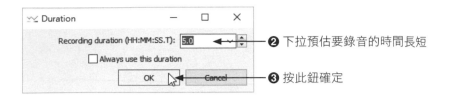

❷ 下拉預估要錄音的時間長短

❸ 按此鈕確定

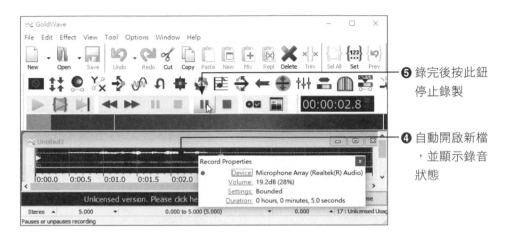

❺ 錄完後按此鈕
   停止錄製

❹ 自動開啟新檔
   ，並顯示錄音
   狀態

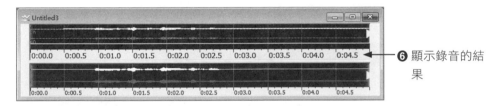

❻ 顯示錄音的結
   果

音訊儲存

要儲存錄製或編輯的音訊檔，請執行「File/Save」或「File/Save As」指令，便可開啟「Save Sound As」視窗，選擇要儲存的檔案格式，並輸入檔案名稱，按下「存檔」鈕即可儲存檔案。

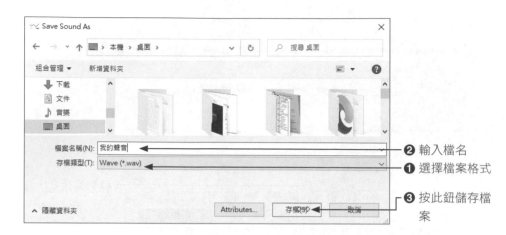

❷ 輸入檔名

❶ 選擇檔案格式

❸ 按此鈕儲存檔案

🎯 修剪音檔

錄製的音檔或是開啟的舊有檔案，若因時間的限制而需修剪聲音，或是錄製時，聲音前後留下的過多空白，都可以考慮將它做修剪。修剪方式如下：

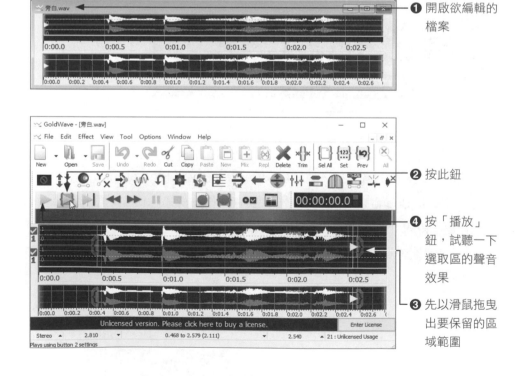

❶ 開啟欲編輯的檔案

❷ 按此鈕

❹ 按「播放」鈕，試聽一下選取區的聲音效果

❸ 先以滑鼠拖曳出要保留的區域範圍

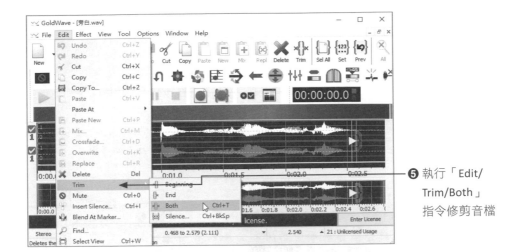

❺ 執行「Edit/
　Trim/Both」
　指令修剪音檔

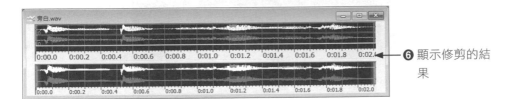

❻ 顯示修剪的結
　果

🎯 淡出淡入效果

當聲音出現或結束時，最常使用的手法就是「淡入淡出」效果。也就是在聲音開始時，聲音的音量由 0 逐漸增加到正常音量；當即將結束時，則是由正常音量逐漸減小到 0 為止。這樣的效果可以利用 GoldWave 的「Effect/Volume/Fade In」及「Effect/Volume/Fade Out」功能來做到，或是透過如下的功能鈕來做淡出 / 淡入的效果。

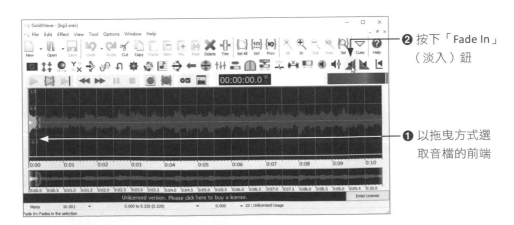

❷ 按下「Fade In」
　（淡入）鈕

❶ 以拖曳方式選
　取音檔的前端

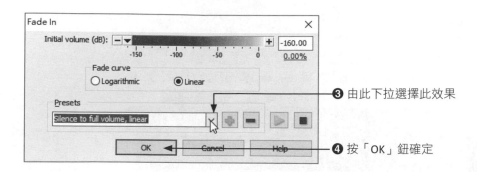

❸ 由此下拉選擇此效果

❹ 按「OK」鈕確定

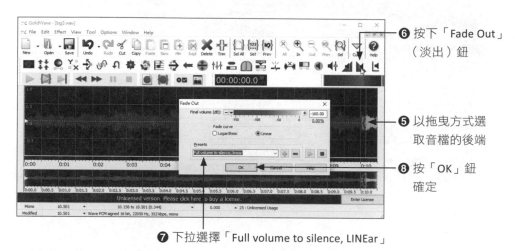

❻ 按下「Fade Out」（淡出）鈕

❺ 以拖曳方式選取音檔的後端

❽ 按「OK」鈕確定

❼ 下拉選擇「Full volume to silence, LINEar」

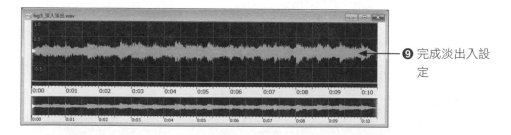

❾ 完成淡出入設定

GoldWave 程式除了淡入淡出的效果外，還有回音、混音、倒轉等特殊音訊效果，限於篇幅關係並未介紹，各位可以自行試用看看。

13-3-4 準備讓 Podcast 上線

要製播一個 Podcast 的作法是先將你的聲音檔案放到某個 Hosting 託管平台的網路空間上，然後視各託管平台的不同，先取所製作節目的 RSS Feed，之後送

交給你想要露出的 Podcast 平台，完成這項工作後，就可以在他們的 APP 搜尋到你的 Podcast 節目。當你想上架 Apple Podcast、Spotify 或 Google Podcast 等平台時，他們會要求你提供該節目的 RSS Feed 連結。舉例來說，如果我們將聲音檔是存放在 SoundOn 這一種類型的 Hosting 託管商，並透過託管商平台的內建製作 RSS Feed 的服務，例如如果你是使用 SoundOn 的 Hosting 服務，就可以在「平台發佈」分頁最上方「RSS 網址」找到你節目的 RSS Feed URL，再把這個做好的 RSS Feed 送交到 Apple 的 Podcast 服務上，完成這些工作之後，就可以透過 Apple 內建的「Podcast」APP，搜尋到自己製作的 Podcast 節目。

13-3-5 行銷你的 Podcast 節目

沒有行銷就沒有聽眾，無法站上 Podcast 排行榜，如果你想要讓自己的 Podcast 可以迅速累積一定的聽眾群，就必須要在 Podcast 下點功夫來宣傳和推廣，底下筆者推薦幾個方法，相信對 Podcast 節目的宣傳有一定的效果。

- 沒有新聽眾關注，自然就代表節目流量稀少，盡量邀請新朋好友、同事或客戶收聽你製播的 Podcast 節目，請他們收聽評分和分享，並拜託他們除了在節目中留下評論外，並盡量協助分享或推薦給他們所認識的人。各位可別小看聽眾的評論，想要第一次就打出全壘打的好成績，我們必須要先有一批死忠的鐵粉，快速累積大量下載數和評分數，因為 Podcast 演算法會注意到有大量評論的節目，越多的留言將有助於增加你的節目的知名度或進入推薦排行清單中。

- 安排與其他 Podcaster 互動或在節目中進行訪問，優點是可以為你的節目帶來創意和新鮮感，並爭取這些 Podcaster 在他們自己的節目中談論到訪問的精彩內容，或提及到你的頻道名稱，讓對方的粉絲群也能認識你的節目，藉此達到相互導流的目的，而這些宣傳的積極作法，將有助於為你的節目取得更多訂閱數和下載量。

- 盡可能地讓節目上架到所有收聽平台，包含 Apple Podcasts、Spotify、Google Podcasts 等，這些平台能迅速幫助你接觸到更多受眾，包括在

Facebook、Instagram 上分享，提高曝光率。談到發揮 Podcast 品牌行銷的最大效益，最好還能結合電子郵件寄送清單、Facebook、IG、LINE、YouTube 等社群軟體的論壇、群組或社團功能，觸及到最多的聽眾族群，以達到讓更多人知道你的節目的行銷目的。各大社群平台是你跟聽眾第一線接觸與聯繫感情的地方，例如製作 Podcast 宣傳影片上架到 YouTube 進行推廣，最好還能每周固定花點時間回覆聽眾的問題。如果你想要爭取更多的聽眾，甚至還可以規劃預算在 Google 和 Facebook 投放廣告，以宣傳你的 Podcast 節目。

■ 可以考慮參考直播帶貨或善於帶動氣氛的直播主的作法，以舉辦活動的方式，來製造話題性及提高 Podcast 聽眾的參與熱度。也就是不用社群，也可以透過 O2O 活動，建立與聽眾的雙向互動，例如邀請聽眾收聽節目並留下評論，就可以參加抽獎活動來獲取獎品。

本章 Q&A 練習

1. 請簡介播客（Podcast）。

2. 何謂 Spotify？

3. 請說明 RSS（Really Simple Syndication）的功用。

4. 請簡述製播一個 Podcast 的流程。

5. GoldWave 的功用與優點為何？

MEMO

社群行銷最強魔法師
– ChatGPT

今年（2023）度最火紅的話題絕對離不開 ChatGPT，ChatGPT 引爆生成式 AI 革命，首當其衝的就是社群行銷，目前網路、社群上對於 ChatGPT 的討論已經沸沸揚揚。

ChatGPT 是由 OpenAI 所開發的一款基於生成式 AI 的免費聊天機器人，擁有強大的自然語言生成能力，可以根據上下文進行對話，並進行多種應用，包括客戶服務、銷售、產品行銷等，短短 2 個月全球使用者超過 1 億，超過抖音的使用者量。ChatGPT 是由 OpenAI 公司開發的最新版本，該技術是建立在深度學習（Deep Learning）和自然語言處理技術（Natural Language Processing, NLP）的基礎上。由於 ChatGPT 基於開放式網路的大量數據進行訓練，使其能夠產生高度精確、自然流暢的對話回應，與人進行互動。如下圖所示：

ChatGPT 能以一般人的對話方式與使用者互動，例如提供建議、寫作輔助、寫程式、寫文章、寫信、寫論文、劇本小說……等，而且所回答的內容有模有樣，除了可以給予各種問題的建議，也可以幫忙寫作業或程式碼，例如下列二圖的回答內容：

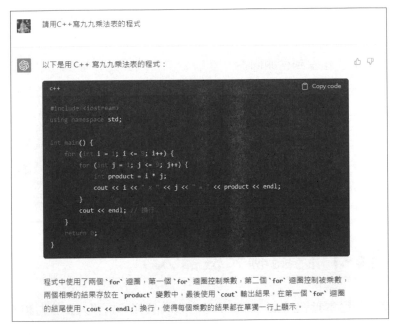

ChatGPT 的使用也取決於人類的使用心態，正確地使用 ChatGPT 可以創造不同的可能性，例如有些廣告主認為使用 AI 工具幫客戶做社群行銷企劃，很像有「偷吃步」的嫌疑，其實這倒也不會，反而應該看成是產出過程中的助手，甚至可以讓行銷團隊的工作流程更順暢進行，達到意想不到的事半功倍效果。

ChatGPT 之所以強大，是因為它背後有無數的資料庫，任何食衣住行育樂的各種生活問題或學科都可以問 ChatGPT，而 ChatGPT 也會以類似人類會寫出來的文字，給予相當到位的回答，與 ChatGPT 互動是一種雙向學習的過程，在使用者獲得想要資訊內容文本的過程中，ChatGPT 也不斷在吸收與學習，ChatGPT 用途非常廣泛多元，根據國外報導，很多亞馬遜上店家和品牌紛紛轉向 ChatGPT，還可以幫助店家或品牌在進行社群行銷時為他們的產品生成吸引人的標題，以及尋找宣傳方法，進而與廣大的目標受眾產生共鳴，從而提高客戶參與度和轉換率。

14-1 認識聊天機器人

人工智慧行銷從本世紀以來，一直都是店家或品牌尋求擴大影響力和與客戶互動的強大工具，過去企業為了與消費者互動，需要聘請專人全天候在電話或通訊平台前待命，不僅耗費了人力成本，也無法妥善地處理龐大的客戶量與資訊。聊天機器人（Chatbot）則是目前許多店家客服的創意新玩法，背後的核心技術即是以自然語言處理（Natural Language Processing, NLP）中的一種模型（Generative Pre-Trained Transformer, GPT）為主，利用電腦模擬與使用者互動對話，算是由對話或文字進行交談的電腦程式，並讓使用者體驗像與真人一樣的對話。聊天機器人能夠全天候地提供即時服務，並且自設不同的流程來達到想要的目的，協助企業輕鬆獲取第一手消費者偏好資訊，有助於公司精準行銷、強化顧客體驗與個人化的服務。這對許多粉絲專頁的經營者或是想增加客戶名單的行銷人員來說，聊天機器人就相當適用。

▲ AI 電話客服也是自然語言的應用之一

（圖片來源：https://www.digiwin.com/tw/blog/5/index/2578.html）

> **TIPS** 電腦科學家通常將人類的語言稱為自然語言 NL（Natural Language），比如中文、英文、日文、韓文、泰文等，這也使得自然語言處理（Natural Language Processing, NLP）範圍非常廣泛，所謂 NLP 就是讓電腦擁有理解人類語言的能力，也就是一種藉由大量的文本資料搭配音訊數據，並透過複雜的數學聲學模型（Acoustic model）及演算法來讓機器去認知、理解、分類並運用人類日常語言的技術。
>
> GPT 是「生成型預訓練變換模型」（Generative Pre-trained Transformer）的縮寫，是一種語言模型，可以執行非常複雜的任務，會根據輸入的問題自動生成答案，並具有編寫和除錯電腦程式的能力，例如回覆問題、生成文章和程式碼，或者翻譯文章內容等。

14-1-1　聊天機器人的種類

例如以往店家或品牌進行行銷推廣時，必須大費周章取得使用者的電子郵件，不但耗費成本，而且郵件的開信率低，由於聊天機器人的應用方式多元、效果容易展現，可以直觀且方便的透過互動貼標來收集消費者第一方數據，直接幫你獲取客戶的資料，例如：姓名、性別、年齡……等臉書所允許的公開資料，驅動更具效力的消費者回饋。

▲ 臉書的聊天機器人就是一種自然語言的典型應用

聊天機器人共有兩種主要類型：一種是以工作目的為導向，這類聊天機器人是一種專注於執行一項功能的單一用途程式。例如 LINE 的自動訊息回覆，就是一種簡單型聊天機器人。

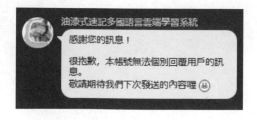

另外一種聊天機器人則是一種資料驅動的模式，能具備預測性的回答能力，這類聊天機器人，就如同 Apple 的 Siri 就是屬於這一種類型的聊天機器人。

例如在臉書粉絲專頁或 LINE 常見有包含留言自動回覆、聊天或私訊互動等各種類型的機器人，其實這一類具備自然語言對話功能的聊天機器人也可以利用 NPL 分析方式進行打造。也就是說，聊天機器人是一種自動的問答系統，它會模仿人的語言習慣，也可以和你「正常聊天」，就像人與人的聊天互動，而 NPL 方式來讓聊天機器人可以根據訪客輸入的留言或私訊，以自動回覆的方式與訪客進行對話，也會成為企業豐富消費者體驗的強大工具。

14-2 ChatGPT 初體驗

從技術的角度來看，ChatGPT 是根據從網路上獲取的大量文字樣本進行機器人工智慧的訓練，與一般聊天機器人的相異之處在於 ChatGPT 有豐富的知識庫以及強大的自然語言處理能力，使得 ChatGPT 能夠充分理解並自然地回應訊息，不管你有什麼疑難雜症，你都可以詢問它。國外許多專家都一致認為 ChatGPT 聊天機器人比 Apple Siri 語音助理或 Google 助理更聰明，當使用者不斷以問答的方式和 ChatGPT 進行互動對話，聊天機器人就會根據你的問題進行相對應的回答，並提升這個 AI 的邏輯與智慧。

登入 ChatGPT 網站註冊的過程中雖然是全英文介面，但是註冊過後在與 ChatGPT 聊天機器人互動發問時，可以直接使用中文的方式來輸入，而且回答的內容的專業性也不失水平，甚至不亞於人類的回答內容。

▲ OpenAI 官網：https://openai.com/

目前 ChatGPT 可以辨識中文、英文、日文或西班牙等多國語言，透過人性化的回應方式來回答各種問題。這些問題甚至包括了各種專業技術領域或學科的問

題，可以說是樣樣精通的百科全書，不過 ChatGPT 的資料來源並非 100% 正確，在使用 ChatGPT 時所獲得的回答可能會有偏誤，為了得到的答案更準確，當使用 ChatGPT 回答問題時，應避免使用模糊的詞語或縮寫。「問對問題」不僅能夠幫助使用者獲得更好的回答，ChatGPT 也會藉此不斷精進優化，AI 工具的魅力就在於它的學習能力及彈性，尤其目前的 ChatGPT 版本已經可以累積與儲存學習紀錄。切記！清晰具體的提問才是與 ChatGPT 的最佳互動。如果需要進深入知道更多的內容，除了盡量提供夠多的訊息，就是提供足夠的細節和上下文。

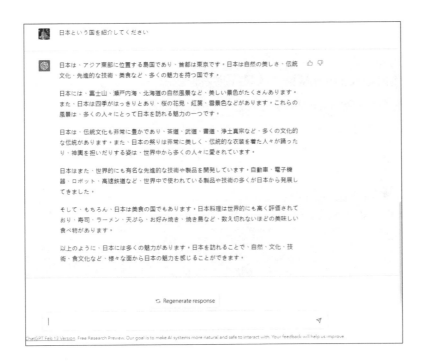

14-2-1　註冊免費 ChatGPT 帳號

首先我們就先來示範如何註冊免費的 ChatGPT 帳號，請先登入 ChatGPT 官網，它的網址為 https://chat.openai.com/，登入官網後，若沒有帳號的使用者，可以直接點選畫面中的「Sign up」按鈕註冊一個免費的 ChatGPT 帳號：

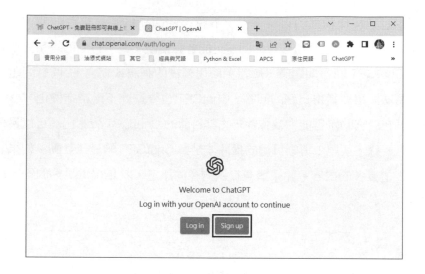

接著請各位輸入 Email 帳號，或是如果各位已有 Google 帳號或是 Microsoft 帳號，你也可以透過 Google 帳號或是 Microsoft 帳號進行註冊登入。此處我們直接示範以接著輸入 Email 帳號的方式來建立帳號，請在下圖視窗中間的文字輸入方塊中輸入要註冊的電子郵件，輸入完畢後，請接著按下「Continue」鈕。

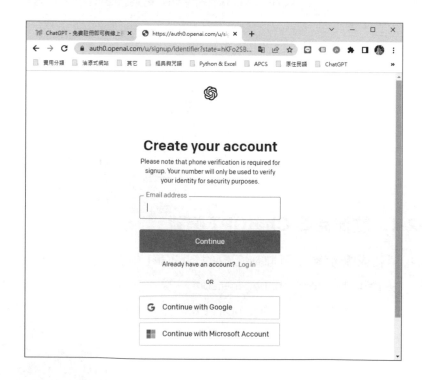

接著如果你是透過 Email 進行註冊，系統會要求使用輸入一組至少 8 個字元的密碼作為這個帳號的註冊密碼。

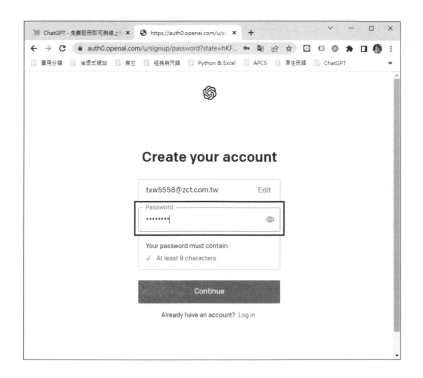

上圖輸入完畢後，接著再按下「Continue」鈕，會出現類似下圖的「Verify your email」的視窗。

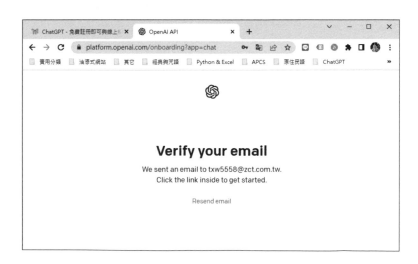

接著各位請打開自己的收發郵件的程式，可以收到如下圖的「Verify your email address」的電子郵件。請各位直接按下「Verify email address」鈕：

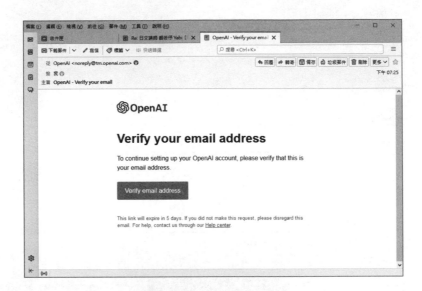

接著會直接進入到下一步輸入姓名的畫面。請注意，這裡要特別補充說明的是，如果你是透過 Google 帳號或 Microsoft 帳號快速註冊登入，那麼就會直接進入下一步輸入姓名的畫面：

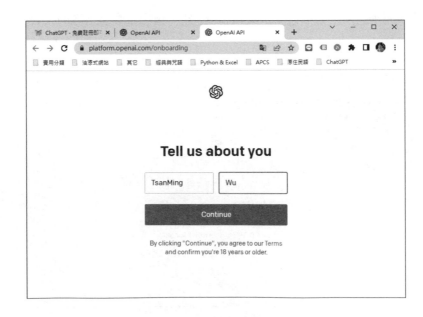

輸入完姓名後，再請接著按下「Continue」鈕，這就會要求輸入你個人的電話號碼進行身分驗證，這是一個非常重要的步驟，如果沒有透過電話號碼來通過身分驗證，就沒有辦法使用 ChatGPT。請注意，下圖輸入行動電話時，請直接輸入行動電話後面的數字，例如你的電話是「0931222888」，只要直接輸入「931222888」，輸入完畢後，記得按下「Send Code」鈕。

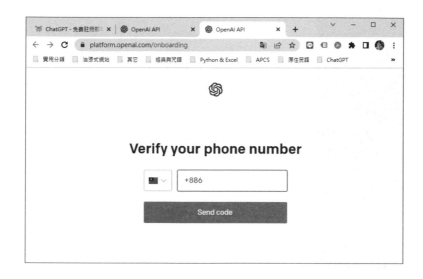

大概過幾秒後，各位就可以收到官方系統發送到指定號碼的簡訊，該簡訊會顯示 6 碼的數字。

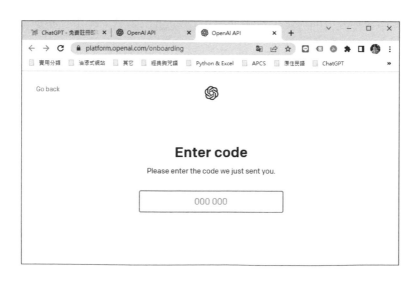

各位只要於上圖中輸入手機所收到的 6 碼驗證碼後，就可以正式啟用 ChatGPT。登入 ChatGPT 之後，會看到下圖畫面，在畫面中可以找到許多和 ChatGPT 進行對話的真實例子，也可以了解使用 ChatGPT 有哪些限制。

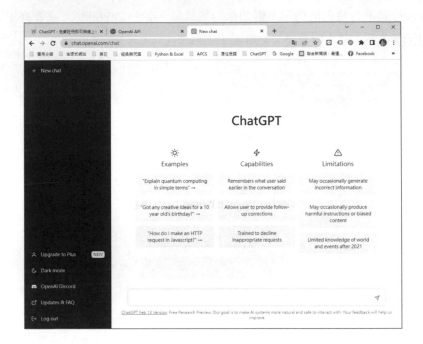

14-2-2　更換新的機器人

你可以藉由這種問答的方式，持續地去和 ChatGPT 對話。如果你想要結束這個機器人，可以點選左側的「New Chat」，就會重新回到起始畫面，並新開一個新的訓練模型，這個時候輸入同一個題目，可能得到的結果會不一樣。

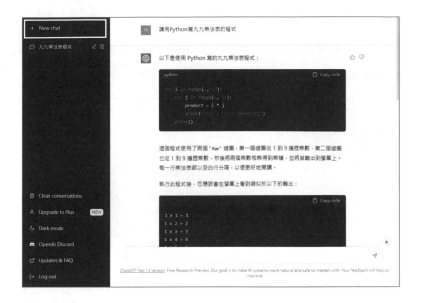

例如下圖中我們還是輸入「請用 Python 寫九九乘法表的程式」，按下「Enter」鍵正式向 ChatGPT 機器人詢問，就可以得到不同的回答結果：

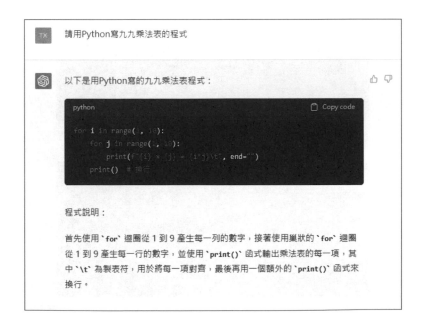

如果可以要取得這支程式碼，還可以按下回答視窗右上角的「Copy code」鈕，就可以將 ChatGPT 所幫忙撰寫的程式，複製貼上到 Python 的 IDLE 的程式碼編輯器。底下為這一支新的程式在 Python 的執行結果。

```
Python 3.11.0 (main, Oct 24 2022, 18:26:48) [MSC v.1933 64 bit (AMD64)] on win32
Type "help", "copyright", "credits" or "license()" for more information.
=========== RESTART: C:/Users/User/Desktop/博碩_CGPT/範例檔/99table-1.py ===========
1 x 1 = 1      1 x 2 = 2      1 x 3 = 3      1 x 4 = 4      1 x 5 = 5      1 x 6 = 6      1 x 7 = 7      1 x 8 = 8      1 x 9 = 9
2 x 1 = 2      2 x 2 = 4      2 x 3 = 6      2 x 4 = 8      2 x 5 = 10     2 x 6 = 12     2 x 7 = 14     2 x 8 = 16     2 x 9 = 18
3 x 1 = 3      3 x 2 = 6      3 x 3 = 9      3 x 4 = 12     3 x 5 = 15     3 x 6 = 18     3 x 7 = 21     3 x 8 = 24     3 x 9 = 27
4 x 1 = 4      4 x 2 = 8      4 x 3 = 12     4 x 4 = 16     4 x 5 = 20     4 x 6 = 24     4 x 7 = 28     4 x 8 = 32     4 x 9 = 36
5 x 1 = 5      5 x 2 = 10     5 x 3 = 15     5 x 4 = 20     5 x 5 = 25     5 x 6 = 30     5 x 7 = 35     5 x 8 = 40     5 x 9 = 45
6 x 1 = 6      6 x 2 = 12     6 x 3 = 18     6 x 4 = 24     6 x 5 = 30     6 x 6 = 36     6 x 7 = 42     6 x 8 = 48     6 x 9 = 54
7 x 1 = 7      7 x 2 = 14     7 x 3 = 21     7 x 4 = 28     7 x 5 = 35     7 x 6 = 42     7 x 7 = 49     7 x 8 = 56     7 x 9 = 63
8 x 1 = 8      8 x 2 = 16     8 x 3 = 24     8 x 4 = 32     8 x 5 = 40     8 x 6 = 48     8 x 7 = 56     8 x 8 = 64     8 x 9 = 72
9 x 1 = 9      9 x 2 = 18     9 x 3 = 27     9 x 4 = 36     9 x 5 = 45     9 x 6 = 54     9 x 7 = 63     9 x 8 = 72     9 x 9 = 81
```

其實，各位還可以透過同一個機器人不斷的向他提問同一個問題，他會根據你前面所提供的問題與回答，換成另外一種角度與方式來回應你原本的問題，就可以得到不同的回答結果，例如下圖又是另外一種九九乘法表的輸出外觀：

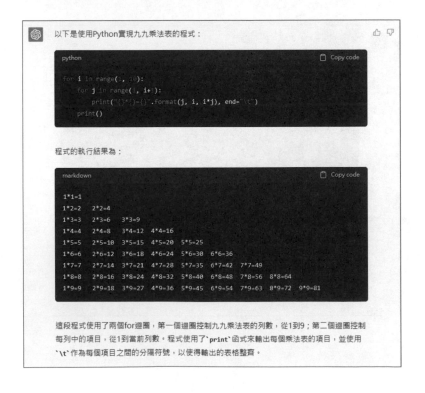

14-3 ChatGPT 在行銷領域的應用

ChatGPT 是目前科技整合的極致，繼承了幾十年來資訊科技的精華。以前只能在電影上想像的情節，現在幾乎都實現了。在生成式 AI 蓬勃發展的階段，ChatGPT 擁有強大的自然語言生成及學習能力，更具備強大的資訊彙整功能，各位想到的任何問題都可以尋找適當的工具協助，加入自己的日常生活中，並且得到快速正確的解答。當今沒有一個品牌會忽視數位行銷的威力，ChatGPT 特別是對電商文案撰寫有極大幫助，可用於為品牌官網或社群媒體，成為眾多媒體創造聲量的武器，去產製更多優質內容、線上客服、智慧推薦、商品詢價等服務，ChatGPT 正在以各種方式快速融入我們的日常生活與數位行銷領域，也逐漸讓許多廣告主有追逐流量的壓力，大幅提升行銷效果和使用者體驗。以下先為各位介紹目前耳熟能詳的應用範圍：

🎯 AI 客服

行銷圈都知道電商客服一直都是賣家心中的一個痛，不過 ChatGPT 在客服行業卻據具有非常大的應用潛力，品牌商家可以使用 ChatGPT 開發聊天機器人。對於一些知名企業或品牌，客服中心的運作成本非常高，ChatGPT 可以擔任自動客服機器人，藉以回答常見的客戶問題，並提供有關購買、退貨和其他查詢的服務，達到節省成本來創造社群行銷機會來優化客戶體驗，協助行銷與客服人員提供更加自然且精準的回覆，能有效引導消費者完成購買流程，提高客戶關係管理的效率（CRM），不僅業績提升成交量，也建立起消費者資料庫，利於日後推播個人化廣告與產品。雖然 ChatGPT 可以成為有價值的附加工具，但不應將其完全作為和客製客戶服務的替代品，畢竟相比 ChatGPT 客觀理性的冰冷回答，真實人員服務能針對「顧客的需求」展現具有溫度的同理與貼心，是 AI 客服無法完全取代真人的關鍵。

▲ 緯創資通推出 ChatGPT 客服機器人

🎯 語言翻譯

ChatGPT 可以幫助我們進行不同語言之間的翻譯，對於需要大量人工翻譯的跨境電商產業而言，ChatGPT 可以應用於語系翻譯和自動調整產品描述與說明，正確率也比一般人常用的 Google 翻譯高上許多，使得不同語言之間的溝通變得更加容易和順暢，並且大大減少翻譯人力成本，為使用者帶來更好的閱讀體驗。

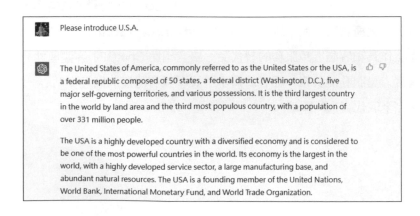

> The country is known for its cultural diversity, with a population composed of people from all over the world. The USA is also home to many iconic landmarks and destinations, such as the Statue of Liberty, the Grand Canyon, Hollywood, the Golden Gate Bridge, and the White House, among others. Its diverse and influential popular culture has had a major impact on the world, with American music, movies, and TV shows being popular across the globe.
>
> The USA is a constitutional federal democracy, with a government composed of three branches: the executive, legislative, and judicial branches. The country has a long history of political and social activism, including movements for civil rights, women's rights, LGBTQ rights, and environmentalism.

接著只要輸入類似「請將我剛才問的問題的英文的回答內容翻譯成中文」，就會將剛才的英文回答內容翻譯成中文，請參考下圖：

> 請將我剛才問的問題的英文的回答內容翻譯成中文
>
> 好的，以下是對於美國（U.S.A.）的英文回答的翻譯：
>
> 美利堅合眾國（United States of America），簡稱美國（United States或USA），是一個聯邦共和國，由50個州、一個聯邦區（華盛頓特區）、五個自治領土和各種屬地組成。美國是世界上第三大的國家，其土地面積和人口數都居世界第三位，擁有超過3.31億人口。
>
> 美國是一個高度發達的國家，擁有多元化的經濟體系，被認為是世界上最強大的國家之一。其經濟體系是全球最大的，擁有高度發達的服務業和龐大的製造業基礎，並擁有豐富的自然資源。美國是聯合國、世界銀行、國際貨幣基金組織和世界貿易組織的創始成員。
>
> 美國因其文化多樣性而著名，其人口來自世界各地。美國也擁有許多標誌性的地標和旅遊勝地，如自由女神像、大峽谷、好萊塢、金門大橋和白宮等。其多元且有影響力的流行文化對全球產生了巨大影響，美國的音樂、電影和電視節目在全球都很受歡迎。
>
> 美國是一個憲法聯邦民主國家，政府由三個部門組成：行政、立法和司法。該國具有悠久的政治和社會行動的歷史，包括民權運動、婦女權利、LGBTQ權利和環保主義等運動。

🎯 行銷內容創作

ChatGPT 在電子商務領域中也具有重要的應用價值，隨著 AI 技術的提升，文字和影像可以透過 AI 產生，由於網路行銷管道的模式愈來愈多，為了提高消費者體驗，店家需要將商品訊息做出清晰明確的描述，因此快速產出素材與文案的壓力愈來愈大，由於 ChatGPT 的核心應用就是文書處理，可以應用於自動生成商品描述與產品介紹，不但能寫論文、劇本和小說，尤其是我們經營電商產業，文字內容基本上就是我們主要的銷售和營銷方式，畢竟我們難以在當地直

接面對客戶，因此掌握 ChatGPT，就可以大幅為店家和品牌分擔網路行銷活動的文字工作量，進一步提高電商平台的營收。

例如產品描述是市場行銷的一個重要部分，ChatGPT 可以根據客戶的喜好、過交易行為、興趣、偏好、和需求，幫助行銷團隊確定目標受眾的偏好、興趣和痛點，居然可以在不到 5 秒內生成更符合受眾的產品文案與提高消費者關注度，甚至協助大量生成創意雛形，還可以開發對應的市場行銷活動方案、符合社群平台所需的貼文與撰寫 YouTube 影片腳本，進而提高廣告的點擊率和轉換率，還具備自動摘要的功能，可以將長文摘要出文章重點：

 請以至少600字介紹台灣

台灣是一個美麗的島嶼，位於東亞的中心地帶，北臨東海，東鄰太平洋，西接台灣海峽，南隔巴士海峽與菲律賓相望。台灣地理位置獨特，緯度介於北緯20°45'~25°56'之間，面積約有36,000平方公里，是世界上第38大的國家。

台灣擁有豐富的人文歷史，是一個多元文化的國家。先民們在台灣島上居住已有萬餘年歷史，歷經荷蘭、西班牙、清朝、日治時期等不同的政權統治，每個時期都留下了獨特的文化遺產，使得台灣文化綜合了多種不同文化的元素。

台灣的氣候溫和，四季分明，植被豐富，有各種不同的自然風光，如高山、海岸、溪流、森林、湖泊等等。其中，太魯閣、日月潭、阿里山等地區是著名的旅遊勝地，吸引了大量國內外遊客前來旅遊。

此外，台灣也是一個經濟發達的國家。自20世紀80年代開始，台灣的經濟快速發展，成為了亞洲四小龍之一。現在，台灣擁有高度發達的科技產業、製造業、金融業等，也是全球最大的積體電路製造商之一。台灣的經濟成就得益於政府的積極政策，也得益於勤奮的台灣人民。

台灣的人民熱情好客，友善而有禮。華人文化中講究的"以人為本"和"和氣生財"在台灣得到了充分體現。台灣的飲食文化豐富多彩，有許多美食是讓人流連忘返的，如台北的小吃、台南的小吃、台中的豆花、嘉義的瘦肉粥等等。此外，台灣也是茶葉生產和茶文化的重要地區，台灣茶

各位只要輸入類似「請將我剛才問的問題的回答內容摘要重點」，就會將剛才的
英文回答內容翻譯成中文，請參考下圖：

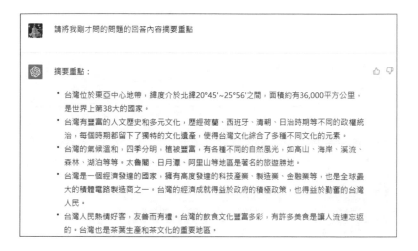

14-3-1　發想廣告郵件與官方電子報

電子郵件行銷（Email Marketing）與電子報行銷（Electronic Direct Mail Marketing）
的使用數量也在持續增長中，更是許多企業慣用的行銷手法，由於費用相對低
廉，加上可以追蹤，將會大大的節省行銷時間及提高成交率。ChatGPT能為店
家自動發想與生成電子郵件與電子報回信內容，只要下對指令，把你的行銷需
求告訴ChatGPT，輸入推廣的對象，需要促銷的產品，以及預期達到的目的，
就能自動產出一封符合指定情境、信件內容的官方郵件與電子報，除了提高品
牌知名度以外，也更加連結與消費者之間的關係，或者收到許多怨念十足的客
訴信轟炸，這時只要拜託ChatGPT要寫一封針對關鍵問題的道歉信，瞬間就能
寫出一封誠意滿滿、文情並茂的道歉信，及時分擔客服人員的壓力。

接下來請幫忙寫一封商品推薦的官方電子郵件，商品資訊如下：

Q 提問

油漆式速記多國語言雲端學習系統（https://pmm.zct.com.tw/zct_add/）這
套系統是利用本公司獨家發明的油漆式速記法原理所建構完成，配合教育部
的全英語授課（English as a Medium of Instruction, EMI）與國際教育政策，

內容包含了國內外十幾種著名的英語檢定與 20 種第二外語相關檢定（日、韓、德、西、法、越、泰、印尼等），近期也將推出本土語學習系統（臺語、手語、客家語、原住民語），目前已開放六大類試用版本。

研發公司：榮欽科技股份有限公司

公司官網：www.zct.com.tw

業務代表：吳燦銘先生

😀 ChatGPT 回答畫面

> 請幫忙寫一封商品推薦的官方電子郵件，商品資訊如下：
> 油漆式遠記多國語言雲端學習系統(https://pmm.zct.com.tw/zct_add/))這套系統是利用本公司獨家發明的油漆式遠記法原理所建構完成，配合教育部的全英語授課(English as a Medium of Instruction, EMI)與國際教育政策，內容包含了國內外十幾種著名的英語檢定與 20種第二外語相關檢定(日、韓、德、西、法、越、泰、印尼等)，近期也將推出本土語學習系統(臺語、手語、客家語、原住民語)，目前已開放六大類試用版本。
> 研發公司：榮欽科技股份有限公司
> 公司官網：www.zct.com.tw
> 業務代表：吳燦銘先生

> 尊敬的客戶您好，
>
> 感謝您對榮欽科技股份有限公司的油漆式遠記多國語言雲端學習系統感興趣。我們的系統是利用本公司獨家發明的油漆式遠記法原理所建構完成，配合教育部的全英語授課(English as a Medium of Instruction, EMI)與國際教育政策，內容包含了國內外十幾種著名的英語檢定與 20種第二外語相關檢定(日、韓、德、西、法、越、泰、印尼等)，並且近期也將推出本土學習系統(臺語、手語、客家語、原住民語)，目前已開放六大類試用版本。
>
> 我們相信這套系統能夠有效地協助您學習語言，無論是在工作、旅遊或學術方面。使用我們的系統，您可以學習並且熟練掌握不同的語言，進而擴大您的國際視野。
>
> 如果您對我們的產品有任何問題或者需要進一步的資訊，請聯繫我們的業務代表吳燦銘先生，他將竭誠為您服務。
>
> 謝謝您對我們產品的關注，期待您的回應。
>
> 此致
> 敬禮
>
> 榮欽科技股份有限公司

14-3-2 生成社群與部落格標題與貼文

如果你的品牌有經營 Facebook 或 IG 等社群，你總會需要寫一些貼文來做行銷，因為不會有人想追蹤一個沒有內容的粉專，因此貼文內容扮演著最重要

的社群行銷角色，甚至粉絲都會主動幫你推播與傳達。社群上發佈貼文的目的當然是盡可能讓越多人看到越好，一張平凡的相片，如果搭配一則好文章，也能搖身一變成為魅力十足的貼文。寫貼文時更要注意標題訂定，設身處地為使用者著想，了解他們喜歡聽什麼、看什麼，或是需要什麼，為貼文配上注目標題，這樣撰寫出來的標題與貼文較能引起共鳴。ChatGPT 就能幫助絞盡腦汁的小編，讓它完美化身你的免費行銷專員，只要輸入正確店家名稱、文章關鍵字、活動主題、呈現的風格，如果還有一些特別需求，可以在指令加上字數和語氣的要求，加入目的可以讓標題更有效捕捉目光，就會自動產生對應的文章，快速生成符合各種平台所需的標題與貼文。

Q 提問

請寫出十個較會引人感興趣的關於林書豪（Jeremy Lin）的 Instagram 貼文標題

ChatGPT 回答畫面

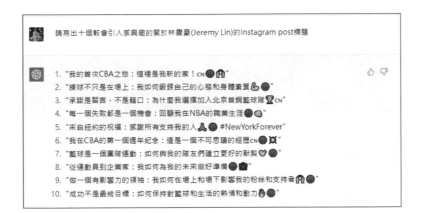

Q 提問

請寫出 " 每一個失敗都是一個機會：回顧我在 NBA 的職業生涯🏀📺 " 的 Instagram post 貼文

ChatGPT 回答畫面

> 請寫出"每一個失敗都是一個機會：回顧我在NBA的職業生涯🏀🏆"的Instagram post內文
>
> 大家好，今天我想談談我在NBA的職業生涯。作為一個職業籃球運動員，我經歷了許多高低起伏，也經歷了很多失敗。但是我始終相信，每一個失敗都是一個機會。
>
> 當我第一次進入NBA時，我曾被視為一個不夠優秀的球員。我被忽略了，沒有被選中，也沒有得到太多的關注。但這些挫折並沒有讓我放棄，相反地，我更加堅定了自己的信念，認為只要努力，我就能夠在NBA中立足。
>
> 在NBA的生涯中，我經歷了很多失敗。有的是因為自己的技術不夠好，有的是因為缺乏經驗和智慧。但是我並不會被這些失敗打敗。相反地，我會從中吸取教訓，努力變得更好。
>
> 我的NBA生涯並不是一帆風順的。我經歷過許多困難和挫折。但是我從中學到了很多東西，也因此變得更加堅強和堅定。我的職業生涯給了我很多機會去成長和發展，讓我能夠在籃球場上展現自己的技術和才華。
>
> 我希望我能夠在自己的職業生涯中，繼續成長和進步。我會繼續對自己的技術和才華保持挑戰和追求，因為我相信每一個失敗都是一個機會。謝謝大家的支持和關注，讓我能夠在籃球場上發光發熱！

🎯 對話範例：生成部落格文章

Q 提問

請寫出十個值得推薦高雄旅遊景點的部落格文章標題

ChatGPT 回答畫面

> 請寫出十個值得推薦高雄旅遊景點的部落格文章標題
>
> 1. 「在城市中尋找自然：高雄最美公園推薦」
> 2. 「高雄必訪的五大文化景點」
> 3. 「探訪高雄最受歡迎的夜市美食」
> 4. 「別有洞天的高雄老街：鹽埕區探索之旅」
> 5. 「高雄必去的五大海灘，夏日好去處！」
> 6. 「品味高雄的特色小吃：旗津島上的美食之旅」
> 7. 「高雄必遊的四大主題公園，好玩好拍照！」
> 8. 「漫步高雄的後花園：旗津後勁湖風景區」
> 9. 「高雄必去的三大歷史建築，見證城市的發展」
> 10. 「從港口走入歷史：高雄港區文化之旅」

請寫一篇上面標題「高雄必訪的五大文化景點」的部落格文章

ChatGPT 回答畫面

> 請寫一篇上面標題「高雄必訪的五大文化景點」的部落格文章
>
> 高雄作為台灣南部的重要城市，不僅擁有豐富的自然景觀，還有著許多文化景點值得探訪。在這篇部落格中，我們要介紹高雄必訪的五大文化景點。
>
> 1. 高雄鳳山文化園區
>   位於鳳山區的高雄文化園區，是由鳳山糖廠改建而成，保存了許多懷舊風格的建築，也展示了當地的歷史文化。遊客可以在這裡欣賞到許多藝術展覽，也可以參加各種文化活動。
> 2. 高雄市立歷史博物館
>   高雄市立歷史博物館位於鼓山區，是一座專門收藏高雄市歷史文物的博物館。博物館內收藏了大量的古文物、照片、文獻等，展示了高雄市的歷史和文化發展。
> 3. 高雄市立美術館
>   高雄市立美術館是一座現代藝術博物館，位於左營區，館內收藏了豐富的現代藝術作品，還經常舉辦各種主題展覽，吸引了眾多藝術愛好者前來參觀。
> 4. 旗津海上風景區
>   旗津是高雄著名的觀光勝地之一，位於旗津區的海上風景區是遊客必訪的景點之一。遊客可以搭乘渡輪前往旗津，欣賞到美麗的海景和潔白的沙灘，還可以品嚐當地的海鮮美食。
> 5. 美麗島捷運站
>   美麗島捷運站是高雄的地標建築之一，位於前鎮區，是高雄捷運紅線的轉運站。這座建築以其獨特的造型和豐富的藝術裝飾聞名，遊客可以在這裡拍照留念，也可以欣賞到許多藝術作品。
>
> 以上是高雄必訪的五大文化景點，每個景點都有其

請繼續

ChatGPT 回答畫面

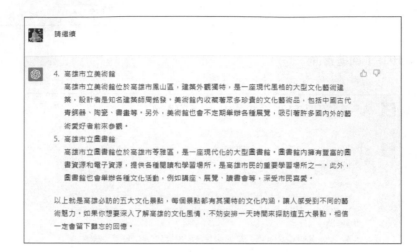

14-3-3 速覽 YouTube 影片摘要（YouTube Summary with ChatGPT）

「他山之石，可以攻錯！」如果行銷團隊想要參考國外其他同業的網站或社群行銷影片技巧，ChatGPT 幫助我們自動快速產生像是新聞、網站、YouTube 影片摘要、網頁文章等的摘要內容，例如「YouTube Summary with ChatGPT」是一個免費的 Chrome 擴充功能，可讓您透過 ChatGPT AI 技術快速觀看的 YouTube 影片的摘要內容，有了這項擴充功能，能節省觀看影片的大量時間，加速學習。另外，您可以通過在 YouTube 上瀏覽影片時，點擊影片縮圖上的摘要按鈕，來快速查看影片摘要。

首先請在「chrome 線上應用程式商店」輸入關鍵字「YouTube Summary with ChatGPT」，接著點選「YouTube Summary with ChatGPT」擴充功能：

接著會出現下圖畫面，請按下「加到 Chrome」鈕：

出現下圖視窗後，再按「新增擴充功能」鈕：

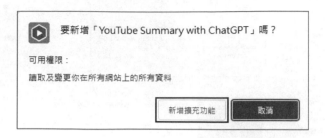

完成安裝後，各位可以先看一下有關「YouTube Summary with ChatGPT」擴充功能的影片介紹，就可以大概知道這個外掛程式的主要功能及使用方式：

接著我們就以實際例子來示範如何利用這項外掛程式的功能。首先請連上YouTube 觀看想要快速摘要了解的影片，接著按「YouTube Summary with ChatGPT」擴充功能右方的展開鈕：

就可以看到這支影片的摘要說明，如下圖所示：

▲ 網址：YouTube.com/watch?v=s6g68rXh0go

在上圖中各位可以看到一個工具列 ⬚ ，由左到右的功能分別為「View AI Summary」、「Jump to Current Time」、「Copy Transcript(Plain Text)」三項功能。其中「View AI Summary」鈕會啟動 ChatGPT 來查看該影片的摘要功能，如下圖所示：

其中「Jump to Current Time」鈕則會直接跳到目前影片播放位置的摘要文字說明，如下圖所示：

其中「Copy Transcript(Plain Text)」鈕則會複製摘要說明的純文字檔，各位可以依自己的需求貼上到指定的文字編輯器來加以應用。例如下圖為摘要文字內容貼到 Word 文書處理軟體的畫面：

其實 YouTube Summary with ChatGPT 這款擴充功能，它的原理就是將 YouTube 影片字幕提供給 ChatGPT，就可以根據這個字幕的文字內容，快速摘要出這支影片的主要重點。在方框旁有一個複製的按鈕，就可以將文字丟入 ChatGPT，ChatGPT 就會幫我們摘要一段英文。如下圖所示：

In this video, Dr. Arthur Brooks, a Harvard professor, discusses the misconception that many people have about happiness. He argues that the common model of satisfaction, which suggests that working hard, making money, being successful, admired, and envied will lead to happiness, is wrong.

Dr. Brooks explains that research shows that money does not actually bring happiness. Instead, it may only lower unhappiness temporarily. People often mistake lower unhappiness for higher happiness and believe that more money will make them happier. However, this is not the case.

According to Dr. Brooks, true happiness comes from being in the zone of what you love to do and what you appreciate most in life. It has to do with being in line with your own values and living according to your own integrity. He quotes Carl Jung, who believed that to be happy, you need to understand your own values and live according to them.

Dr. Brooks encourages people to find what they truly love to do and to pursue that, rather than chasing extrinsic lures like money, power, pleasure, and fame. He believes that people who live outside their groove and do not follow their own values are never in equilibrium and are never truly comfortable in their own skin.

Overall, Dr. Brooks argues that true happiness comes from being true to yourself and doing what you love, rather than from external factors like money or status.

接著我們再輸入「請將上述英文翻譯成繁體中文」，就可以馬上翻譯成如下的成果：

請將上述英文翻譯成繁體中文

在這段影片中，哈佛大學教授阿瑟·布魯克斯談到了關於快樂的一個常見誤解。他認為常見的滿足模式是錯誤的，這種模式告訴你要努力工作、賺錢、成功、受人敬仰、被人羨慕、存錢、然後開心地死去。然而，這是錯誤的，除了金錢，研究顯示金錢並不能帶來真正的快樂。金錢能夠暫時降低不快感，但快樂和不快樂是不同的體驗，並不是相反的。

人們常常把不快感誤認為快樂，認為越賺錢越幸福，但事實並非如此。布魯克斯教授指出，真正的快樂來自於做自己真正喜愛和欣賞的事情。當你與自己的價值觀相符合，按照自己的價值觀生活時，你才會真正快樂。卡爾·榮格曾這樣解釋快樂：你需要了解自己的價值觀，了解自己認為什麼是正確的、道德的，如果你知道這些並能表達出來，按照這些價值觀生活，你就會快樂。

如果你同意這種觀點，那麼布魯克斯教授認為這是有很多道理的，因為你需要找到自己的世界觀，知道自己認為什麼是真理，然後按照自己的價值觀、自己的正直生活。當人們生活在這個軌道之外時，他們永遠不會達到平衡，他們永遠不會真正感到自在。因此，布魯克斯教授鼓勵人們找到自己真正喜愛的事情，而不是追逐金錢、權力、享樂和名譽等外在的誘惑。他認為，那些生活在軌道之外，沒有按照自己的價值觀生活的人，永遠無法真正感到舒適自在。

如果你已經拿到 New Bing 的權限的話，可以直接使用 New Bing 上面的問答引擎，輸入「請幫我摘要這個網址影片：https://www.YouTube.com/watch?v=s6g68rXh0go」。萬一輸入 YouTube 上瀏覽器的網址沒有成功，建議影片的網址改放 YouTube 上面分享的短網址，例如：「請幫我摘要這個網址影片：https://youtu.be/s6g68rXh0go」，也能得到這個影片的摘要。

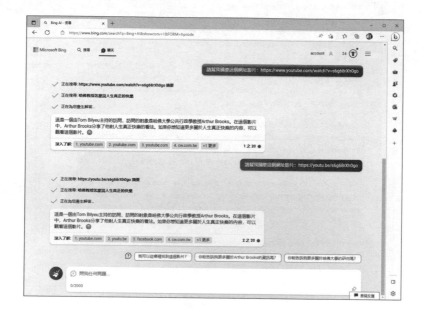

14-4 讓 ChatGPT 將 YouTube 影片轉成音檔（mp3）

我們可以利用與 ChatGPT 對話，請它協助寫一支 Python 程式，可以教您如何將指定網址的 YouTube 影片轉成音檔（mp3）。完整的操作過程如下：

14-4-1　請 ChatGPT 寫程式

Q 提問

我使用的程式語言是 Python，請問有辦法抓取 YouTube 影片的音檔嗎？

ChatGPT 回答畫面

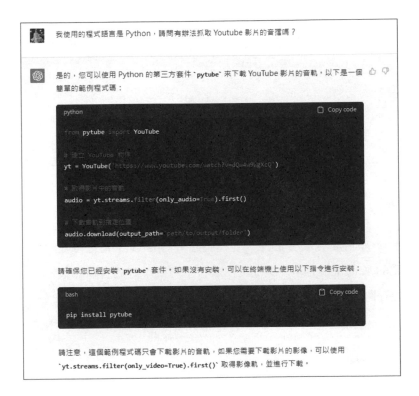

從上述 ChatGPT 的回答畫面中，ChatGPT 也提到這個範例程式碼只會下載影片的音軌，如果您需要下載影片的影像，可以使用 yt.streams.filter(only_video=True).first() 取得影像軌，並進行下載。

14-4-2 安裝 pytube 套件

為了可以順利下載音軌或影像軌,請確保您已經安裝 pytube 套件。如果沒有安裝,可以在「命令提示字元」的終端機,使用「pip install pytube」指令進行安裝。如下圖所示:

```
命令提示字元                                              —   □   ×

Microsoft Windows [版本 10.0.19044.2728]
(c) Microsoft Corporation. 著作權所有,並保留一切權利。

C:\Users\User>pip install pytube
Collecting pytube
  Downloading pytube-12.1.3-py3-none-any.whl (57 kB)
     ---------------------------------------- 57.2/57.2 kB 594.4 kB/s eta 0:00:00
Installing collected packages: pytube
Successfully installed pytube-12.1.3

[notice] A new release of pip available: 22.3.1 -> 23.0.1
[notice] To update, run: python.exe -m pip install --upgrade pip

C:\Users\User>
```

14-4-3 修改影片網址及儲存路徑

開啟 python 整合開發環境 IDLE,並複製貼上 ChatGPT 幫忙撰寫的程式,同時將要下載的 YouTube 的影片網址更換成自己想要下載的音檔的網址,並修改程式中的儲存路徑,例如本例中的 'D:\music' 資料夾。

```
ytdownload.py - C:/Users/User/Desktop/博碩_ChatGPT/範例檔/ytdownload.py (3.11.0)   —   □   ×
File  Edit  Format  Run  Options  Window  Help
from pytube import YouTube

# 建立 YouTube 物件
yt = YouTube('https://www.youtube.com/watch?v=BA8cD6G8zEA&t=25s')

# 取得影片中的音軌
audio = yt.streams.filter(only_audio=True).first()

# 下載音軌到指定位置
audio.download(output_path='D:\music')

                                                                    Ln: 11  Col: 0
```

不過一定要事先確保 D 槽這個 music 資料夾已建立好,如果還沒建立這個資料夾,請先於 D 槽按滑鼠右鍵,從快顯功能表中新建資料夾。如下圖所示:

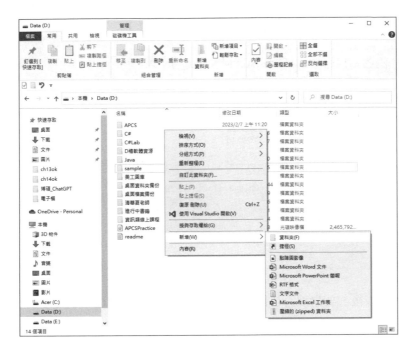

建立好資料夾之後，可以看出目前的資料夾是空的，沒有任何檔案。如下圖所示：

14-4-4　執行與下載影片音檔（mp3）

接著請各位在 IDLE 執行「Run/Run Module」指令：

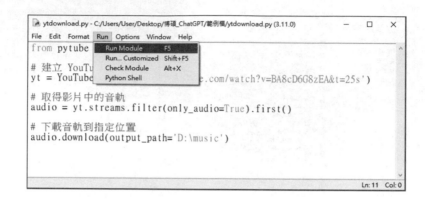

程式執行完成後，如果沒有任何錯誤，就會出現如下圖的程式執行結束的畫面：

```
IDLE Shell 3.11.0                                                    —  □  ×
File  Edit  Shell  Debug  Options  Window  Help
    Python 3.11.0 (main, Oct 24 2022, 18:26:48) [MSC v.1933 64 bit (AMD64)] on win32
    Type "help", "copyright", "credits" or "license()" for more information.
>>>
========= RESTART: C:/Users/User/Desktop/博碩_ChatGPT/範例檔/ytdownload.py =========
>>>
                                                                   Ln: 5  Col: 0
```

接著各位只要利用檔案總管開啟位於 D 槽的「music」資料夾，就可以看到已成功下載該 YouTube 網址的影片轉成音檔（mp3）。如下圖：

點選該音檔圖示，就會啟動各位電腦系統的媒體播放器來聆聽美妙的音樂。

請注意，這邊要提醒大家，不要未經授權下載有版權保護的影片喔！

14-5 活用 GPT-4 撰寫行銷文案

本章主要介紹如何利用 ChatGPT 發想產品特點、關鍵字與標題，並利用 ChatGPT 撰寫 FB、IG、Google、短影片文案，以及如何利用 ChatGPT 發想行銷企劃案。在本章中，我們將會介紹如何使用 ChatGPT 來協助您的行銷策略，並提供一些有用的技巧和建議。例如在向客戶提案前需要先準備 6 個創意，可以先把一些關鍵字詞丟進 ChatGPT，團隊再從其中挑選合適的意見進行修改或增刪，最好記得都需要人手編修校正，因為 ChatGPT 畢竟是 AI，生產出來的內容無法 100% 符合店家行銷思維的完整答案。

接下來的例子採用微軟 Edge 瀏覽器內建的新 Bing（New Bing）搜尋引擎來示範如何活用 GPT-4 撰寫行銷文案，主要目的是要以「油漆式速記多國語言雲端學習系統」為例完整示範如何請 ChatGPT 撰寫行銷文案。

▲ 油漆式速記多國語言雲端學習系統：https://pmm.zct.com.tw/zct_add/

14-5-1 利用 ChatGPT 發想產品特點、關鍵字與標題

在現代商業社會，創新和行銷是推動業務增長的核心。如何讓您的產品在競爭激烈的市場中脫穎而出，是每一個企業都面臨的挑戰。利用 ChatGPT 作為一個智能的創意輔助工具，可以幫助您發想產品特點、關鍵字和標題，提高行銷效果。本小節將介紹如何利用 ChatGPT 這一工具來挖掘產品賣點的關鍵字，推薦適合的行銷文案標題，並提供一些有用的技巧和建議。讓您的產品更加吸引眼球，促進銷售增長。

請教 ChatGPT 行銷產品的摘要特點

Q 提問

漆式速記多國語言雲端學習系統是什麼

ChatGPT 回答畫面

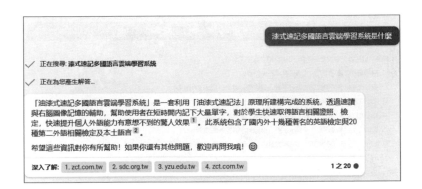

找出賣點的關鍵字

Q 提問

請列出漆式速記多國語言雲端學習系統介紹中的幾個重要關鍵字

🤖 ChatGPT 回答畫面

> 請列出漆式速記多國語言雲端學習系統介紹中的幾個重要關鍵字

當然可以！介紹中的重要關鍵字有「油漆式速記法」、「速讀」、「右腦圖像記憶」、「大量單字」、「語言相關證照、檢定」、「快速提升個人外語能力」、「國內外十幾種著名的英語檢定及20種第二外語相關檢定及本土語言」等等。希望這些資訊對你有所幫助！如果你還有其他問題，歡迎再問我哦！ 😊

2 之 20 ●

🎯 推薦行銷文案標題

Q 提問

我想寫一篇行銷文案，請列出針對上述幾個重要關鍵字重點，列出 5 個行銷文案的標題

🤖 ChatGPT 回答畫面

> 我想寫一篇行銷文案，請列出針對上述幾個重要關鍵字重點，列出5個行銷文案的標題

當然可以！以下是我為您準備的5個行銷文案標題：

1. 用「油漆式速記法」，快速提升你的外語能力！
2. 油漆式速記多國語言雲端學習系統，讓你輕鬆應對各種語言檢定！
3. 油漆式速記多國語言雲端學習系統，讓你在短時間內記下大量單字！
4. 油漆式速記多國語言雲端學習系統，讓你的學習更有效率！
5. 油漆式速記多國語言雲端學習系統，讓你的學習更有成效！

希望這些標題能夠幫助到您！如果您還有其他問題，歡迎再問我哦！ 😊

3 之 20 ●

14-6 讓 AI 寫 FB、IG、Google、短影片文案

社群媒體和網路廣告成為現代企業行銷的重要途徑。撰寫引人入勝的社群媒體文案和廣告文案，能夠吸引目標客戶的注意力，提高產品的知名度和銷售量。此外，在短影片和演講推廣等方面，撰寫精煉又生動有趣的文案也是至關重要

的。利用 ChatGPT 智能寫作輔助工具，可以協助您撰寫各種社交媒體和網路廣告的文案，讓您的產品更容易被消費者所發現和喜愛。

在本小節中，我們將會介紹如何使用 ChatGPT 來協助您撰寫不同社群平台的行銷文案和腳本，並提供一些有用的技巧和建議。包括如何利用 ChatGPT 撰寫 Facebook 社群行銷文案、IG 社群行銷文案、Google 平台的廣告文案，以及撰寫抖音短影片腳本和演講推廣的流程大綱。

14-6-1　撰寫 Facebook 社群行銷文案

Q 提問

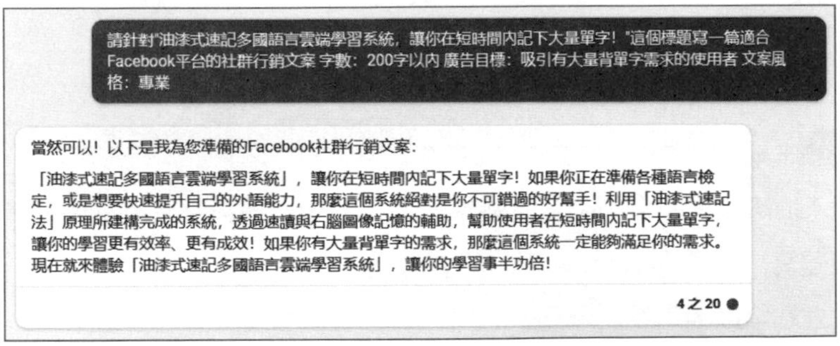

請針對 " 油漆式速記多國語言雲端學習系統，讓你在短時間內記下大量單字！ " 這個標題寫一篇適合 Facebook 平台的社群行銷文案

字數：200 字以內

廣告目標：吸引有大量背單字需求的使用者

文案風格：專業

ChatGPT 回答畫面

請針對"油漆式速記多國語言雲端學習系統，讓你在短時間內記下大量單字！"這個標題寫一篇適合Facebook平台的社群行銷文案 字數：200字以內 廣告目標：吸引有大量背單字需求的使用者 文案風格：專業

當然可以！以下是我為您準備的Facebook社群行銷文案：

「油漆式速記多國語言雲端學習系統」，讓你在短時間內記下大量單字！如果你正在準備各種語言檢定，或是想要快速提升自己的外語能力，那麼這個系統絕對是你不可錯過的好幫手！利用「油漆式速記法」原理所建構完成的系統，透過速讀與右腦圖像記憶的輔助，幫助使用者在短時間內記下大量單字，讓你的學習更有效率、更有成效！如果你有大量背單字的需求，那麼這個系統一定能夠滿足你的需求。現在就來體驗「油漆式速記多國語言雲端學習系統」，讓你的學習事半功倍！

4 之 20

14-6-2 撰寫 IG 社群行銷文案

Q 提問

請針對 " 用「油漆式速記法」，快速提升你的外語能力！" 這個標題寫一篇適合 IG 平台的社群行銷文案

字數：200 字以內

廣告目標：吸引有想快提升外語能力的的使用者

文案口吻：活潑、幽默

ChatGPT 回答畫面

> 請針對"用「油漆式速記法」，快速提升你的外語能力！"這個標題寫一篇適合IG平台的社群行銷文案 字數：200字以內 廣告目標：吸引有想快提升外語能力的的使用者 文案口吻：活潑、幽默
>
> 當然可以！以下是我為您準備的IG社群行銷文案：
>
> 「用「油漆式速記法」，快速提升你的外語能力！」如果你正在為了各種語言檢定而煩惱，或是想要快速提升自己的外語能力，那麼這個系統絕對是你不可錯過的好幫手！利用「油漆式速記法」原理所建構完成的系統，透過速讀與右腦圖像記憶的輔助，幫助使用者在短時間內記下大量單字，讓你的學習更有效率、更有成效！如果你想要快速提升自己的外語能力，那麼這個系統一定能夠滿足你的需求。現在就來體驗「油漆式速記多國語言雲端學習系統」，讓你的學習事半功倍！
>
> 5 之 20 ●

14-6-3 撰寫 Google 平台的廣告文案

Q 提問

請針對 " 油漆式速記多國語言雲端學習系統，讓你輕鬆應對各種語言檢定！" 這個標題寫一篇適合 Google 平台的廣告文案

字數：200 字以內

文案口吻：活潑、幽默

> 請針對"油漆式速記多國語言雲端學習系統，讓你輕鬆應對各種語言檢定！"這個標題寫一篇適合Google
> 平台的廣告文案 字數：200字以內 文案口吻：活潑、幽默
>
> 當然可以！以下是我為您準備的Google廣告文案：
>
> 「油漆式速記多國語言雲端學習系統，讓你輕鬆應對各種語言檢定！」如果你正在為了各種語言檢定而
> 煩惱，或是想要快速提升自己的外語能力，那麼這個系統絕對是你不可錯過的好幫手！利用「油漆式速
> 記法」原理所建構完成的系統，透過連續與右腦圖像記憶的輔助，幫助使用者在短時間內記下大量單
> 字，讓你的學習更有效率、更有成效！如果你想要輕鬆應對各種語言檢定，那麼這個系統一定能夠滿足
> 你的需求。現在就來體驗「油漆式速記多國語言雲端學習系統」，讓你的學習事半功倍！
>
> 6之20 ●

14-6-4 撰寫抖音短影片腳本

抖音（TikTok）短影音平台是近年來 Z 世代相當流行的風潮，甚至於躍升台灣網友愛用社交平台前五名，相當每三人就有一人熱衷使用 TikTok，更是連續四年蟬聯全球 APP 下載量排行榜冠軍。抖音（TikTok）看準了年輕人「愛秀成癮」的「短」、「快」、「即時」行動影音傳播趨勢，讓許多人直接透過手機輕鬆拍攝短視頻影片，可以錄製 15 秒至 1 分鐘 3 分鐘或者更長的影片，再搭配耳熟能詳的旋律，不斷進行內容創意的延展，將個人的創意和想法表現在影片當中，就能讓內容輕鬆吸引全球觀眾的目光。

Q 提問

請針對 " 油漆式速記多國語言雲端學習系統，讓你在短時間內記下大量單字！ " 這個標題寫一篇一分鐘短影片腳本
必須以條列式方式呈現，且必須有短影片角色設定
字數：100 字以內

> 請針對"油漆式速記多國語言雲端學習系統，讓你在短時間內記下大量單字！"這個標題寫一篇一分鐘短影片腳本 必須以條列式方式呈現，且必須有短影片角色設定 字數：100 字以內

當然可以！以下是我為您準備的一分鐘短影片腳本：

角色設定：
- 主角：一位正在為了各種語言檢定而煩惱的學生
- 配角：一位正在使用「油漆式速記多國語言雲端學習系統」的學生

場景設定：
- 主角正在圖書館裡焦急地背單字，但是進度卻緩慢
- 配角在旁邊輕鬆自在地背單字，並且進度神速

腳本內容：
1. 主角看到配角背單字進度神速，感到十分好奇。
2. 配角向主角介紹「油漆式速記多國語言雲端學習系統」，並且分享自己使用的心得。
3. 主角開始使用「油漆式速記多國語言雲端學習系統」，並且發現自己的背單字速度大幅提升。
4. 主角成功通過了語言檢定，感到非常開心。

如果你正在為了各種語言檢定而煩惱，或是想要快速提升自己的外語能力，那麼「油漆式速記多國語言雲端學習系統」絕對是你不可錯過的好幫手！現在就來體驗「油漆式速記多國語言雲端學習系統」，讓你的學習事半功倍！

8 之 20 ●

14-6-5　撰寫演講推廣的流程大綱

Q 提問

我想去各學校以演講方式推廣行銷 " 油漆式速記多國語言雲端學習系統 "，請幫我規劃一個 90 分的演講流程的大綱

ChatGPT 回答畫面

> 我想去各學校以演講方式推廣行銷 " 油漆式速記多國語言雲端學習系統",請幫我規劃一個90分的演講流程的大綱

當然可以！以下是我為您規劃的90分演講流程大綱：

1. 開場白（5分）
- 自我介紹
- 簡單介紹「油漆式速記多國語言雲端學習系統」
2. 介紹「油漆式速記法」（10分）
- 介紹「油漆式速記法」的原理
- 說明「油漆式速記法」如何幫助學生快速背單字
3. 介紹「油漆式速記多國語言雲端學習系統」（10分）
- 介紹「油漆式速記多國語言雲端學習系統」的功能

- 說明「油漆式速記多國語言雲端學習系統」如何幫助學生快速背單字
4. 示範如何使用「油漆式速記多國語言雲端學習系統」 (20分)
- 示範如何使用「油漆式速記多國語言雲端學習系統」背單字
- 示範如何使用「油漆式速記多國語言雲端學習系統」應對各種語言檢定
5. 分享使用心得 (20分)
- 分享使用「油漆式速記多國語言雲端學習系統」的心得
- 分享使用「油漆式速記多國語言雲端學習系統」後的成果
6. Q&A 環節 (15分)
- 回答現場觀眾的問題
如果您需要更詳細的內容，請告訴我，我會盡力提供更詳盡的規劃。

14-7 利用 ChatGPT 發想行銷企劃案

行銷企劃案是企業制定行銷策略和計劃的重要工具。有效的行銷企劃案可以幫助企業在競爭激烈的市場中獲得更大的優勢，提高品牌知名度和銷售量。然而，制定一個成功的行銷企劃案需要對市場和消費者進行深入的分析和了解，這對許多企業來說是一個挑戰。

利用 ChatGPT 這一智能創意輔助工具，可以幫助企業快速發想出多樣化的行銷企劃案，從而更好地應對市場變化和客戶需求。本小節將介紹如何利用 ChatGPT 發想出多種行銷企劃案，並且推薦其他的行銷方式，讓企業在行銷方面更具創新性和競爭力。

14-7-1　請 ChatGPT 寫三個行銷企劃案

 提問

除了上述的文案撰寫及演講推廣之外，能否給我規劃三個行銷企劃案

🤖 ChatGPT 回答畫面

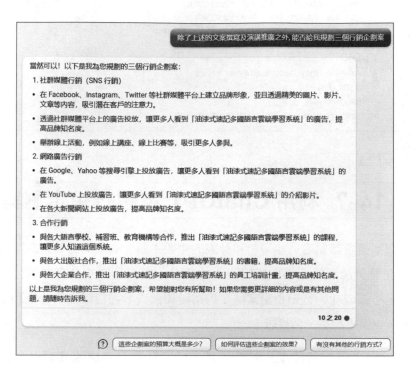

除了上述的文案撰寫及演講推廣之外,能否給我規劃三個行銷企劃案

當然可以! 以下是我為您規劃的三個行銷企劃案:

1. 社群媒體行銷 (SNS 行銷)

- 在 Facebook、Instagram、Twitter 等社群媒體平台上建立品牌形象, 並且透過精美的圖片、影片、文章等內容, 吸引潛在客戶的注意力。
- 透過社群媒體平台上的廣告投放, 讓更多人看到「油漆式速記多國語言雲端學習系統」的廣告, 提高品牌知名度。
- 舉辦線上活動, 例如線上講座、線上比賽等, 吸引更多人參與。

2. 網路廣告行銷

- 在 Google、Yahoo 等搜尋引擎上投放廣告, 讓更多看到「油漆式速記多國語言雲端學習系統」的廣告。
- 在 YouTube 上投放廣告, 讓更多人看到「油漆式速記多國語言雲端學習系統」的介紹影片。
- 在各大新聞網站上投放廣告, 提高品牌知名度。

3. 合作行銷

- 與各大語言學校、補習班、教育機構等合作, 推出「油漆式速記多國語言雲端學習系統」的課程, 讓更多人知道這個系統。
- 與各大出版社合作, 推出「油漆式速記多國語言雲端學習系統」的書籍, 提高品牌知名度。
- 與各大企業合作, 推出「油漆式速記多國語言雲端學習系統」的員工培訓計畫, 提高品牌知名度。

以上是我為您規劃的三個行銷企劃案, 希望能對您有所幫助! 如果您需要更詳細的內容或是有其他問題, 請隨時告訴我。

10 之 20 ●

? | 這些企劃案的預算大概是多少? | 如何評估這些企劃案的效果? | 有沒有其他的行銷方式?

14-7-2　請 ChatGPT 推薦其他的行銷方式

Q 提問

直接按下回答框下方的「有沒有其他的行銷方式?」

🤖 ChatGPT 回答畫面

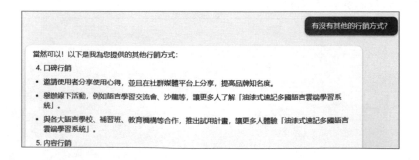

有沒有其他的行銷方式?

當然可以! 以下是我為您提供的其他行銷方式:

4. 口碑行銷

- 邀請使用者分享使用心得, 並且在社群媒體平台上分享, 提高品牌知名度。
- 舉辦線下活動, 例如語言學習交流會、沙龍等, 讓更多人了解「油漆式速記多國語言雲端學習系統」。
- 與各大語言學校、補習班、教育機構等合作, 推出試用計畫, 讓更多人體驗「油漆式速記多國語言雲端學習系統」。

5. 內容行銷

- 在自己的官方網站上發布有關「油漆式速記多國語言雲端學習系統」的文章、影片等內容，提高品牌知名度。
- 在各大論壇、社群媒體平台上發布有關「油漆式速記多國語言雲端學習系統」的文章、影片等內容，提高品牌知名度。
- 舉辦線上講座、線上課程等，提供有關「油漆式速記多國語言雲端學習系統」的相關知識，吸引更多人了解這個系統。

以上是我為您提供的其他行銷方式，希望能對您有所幫助！如果您需要更詳細的內容或是有其他問題，請隨時告訴我。

11 之 20

14-7-3　請 ChatGPT 總結行銷方式的效果

Q 提問

直接按下回答框下方的「這些行銷方式的效果如何？」

 ChatGPT 回答畫面

這些行銷方式的效果如何？

每一種行銷方式的效果都不同，以下是我為您整理的效果：

1. 社群媒體行銷（SNS 行銷）
- 可以提高品牌知名度，吸引更多人關注「油漆式速記多國語言雲端學習系統」。
- 可以透過社群媒體平台上的廣告投放，讓更多人看到「油漆式速記多國語言雲端學習系統」的廣告。
- 可以舉辦線上活動，例如線上講座、線上比賽等，吸引更多人參與。

2. 網路廣告行銷
- 可以讓更多人看到「油漆式速記多國語言雲端學習系統」的廣告。
- 可以在各大新聞網站上投放廣告，提高品牌知名度。

3. 合作行銷
- 可以與各大語言學校、補習班、教育機構等合作，推出「油漆式速記多國語言雲端學習系統」的課程，讓更多人知道這個系統。
- 可以與各大出版社合作，推出「油漆式速記多國語言雲端學習系統」的書籍，提高品牌知名度。
- 可以與各大企業合作，推出「油漆式速記多國語言雲端學習系統」的員工培訓計畫，提高品牌知名度。

4. 口碑行銷
- 可以邀請使用者分享使用心得，提高品牌知名度。
- 可以舉辦線下活動，例如語言學習交流會、沙龍等，讓更多人了解「油漆式速記多國語言雲端學習系統」。
- 可以與各大語言學校、補習班、教育機構等合作，推出試用計畫，讓更多人體驗「油漆式速記多國語言雲端學習系統」。

從上面的實例可以發現 ChatGPT 確實可以幫助行銷人員快速產生各種文案，如果希望文案的品質更加符合自己的期待，就必須在下達指令時要更加明確，也可以設定回答內容的字數或文案風格，也就是說，能夠精準提供給 ChatGPT 想產生文案屬性的指令，就可以產出更符合我們期待的文案。

不過還是要特別強調，ChatGPT 只是個工具，它只是給你靈感及企劃方向或減少文案的撰寫時間，行銷人員還是要加入自己的意見，以確保文案的品質及行銷是否符合產品的特性或想要強調的重點，這些工作還是少不了有勞專業的行銷人員幫忙把關。當行銷人員下達指令後產出的文案成效不佳，這種情況下就要檢討自己是否提問的資訊不夠精確完整，或是要行銷產品的特點不夠瞭解，只要各位行銷人員也能精進與 ChatGPT 的互動的方式，持續訓練 ChatGPT，相信一定可以大幅改善行銷文案產出的品質，讓 ChatGPT 成為文案撰寫及行銷企劃的最佳幫手。

A
Appendix

不可不知的社群行銷
專業術語

每個行業都有該領域的專業術語，網路行銷產業也不例外，面對一個已經成熟的網路行銷環境，通常不是經常在網路行銷相關工作的從業人員，面對這些術語可能就沒這麼熟悉了，以下我們特別整理出網路行銷產業中常見的專業術語：

- **Accelerated Mobile Pages, AMP（加速行動網頁）**：是 Google 的一種新項目，網址前面顯示一個小閃電型符號，設計的主要目的是在追求效率，就是簡化版 HTML，透過刪掉不必要的 CSS 以及 JavaScript 功能來達到速度快的效果，對於圖檔、文字字體、特定格式等有限定，網頁如果有製作 AMP 頁面，幾乎不需要等待就能完整瀏覽頁面與加載完成，因此 AMP 也有加強 SEO 作用。

- **Active User（活躍使用者）**：在 Google Analytics 中，「活躍使用者」報表可以讓分析者追蹤 1 天、7 天、14 天或 28 天內有多少使用者到你的網站拜訪，進而掌握使用者在指定的日期內對你網站或應用程式的熱表程度。

- **Ad Exchange（廣告交易平台）**：類似一種股票交易平台的概念運作，讓廣告買賣方聯繫在一起，在此進行媒合與競價。

- **Advertising（廣告主）**：出錢買廣告的一方，例如最常見的電商店家。

- **Advertorial（業配）**：所謂「業配」是「業務配合」的簡稱，也就是商家付錢請電視台的業務部或是網路紅人對該店家進行採訪，透過電視台的新聞播放或網路紅人的推薦。例如在自身創作影片上以分享產品及商品介紹為主的內容，達成品牌置入性行銷廣告目的，透過影片即可達到觀眾獲取歸屬感，來吸引更多的用戶，並讓觀看者跟著對產品趨之若鶩。

- **Agency（代理商）**：有些廣告對於廣告投放沒有任何經驗，通常會選擇直接請廣告代理商來幫忙規劃與操作。

- **Affiliate Marketing（聯盟行銷）**：在歐美是已經廣泛被運用的廣告行銷模式，是一種讓網友與商家形成聯盟關係的新興數位行銷模式，廠商與聯盟會員利用聯盟行銷平台建立合作夥伴關係，讓沒有產品的推廣者也能輕鬆幫忙銷售商品。

- **App Store**：是蘋果公司針對使用 iOS 作業系統的系列產品，讓用戶可透過手機或上網購買或免費試用裡面的 APP。

- **Apple Pay**：是 Apple 的一種手機信用卡付款方式，只要使用該公司推出的 iPhone 或 Apple Watch（iOS 9 以上）相容的行動裝置，將自己卡號輸入 iPhone 中的 Wallet APP，經過驗證手續完畢後，就可以使用 Apple Pay 來購物，這比傳統信用卡來得安全。

- **Application（APP）**：軟體開發商針對智慧型手機及平版電腦所開發的一種應用程式，APP 涵蓋的功能包括了圍繞於日常生活的各項需求。

- **Application Service Provider, ASP（應用軟體租賃服務業）**：業主只要可以透過網際網路或專線，以租賃的方式向提供軟體服務的供應商承租，定期僅需固定支付租金，即可迅速導入所需之軟體系統，並享有更新升級的服務。

- **Artificial Intelligence, AI（人工智慧）**：人工智慧的概念最早是由美國科學家 John McCarthy 於 1955 年提出，目標為使電腦具有類似人類學習解決複雜問題與展現思考等能力，也就是由電腦所模擬或執行，具有類似人類智慧或思考的行為，例如推理、規劃、問題解決及學習等能力。

- **Asynchronous JavaScript and XML, AJAX**：一種新式動態網頁技術，結合了 Java 技術、XML 以及 JavaScript 技術，類似 DHTML。可提高網頁開啟的速度、互動性與可用性，並達到令人驚喜的網頁特效。

- **Augmented Reality, AR（擴增實境）**：就是一種將虛擬影像與現實空間互動的技術，透過攝影機影像的位置及角度計算，在螢幕上讓真實環境中加入虛擬畫面，強調的不是要取代現實空間，而是在現實空間中添加一個虛擬物件，並且能夠即時產生互動，各位應該看過電影鋼鐵人在與敵人戰鬥時，頭盔裡會自動跑出敵人路徑與預估火力，這就是一種 AR 技術的應用。

- **Average Order Value, AOV（平均訂單價值）**：所有訂單帶來收益的平均金額，AOV 越高當然越好。

- **Average Session Duration（平均工作階段時間長度）**：「平均工作階段時間長度」是指所有工作階段的總時間長度（秒）除以工作階段總數所求得的數值。網站訪客平均單次訪問停留時間，這個時間當然是越長越好。

- **Average Time on Page（平均網頁停留時間）**：是用來顯示訪客在網站特定網頁上的平均停留時間。

- **Backlink（反向連結）**：就是從其他網站連到你的網站的連結，如果你的網站擁有優質的反向連結（例如：新聞媒體、學校、大企業、政府網站），代表你的網站越多人推薦，當反向連結的網站越多、就越被搜尋引擎所重視。

- **Bandwidth（頻寬）**：是指固定時間內網路所能傳輸的資料量，通常在數位訊號中是以 bps 表示，即每秒可傳輸的位元數（Bits per Second）

- **Banner Ad（橫幅廣告）**：最常見的收費廣告，自 1994 年推出以來就廣獲採用至今，在所有與品牌推廣有關的網路行銷手段中，橫幅廣告的作用最為直接，主要利用在網頁上的固定位置，至於橫幅廣告活動要能成功，全賴廣告素材的品質。

- **Beacon**：是種透過低功耗藍牙技術（Bluetooth Low Energy, BLE），藉由室內定位技術應用，可做為物聯網和大數據平台的小型串接裝置，具有主動推播行銷應用特性，比 GPS 有更精準的微定位功能，是連結店家與消費者的重要環節，只要手機安裝特定 APP，透過藍芽接收到代碼便可觸發 APP 做出對應動作，可以包括在室內導航、行動支付、百貨導覽、人流分析，及物品追蹤等近接感知應用。

- **Big Data（大數據）**：由 IBM 於 2010 年提出，大數據不僅僅是指更多資料而已，主要是指在一定時效（Velocity）內進行大量（Volume）且多元性（Variety）資料的取得、分析、處理、保存等動作。

- **Black Hat SEO（黑帽 SEO）**：是指有些手段較為激進的 SEO 做法，希望透過欺騙或隱瞞搜尋引擎演算法的方式，獲得排名與免費流量，常用的手法包括在建立無效關鍵字的網頁、隱藏關鍵字、關鍵字填充、購買舊網域、不相關垃圾網站建立連結或付費購買連結等。

- **Bots Traffic（機器人流量）**：非人為產生的作假流量，就是機器流量的俗稱。

- **Bounce Rate（跳出率、彈出率）**：是指單頁造訪率，也就是訪客進入網站後在固定時間內（通常是 30 分鐘）只瀏覽了一個網頁就離開網站的次數百分比，這個比例數字越低越好，愈低表示你的內容抓住網友的興趣，跳出率太高多半是網站設計不良所造成。

- **Breadcrumb Trail（麵包屑導覽列）**：也稱為導覽路徑，是一種基本的橫向文字連結組合，透過層級連結來帶領訪客更進一步瀏覽網站的方式，對於提高用戶體驗來說，是相當有幫助。

- **Business to Business, B2B（企業對企業間）**：指的是企業與企業間或企業內透過網際網路所進行的一切商業活動。例如上下游企業的資訊整合、產品交易、貨物配送、線上交易、庫存管理等。

- **Business to Customer, B2C（企業對消費者間）**：是指企業直接和消費者間的交易行為，一般以網路零售業為主，將傳統由實體店面所銷售的實體商品，改以透過網際網路直接面對消費者進行實體商品或虛擬商品的交易活動，大大提高了交易效率，節省了各類不必要的開支。

- **Button Ad（按鈕式廣告）**：是一種小面積的廣告形式，因為收費較低，較符合無法花費大筆預算的廣告主，例如 Call-to-Action，CTA（行動號召）鈕就是一個按鈕式廣告模式，就是希望召喚消費者去採取某些有助消費的活動。

- **Buzz Marketing（話題行銷）**：或稱蜂鳴行銷，和口碑行銷類似。企業或品牌利用最少的方法主動進行宣傳，在討論區引爆話題，造成人與人之間的口耳相傳，如蜜蜂在耳邊嗡嗡作響的 Buzz，然後再吸引媒體與消費者熱烈討論。

- **Call-to-Action, CTA（行動號召）**：希望召喚消費者去採取某些有助消費的活動，例如故意將訪客引導至網站策劃的「到達頁面」（Landing Page），頁面中會有特別的 CTA，讓訪客參與店家企劃的活動。

- **Cascading Style Sheets, CSS**：一般稱之為串聯式樣式表，其作用主要是為了加強網頁上的排版效果（圖層也是 CSS 的應用之一），可以用來定義 HTML 網頁上物件的大小、顏色、位置與間距，甚至是為文字、圖片加上陰影等等功能。

- **Channel Grouping（管道分組）：** 因為每一個流量的來源特性不一致，而且網路流量的來源可能非常多種管道，為了有效管理及分析各個流量的成效，就有必要將流量根據它的性質來加以分類，這就是所謂的管道分組（Channel Grouping）。

- **Churn Rate（流失率）：** 代表你的網站中一次性消費的顧客，佔所有顧客裡面的比率，這個比率當然是越低越好。

- **Click（點擊數）：** 是指網路用戶使用滑鼠點擊某個廣告的次數，每點選一次即稱為 One Click。

- **Click Through Rate, CTR（點閱率）：** 或稱為點擊率，是指在廣告曝光的期間內有多少人看到廣告後決定按下的人數百分比，也就是指廣告獲得的點擊次數除以曝光次數的點閱百分比，可作為一種衡量網頁熱門程度的指標。

- **Cloud Computing（雲端運算）：** 已經被視為下一波電子商務與網路科技結合的重要商機，雲端運算時代來臨將大幅加速電子商務市場發展，「雲端」其實就是泛指「網路」，來表達無窮無際的網路資源，代表了龐大的運算能力。

- **Cloud Service（雲端服務）：** 其實就是「網路運算服務」，如果將這種概念進而衍伸到利用網際網路的力量，透過雲端運算將各種服務無縫式的銜接，讓使用者可以連接與取得由網路上多台遠端主機所提供的不同服務。

- **Computer Version, CV（電腦視覺）：** 一種研究如何使機器「看」的系統，讓機器具備與人類相同的視覺，以做為產品差異化與大幅提升系統智慧的手段。

- **Content Marketing（內容行銷）：** 滿足客戶對資訊的需求，與多數傳統廣告相反，是一門與顧客溝通但不做任何銷售的藝術，就在於如何設定內容策略，可以既不直接宣傳產品，不但能達到吸引目標讀者，又能夠圍繞在產品周圍，並且讓消費者喜歡，最後驅使消費者採取購買行動的行銷技巧，形式可以包括文章、圖片、影片、網站、型錄、電子郵件等。

- **Conversion Rate Optimization, CRO（轉換優化）**：藉由讓網站內容優化來提高轉換率，達到以最低的成本得到最高的投資報酬率。轉換優化是數位行銷當中至關重要的環節，涉及了解使用者如何在你的網站上移動與瀏覽細節，電商品牌透過優化每一個階段的轉換率，讓顧客對瀏覽的體驗過程更加滿意，提升消費者購買的意願，一步步地把訪客轉換為顧客。

- **Cookie（餅乾）**：小型文字檔，網站經營者可以利用 Cookies 來瞭解到使用者的造訪記錄，例如造訪次數、瀏覽過的網頁、購買過哪些商品等。

- **Cost of Acquiring, CAC（客戶購置成本）**：所有說服顧客到你的網店購買之前所有投入的花費。

- **Crowdfunding（群眾集資）**：群眾集資就是過群眾的力量來募得資金，使 C2C 模式由生產銷售模式，延伸至資金募集模式，以群眾的力量共築夢想，來支持個人或組織的特定目標。近年來群眾募資在各地掀起浪潮，募資者善用網際網路吸引世界各地的大眾出錢，用小額贊助來尋求贊助各類創作與計畫。

- **Customization（客製化）**：廠商依據不同顧客的特性而提供量身訂製的產品與不同的服務，消費者可在任何時間和地點，透過網際網路進入購物網站買到各種式樣的個人化商品。

- **Conversion Rate, CR（轉換率）**：網路流量轉換成實際訂單的比率，訂單成交次數除以同個時間範圍內帶來訂單的廣告點擊總數，就是從網路廣告過來的訪問者中最終成交客戶的比率。

- **Cross-Border Ecommerce（跨境電商）**：是全新的一種國際電子商務貿易型態，也就是消費者和賣家在不同的關境（實施同一海關法規和關稅制度境域）交易主體，透過電子商務平台完成交易、支付結算與國際物流送貨、完成交易的一種國際商業活動，讓消費者滑手機，就能直接購買全世界任何角落的商品。

- **Cross-Selling（交叉銷售）**：當顧客進行消費的時候，發現顧客可能有多種需求時，說服顧客增加花費而同時售賣出多種相關的服務及產品。

- **Cost per Action CPA（回應數收費）**：廣告店家付出的行銷成本是以實際行動效果來計算付費，例如註冊會員、下載 APP、填寫問卷等。畢竟廣告對店家而言，最實際的就是廣告期間帶來的訂單數，可以有效降低廣告店家的廣告投放風險。

- **Cost Per Click, CPC（點擊數收費）**：一種按點擊數付費方式，是指搜尋引擎的付費競價排名廣告推廣形式，就是按照點擊次數計費，不管廣告曝光量多少，沒人點擊就不用付錢。例如關鍵字廣告一般採用這種定價模式，不過這種方式比較容易作弊，經常導致廣告店家利益受損。

- **Cost Per Impression, CPI（播放數收費）**：傳統媒體多採用這種計價方式，是以廣告總共播放幾次來收取費用，通常對廣告店家較不利，不過由於手機播放較容易吸引用戶的注意，仍然有些行動廣告是使用這種方式。

- **Cost Per Mille, CPM（廣告千次曝光費用）**：全文應該是 Cost Per Mille Impression，指廣告曝光一千次所要花費的費用，就算沒有產生任何點擊，要千次曝光就會計費，通常多在數百元之間。

- **Cost Per Sales, CPS（實際銷售筆數付費）**：近年日趨流行的計價收方式，按照廣告點擊後產生的實際銷售筆數付費，也就是點擊進入廣告不用收費，算是一種 CPA 的變種廣告方式，目前相當受到許多電子商務網站歡迎，例如各大網路商城廣告。

- **Cost Per Lead, CPL（每筆名單成本）**：以收集潛在客戶名單的數量來收費，也算是一種 CPC 的變種方式，例如根據聯盟行銷的會員數推廣效果來付費。

- **Cost Per Response, CPR（訪客留言付費）**：根據每位訪客留言回應的數量來付費，這種以訪客的每一個回應計費方式是屬於輔助銷售的廣告模式。

- **Coverage Rate（覆蓋率）**：一個用來記錄廣告實際與希望觸及到了多少人的百分比。

- **Creative Commons, CC（創用 CC）**：是源自著名法律學者美國史丹佛大學 Lawrence Lessig 教授 於 2001 年在美國成立 Creative Commons 非營利性組織，目的在提供一套簡單、彈性的「保留部分權利」（Some Rights Reserved）著作權授權機制。

- **Creator（創作者）**：包含文字、相片與影片內容的人，例如像 Blogger、YouTuber。

- **Customer's Lifetime Value, CLV（顧客終身價值）**：是指每一位顧客未來可能為企業帶來的所有利潤預估值，也就是透過購買行為，企業會從一個顧客身上獲得多少營收。

- **Customer Relationship Management, CRM（顧客關係管理）**：顧客關係管理（CRM）是由 Brian Spengler 在 l999 年提出，最早開始發展顧客關係管理的國家是美國。CRM 的定義是指企業運用完整的資源，以客戶為中心的目標，讓企業具備更完善的客戶交流能力，透過所有管道與顧客互動，並提供適當的服務給顧客。

- **Customer-to-Business, C2B（消費者對企業型電子商務）**：是一種將消費者帶往供應者端，並產生消費行為的電子商務新類型，也就是主導權由廠商手上轉移到了消費者手中。

- **Customer-to-Customer, C2C（客戶對客戶型的電子商務）**：就是個人使用者透過網路供應商所提供的電子商務平台與其他消費進行直接交易的商業行為，消費者可以利用此網站平台販賣或購買其他消費者的商品。

- **Cybersquatter（網路蟑螂）**：近年來網路出現了出現了一群搶先一步登記知名企業網域名稱的「網路蟑螂」，讓網域名稱爭議與搶註糾紛日益增加，不願妥協的企業公司就無法取回與自己企業相關的網域名稱。

- **Database Marketing（資料庫行銷）**：是利用資料庫技術動態的維護顧客名單，並加以尋找出顧客行為模式和潛在需求，也就是回到行銷最基本的核心 - 分析消費者行為，針對每個不同喜好的客戶給予不同的行銷文宣以達到企業對目標客戶的需求供應。

- **Data Highlighter（資料螢光筆）**：是一種 Google 網站管理員工具，讓你以點選方式進行操作，只需透過滑鼠就可以讓資料螢光筆標記網站上的重要資料欄位（如標題、描述、文章、活動等）。

- **Data Mining（資料探勘）**：是一種資料分析技術，可視為資料庫中知識發掘的一種工具，可以從一個大型資料庫所儲存的資料中萃取出有價值的知識，廣泛應用於各行各業中，現代商業及科學領域都有許多相關的應用。

- **Data Warehouse（資料倉儲）**：於 1990 年由資料倉儲 Bill Inmon 首次提出，是以分析與查詢為目的所建置的系統，目的是希望整合企業的內部資料，並綜合各種外部資料，經由適當的安排來建立一個資料儲存庫。

- **Data Manage Platform, DMP（數據管理平台）**：主要應用於廣告領域，是指將分散的大數據進行整理優化，確實拼湊出顧客的樣貌，進而再使用來投放精準的受眾廣告，在數位行銷領域扮演重要的角色。

- **Data Science（資料科學）**：就是為企業組織解析大數據當中所蘊含的規律，就是研究從大量的結構性與非結構性資料中，透過資料科學分析其行為模式與關鍵影響因素，也就是在模擬決策模型，進而發掘隱藏在大數據資料背後的商機。

- **Deep Learning, DL（深度學習）**：AI 的一個分支，也可以看成是具有層次性的機器學習法，源自於類神經網路（Artificial Neural Network）模型，並且結合了神經網路架構與大量的運算資源，目的在於讓機器建立與模擬人腦進行學習的神經網路，以解釋大數據中圖像、聲音和文字等多元資料。

- **Demand Side Platform, DSP（需求方服務平台）**：可以讓廣告主在平台上操作跨媒體的自動化廣告投放，像是設置廣告的目標受眾、投放的裝置或通路、競價方式、出價金額等等。

- **Differentiated Marketing（差異化行銷）**：現代企業為了提高行銷的附加價值，開始對每個顧客量身打造產品與服務，塑造個人化服務經驗與採用差異化行銷（Differentiated Marketing），蒐集並分析顧客的購買產品與習性，並針對不同顧客需求提供產品與服務，為顧客提供量身訂做式的服務。

- **Digital Marketing（數位行銷）**：或稱為網路行銷（Internet Marketing），是一種雙向的溝通模式，能幫助無數電商網站創造訂單創造收入，本質其實和傳統行銷一樣，最終目的都是為了影響目標消費者（Target Audience），主要差別在於行銷溝通工具不同，現在則可透過網路通訊的數位性整合，使文字、聲音、影像與圖片可以結合在一起，讓行銷的標的變得更為生動與即時。

- **Dimension（維度）**：Google Analytics 報表中所有的可觀察項目都稱為「維度」，例如訪客的特徵：這位訪客是來自哪一個國家／地區，或是這位訪客是使用哪一種語言。

- **Direct Traffic（直接流量）**：指訪問者直接輸入網址產生的流量，例如透過別人的電子郵件，然後透過信件中的連結到你的網站。

- **Directory Listing Submission, DLS（網站登錄）**：如果想增加網站曝光率，最簡便的方式可以在知名的入口網站中登錄該網站的基本資料，讓眾多網友可以透過搜尋引擎找到，稱為「網站登錄」。國內知名的入口及搜尋網站如 PChome、Google、Yahoo! 奇摩等，都提供有網站資訊登錄的服務。

- **Down-Sell（降價銷售）**：當顧客對於銷售產品或服務都沒有興趣時，唯一一個銷售策略就是降價銷售。

- **E-commerce Ecosystem（電子商務生態系統）則是指以電子商務為主體結合商業生態系統概念。**

- **E-Distribution（電子配銷商）**：是最普遍也最容易了解的網路市集，將數千家供應商的產品整合到單一線上電子型錄，一個銷售者服務多家企業，主要優點是銷售者可以為大量的客戶提供更好的服務，將數千家供應商的產品整合到單一電子型錄上。

- **E-Learning（數位學習）**：是指在網際網路上建立一個方便的學習環境，在線上存取流通的數位教材，進行訓練與學習，讓使用者連上網路就可以學習到所需的知識，且與其他學習者互相溝通，不受空間與時間限制，也是知識經濟時代提升人力資源價值的新利器，可以讓學習者學習更方便、自主化的安排學習課程。

- **Electronic Commerce, EC（電子商務）**：就是一種在網際網路上所進行的交易行為，等與「電子」加上「商務」，主要是將供應商、經銷商與零售商結合在一起，透過網際網路提供訂單、貨物及帳務的流動與管理。

- **Electronic Funds Transfer, EFT（電子資金移轉或稱為電子轉帳）**：使用電腦及網路設備，通知或授權金融機構處理資金往來帳戶的移轉或調撥行為。例如在電子商務的模式中，金融機構間之電子資金移轉（EFT）作業就是一種 B2B 模式。

- **Electronic Wallet（電子錢包）**：是一種符合安全電子交易的電腦軟體，就是你在網路上購買東西時，可直接用電子錢包付錢，而不會看到個人資料，將可有效解決網路購物的安全問題。

- **Email Direct Marketing（電子報行銷）**：依舊是企業經營老客戶的主要方式，多半是由使用者訂閱，再經由信件或網頁的方式來呈現行銷訴求。由於電子報費用相對低廉，加上可以追蹤，這種作法將會大大的節省行銷時間及提高成交率。

- **Email Marketing（電子郵件行銷）**：含有商品資訊的廣告內容，以電子郵件的方式寄給不特定的使用者，除擁有成本低廉的優點外，更大的好處其實是能夠發揮「病毒式行銷」（Viral Marketing）的威力，創造互動分享（口碑）的價值。

- **E-Market Place（電子交易市集）**：在全球電子商務發展中所扮演的角色日趨重要，改變了傳統商場的交易模式，透過網路與資訊科技輔助所形成的虛擬市集，本身是一個網路的交易平台，具有能匯集買主與供應商的功能，其實就是一個市場，各種買賣都在這裡進行。

- **Engaged Time（互動時間）**：了解網站內容和瀏覽者的互動關係，最理想的方式是記錄他們實際上在網站互動與閱讀內容的時間。

- **Enterprise Information Portal, EIP（企業資訊入口網站）**：是指在 Internet 的環境下，將企業內部各種資源與應用系統，整合到企業資訊的單一入口中。EIP 也是未來行動商務的一大利器，以企業內部的員工為對象，只要能夠無線上網，為顧客提供服務時，一旦臨時需要資料，都可以馬上查詢，讓員工幫你聰明地賺錢，還能更多元化的服務員工。

- **E-Procurement（電子採購商）**：是擁有的許多線上供應商的獨立第三方仲介，因為它們會同時包含競爭供應商和競爭電子配銷商的型錄，主要優點是可以透過賣方的競標，達到降低價格的目的，有利於買方來控制價格。

- **E-Tailer（線上零售商）**：是銷售產品與服務給個別消費者，而賺取銷售的收入，使製造商更容易地直接銷售產品給消費者，而除去中間商的部份。

- **Exit Page（離開網頁）**：離開網頁是指於使用者工作階段中最後一個瀏覽的網頁。是指使用者瀏覽網站的過程中，訪客離開網站的最終網頁的機率。也就是說，離開率是計算網站多個網頁中的每一個網頁是訪客離開這個網站的最後一個網頁的比率。

- **Exit Rate（離站率）**：訪客在網站上所有的瀏覽過程中，進入某網頁後離開網站的次數，除以所有進入包含此頁面的總次數。

- **Expert System, ES（專家系統）**：是一種將專家（如醫生、會計師、工程師、證券分析師）的經驗與知識建構於電腦上，以類似專家解決問題的方式透過電腦推論某一特定問題的建議或解答。例如環境評估系統、醫學診斷系統、地震預測系統等都是大家耳熟能詳的專業系統。

- **Extensible Markup Language, XML（可延伸標記語言）**：中文譯為「可延伸標記語言」，可以定義每種商業文件的格式，並且能在不同的應用程式中都能使用，由全球資訊網路標準制定組織 W3C，根據 SGML 衍生發展而來，是一種專門應用於電子化出版平台的標準文件格式。

- **External Link（反向連結）**：就是從其他網站連到你的網站的連結，如果你的網站擁有優質的反向連結（例如：新聞媒體、學校、大企業、政府網站），代表你的網站越多人推薦，當反向連結的網站越多、就越被搜尋引擎所重視。

- **Extranet（商際網路）**：是為企業上、下游各相關策略聯盟企業間整合所構成的網路，需要使用防火牆管理，通常 Extranet 是屬於 Intranet 的子網路，可將使用者延伸到公司外部，以便客戶、供應商、經銷商以及其它公司，可以存取企業網路的資源。

- **Fashionfluencer（時尚網紅）**：在時尚界具有話語權的知名網紅。

- **Featured Snippets（精選摘要）**：Google 從 2014 年起，為了提升用戶的搜尋經驗與針對所搜尋問題給予最直接的解答，會從前幾頁的搜尋結果節錄適合的答案，並在 SERP 頁面最顯眼的位置產生出內容區塊（第 0 個位置），通常會以簡單的文字、表格、圖片、影片，或條列解答方式，內容包括商品、新聞推薦、國際匯率、運動賽事、電影時刻表、產品價格、天氣，與知識問答等，還會在下方帶出店家網站標題與網址。

- **Fifth-Generation（5G）**：是行動電話系統第五代，也是 4G 之後的延伸，5G 技術是整合多項無線網路技術而來，包括幾乎所有以前幾代行動通訊的先進功能，對一般用戶而言，最直接的感覺是 5G 比 4G 又更快、更不耗電，預計未來將可實現 10Gbps 以上的傳輸速率。這樣的傳輸速度下可以在短短 6 秒中，下載 15GB 完整長度的高畫質電影。

- **File Transfer Protocol, FTP（檔案傳輸協定）**：透過此協定，不同電腦系統，也能在網際網路上相互傳輸檔案。檔案傳輸分為兩種模式：下載（Download）和上傳（Upload）。

- **Financial Electronic Data Interchange, FEDI（金融電子資料交換）**：是一種透過電子資料交換方式進行企業金融服務的作業介面，就是將 EDI 運用在金融領域，可作為電子轉帳的建置及作業環境。

- **Filter（過濾）**：是指捨棄掉報表上不需要或不重要的數據。

- **Fitfluencer（健身網紅）**：經常在針對運動、健身或瘦身、飲食分享許多經驗及小撇步，例如知名的館長。

- **Followers（追蹤訂閱）**：增加訂閱人數，主動將網站新資訊傳送給他們，是提高品牌忠誠度與否的一大指標。

- **Foodfluencer（美食網紅）**：指在美食、烹調與餐飲領域有影響力的人，通常會分享餐廳、美食、品酒評論等。

- **Fourth-Generation（4G）**：行動電話系統的第四代，是 3G 之後的延伸，為新一代行動上網技術的泛稱，傳輸速度理論值約比 3.5G 快 10 倍以上，能

夠達成更多樣化與私人化的網路應用。LTE（Long Term Evolution，長期演進技術）是全球電信業者發展 4G 的標準。

- **Fragmentation Era（碎片化時代）**：代表現代人的生活被很多碎片化的內容所切割，因此想要抓住受眾的眼球越來越難，同樣的品牌接觸消費者的地點也越來越不固定，接觸消費者的時間越來越短暫，碎片時間搖身一變成為贏得消費者的黃金時間。

- **Fraud（作弊）**：特別是指流量作弊。

- **Gamification Marketing（遊戲化行銷）**：是指將遊戲中有好玩的元素與機制，透過行銷活動讓受眾「玩遊戲」，同時深化參與感，將你的目標客戶緊緊黏住，因此成了各個品牌不斷探索的新行銷模式。

- **Google AdWords（關鍵字廣告）**：是一種 Google 推出的關鍵字行銷廣告，包辦所有 google 的廣告投放服務，例如你可以根據目標決定出價策略，選擇正確的廣告出價類型，例如是否要著重在獲得點擊、曝光或轉換。Google AdWords 的運作模式就好像世界級拍賣會，瞄準你想要購買的關鍵字，出一個你覺得適合的價格，如果你的價格比別人高，你就有機會取得該關鍵字，並在該關鍵字曝光你的廣告。

- **Google Analytics, GA**：Google 所提供的 Google Analytics 是一套免費且功能強大的跨平台網路行銷流量分析工具，能提供最新的數據分析資料，包括網站流量、訪客來源、行銷活動成效、頁面拜訪次數、訪客回訪等，幫助客戶有效追蹤網站數據和訪客行為，稱得上是全方位監控網站與 APP 完整功能的必備網站分析工具。

- **Google Analytics Tracking Code（Google Analytics 追蹤碼）**：這組追蹤碼會追蹤到訪客在每一頁上所進行的行為，並將資料送到 Google Analytics 資料庫，再透過各種演算法的運算與整理，再將這些資料以儲存起來，並在 Google Analytics 以各種類型的報表呈現。

- **Google Data Studio**：一套免費的資料視覺化製作報表的工具，它可以串接多種 Google 的資料，再將所取得的資料結合該工具的多樣圖表、版面配置、樣式設定等功能，讓報表以更為精美的外觀呈現。

- **Google Hummingbird（蜂鳥演算法）**：蜂鳥演算法 與以前的熊貓演算法和企鵝演算法演算模式不同，主要是加入了自然語言處理（Natural Language Processing）的方式，讓 Google 使用者的查詢，與搜尋搜尋結果更精準且快速，還能打擊過度關鍵字填充，為大幅改善 Google 資料庫的準確性，針對用戶的搜尋意圖進行更精準的理解，去判讀使用者的意圖，期望是給用戶快速精確的答案，而不再是只是一大堆的相關資料。

- **Google Play**：Google 推出針對 Android 系統所提供的一個線上應用程式服務平台，透過 Google Play 網頁可以尋找、購買、瀏覽、下載及評比使用手機免費或付費的 APP 和遊戲，Google Play 為一開放性平台，任何人都可上傳其所開發的應用程式。

- **Google Panda（熊貓演算法）**：熊貓演算法主要是一種確認優良內容品質的演算法，負責從搜尋結果中刪除內容整體品質較差的網站，目的是減少內容農場或劣質網站的存在，例如有複製、抄襲、重複或內容不良的網站，特別是避免用目標關鍵字填充頁面或使用不正常的關鍵字用語，這些將會是熊貓演算法首要打擊的對象，只要是原創品質好又經常更新內容的網站，一定會獲得 Google 的青睞。

- **Google Penguin（企鵝演算法）**：我們知道連結是 Google SEO 的重要因素之一，企鵝演算法主要是為了避免垃圾連結與垃圾郵件的不當操縱，並確認優良連結品質的演算法，Google 希望網站的管理者應以產生優質的外部連結為目的，垃圾郵件或是操縱任何鏈接都不會帶給網站額外的價值，不要只是為了提高網站流量、排名，刻意製造相關性不高或虛假低品質的外部連結。

- **Graphics Processing Unit, GPU（圖形處理器）**：近年來科學計算領域的最大變革，是指以圖形處理單元（GPU）搭配 CPU，GPU 則含有數千個小型且更高效率的 CPU，不但能有效處理平行運算（Parallel Computing），還可以大幅增加運算效能。

- **Gray Hat SEO（灰帽 SEO）**：是一種介於黑帽 SEO 跟白帽 SEO 的優化模式，簡單來說，就是會有一點投機取巧，卻又不會嚴重的犯規，用險招讓網站承擔較小風險，遊走於規則的「灰色地帶」，因為這樣可以利用某些技巧

藉來提升網站排名，同時又不會被搜尋引擎懲罰到，例如一些連結建置、交換連結、適當反覆使用關鍵字（盡量不違反 Google 原則）等及改寫別人文章，不過仍保有一定可讀性，也是目前很多 SEO 團隊比較偏好的優化方式。

- **Global Positioning System, GPS（全球定位系統）**：是透過衛星與地面接收器，達到傳遞方位訊息、計算路程、語音導航與電子地圖等功能，目前有許多汽車與手機都安裝有 GPS 定位器作為定位與路況查詢之用。

- **Growth Hacking（成長駭客）**：主要任務就是跨領域地結合行銷與技術背景，直接透過「科技工具」和「數據」的力量來短時間內快速成長與達成各種增長目標，所以更接近「行銷 + 程式設計」的綜合體。成長駭客和傳統行銷相比，更注重密集的實驗操作和資料分析，目的是創造真正流量，達成增加公司產品銷售與顧客的營利績效。

- **Guy Kawasaki（蓋伊 · 川崎）**：社群媒體的網紅先驅者，經常會分享重要的社群行銷觀念。

- **Hadoop**：源自 Apache 軟體基金會（Apache Software Foundation）底下的開放原始碼計劃（Open Source Project），為了因應雲端運算與大數據發展所開發出來的技術，使用 Java 撰寫並免費開放原始碼，用來儲存、處理、分析大數據的技術，兼具低成本、靈活擴展性、程式部署快速和容錯能力等特點。

- **Hashtag（主題標籤）**：只要在字句前加上 #，便形成一個標籤，用以搜尋主題，是目前社群網路上相當流行的行銷工具，不但已經成為成為品牌行銷重要一環，可以利用時下熱門的關鍵字，並以 Hashtag 方式提高曝光率。

- **Heat Map（熱度圖、熱感地圖）**：在一個圖上標記哪項廣告經常被點選，是獲得更多關注的部分，可瞭解使用者有興趣的瀏覽區塊。

- **High Performance Computing, HPC（高效能運算）**：透過應用程式平行化機制，就是在短時間內完成複雜、大量運算工作，專門用來解決耗用大量運算資源的問題。

- **Horizontal Market**（水平式電子交易市集）：水平式電子交易市集的產品是跨產業領域，可以滿足不同產業的客戶需求。此類網路交易商品，都是一些具標準化流程與服務性商品，同時也比較不需要個別產業專業知識與銷售與服務，可以經由電子交易市集可進行統一採購，讓所有企業對非專業的共同業務進行採買或交易。

- **Host Card Emulation, HCE**（主機卡模擬）：Google 於 2013 年底所推出的行動支付方案，可以透過 APP 或是雲端服務來模擬 SIM 卡的安全元件。HCE（Host Card Emulation）的加入已經悄悄點燃了行動支付大戰，僅需 Android 5.0（含）版本以上且內建 NFC 功能的手機，申請完成後卡片資訊（信用卡卡號）將會儲存於雲端支付平台，交易時由手機發出一組虛擬卡號與加密金鑰來驗證，驗證通過後才能完成感應交易，能避免刷卡時卡片資料外洩的風險。

- **Hotspot**（熱點）：是指在公共場所提供無線區域網路（WLAN）服務的連結地點，讓大眾可以使用筆記型電腦或 PDA，透過熱點的「無線網路橋接器」（AP）連結上網際網路，無線上網的熱點越多，無線上網的涵蓋區域越廣。

- **Hunger Marketing**（飢餓行銷）：是以「賣完為止、僅限預購」來創造行銷話題，製造產品一上市就買不到的現象，促進消費者購買該產品的動力，讓消費者覺得數量有限而不買可惜。

- **Hypertext Markup Language, HTML**：標記語言是一種純文字型態的檔案，以一種標記的方式來告知瀏覽器將以何種方式來將文字、圖像等多媒體資料呈現於網頁之中。通常要撰寫網頁的 HTML 語法時，只要使用 Windows 預設的記事本就可以了。

- **Impression, IMP**（曝光數）：經由廣告到網友所瀏覽的網頁上一次即為曝光數一次。

- **Influencer**（影響者 / 網紅）：在網路上某個領域具有影響力的人。

- **Influencer Marketing**（網紅行銷）：虛擬社交圈更快速取代傳統銷售模式，網紅的推薦甚至可以讓廠商業績翻倍，素人網紅似乎在目前的社群平台比明星代言人更具行銷力。

- **Intellectual Property Rights, IPR（智慧財產權）**：劃分為著作權、專利權、商標權等三個範疇進行保護規範，這三種領域保護的智慧財產權並不相同，在制度的設計上也有所差異，例如發明專利、文學和藝術作品、表演、錄音、廣播、標誌、圖像、產業模式、商業設計等等。

- **Internal Link（內部連結）**：內部連結指的是在同一個網站上向另一個頁面的超連結對於在超連結前或後的文字或圖片。

- **Internet（網際網路）**：最簡單的說法就是一種連接各種電腦網路的網路，以 TCP/IP 為它的網路標準，也就是說只要透過 TCP/IP 協定，就能享受 Internet 上所有一致性的服務。網際網路上並沒有中央管理單位的存在，而是數不清的個人網路或組織網路，這網路聚合體中的每一成員自行營運與付擔費用。

- **Internet Bank（網路銀行）**：係指客戶透過網際網路與銀行電腦連線，無須受限於銀行營業時間、營業地點之限制，隨時隨地從事資金調度與理財規劃，並可充分享有隱密性與便利性，即可直接取得銀行所提供之各項金融服務，現代家庭中有許多五花八門的帳單，都可以透過電腦來進行網路轉帳與付費。

- **Internet Celebrity Marketing（網紅行銷）**：並非是一種全新的行銷模式，就像過去品牌找名人代言，主要是透過與藝人結合，提升本身品牌價值，相對於企業砸重金請明星代言，網紅的推薦甚至可以讓廠商業績翻倍，素人網紅似乎在目前的行動平台更具說服力，逐漸地取代過去以明星代言的行銷模式。

- **Internet Content Provider, ICP（線上內容提供者）**：是向消費者提供網際網路資訊服務和增值業務，主要提供有智慧財產權的數位內容產品與娛樂，包括期刊、雜誌、新聞、CD、影帶、線上遊戲等。

- **Internet of Things, IOT（物聯網）**：近年資訊產業中一個非常熱門的議題，被認為是網際網路興起後足以改變世界的第三次資訊新浪潮，它的特性是將各種具裝置感測設備的物品，例如 RFID、環境感測器、全球定位系統（GPS）雷射掃描器等裝置與網際網路結合起來而形成的一個巨大網路系統，並透過網路技術讓各種實體物件、自動化裝置彼此溝通和交換資訊，也就是透過網路把所有東西都連結在一起。

- **Internet Marketing（網路行銷）**：藉由行銷人員將創意、商品及服務等構想，利用通訊科技、廣告促銷、公關及活動方式在網路上執行。

- **Intranet（企業內部網路）**：則是指企業體內的 Internet，將 Internet 的產品與觀念應用到企業組織，透過 TCP/IP 協定來串連企業內外部的網路，以 Web 瀏覽器作為統一的使用者界面，更以 Web 伺服器來提供統一服務窗口。

- **JavaScript**：是一種直譯式（Interpret）的描述語言，是在客戶端（瀏覽器）解譯程式碼，內嵌在 HTML 語法中，當瀏覽器解析 HTML 文件時就會直譯 JavaScript 語法並執行，JavaScript 不只能讓我們隨心所欲控制網頁的介面，也能夠與其他技術搭配做更多的應用。

- **jQuery**：是一套開放原始碼的 JavaScript 函式庫（Library），可以說是目前最受歡迎的 JS 函式庫，不但簡化了 HTML 與 JavaScript 之間與 DOM 文件的操作，讓我們輕鬆選取物件，並以簡潔的程式完成想做的事情，也可以透過 jQuery 指定 CSS 屬性值，達到想要的特效與動畫效果。

- **Key Opinion Leader, KOL（關鍵意見領袖）**：能夠在特定專業領域對其粉絲或追隨者有發言權及強大影響力的人，也就是我們常說的網紅。

- **Keyword（關鍵字）**：就是與各位網站內容相關的重要名詞或片語，也就是在搜尋引擎上所搜尋的一組字，例如企業名稱、網址、商品名稱、專門技術、活動名稱等。

- **Keyword Advertisements（關鍵字廣告）**：是許多商家網路行銷的入門選擇之一，它的功用可以讓店家的行銷資訊在搜尋關鍵字時，會將店家所設定的廣告內容曝光在搜尋結果最顯著的位置，讓各位以最簡單直接的方式，接觸到搜尋該關鍵字的網友所而產生的商機。

- **Landing Page（到達頁）**：到達網頁是指使用者拜訪網站的第一個網頁，這一個網頁不一定是該網站的首頁，只要是網站內所有的網頁都可能是到達網頁。到達頁和首頁最大的不同，就是到達頁只有一個頁面就要完成讓訪客馬上吸睛的任務，通常這個頁面是以誘人的文案請求訪客完成購買或登記。

- **Law of Diminishing Firms**（公司遞減定律）：由於摩爾定律及梅特卡夫定律的影響之下，專業分工、外包、策略聯盟、虛擬組織將比傳統業界來的更經濟及更有績效，形成價值網路（Value Network），而使得公司的規模有遞減的現象。

- **Law of Disruption**（擾亂定律）：結合了「摩爾定律」與「梅特卡夫定律」的第二級效應，主要是指出社會、商業體制與架構以漸進的方式演進，但是科技卻以幾何級數發展，速度遠遠落後於科技變化速度，當這兩者之間的鴻溝愈來愈擴大，使原來的科技、商業、社會、法律間的平衡被擾亂，因此產生了所謂的失衡現象，就愈可能產生革命性的創新與改變。

- **LINE Pay**：主要以網路店家為主，將近 200 個品牌都可以支付，LINE Pay 支付的通路相當多元化，越來越多商家加入 LINE 購物平台，可讓你透過信用卡或現金儲值，信用卡只需註冊一次，同時支援線上與實體付款，而且 LINE pay 累積點數非常快速，且許多通路都可以使用點數折抵。

- **Location Based Service, LBS**（定址服務）：或稱為「適地性服務」，就是行動行銷中相當成功的環境感知的種創新應用，就是指透過行動隨身設備的各式感知裝置，例如當消費者在到達某個商業區時，可以利用手機快速查詢所在位置周邊的商店、場所以及活動等即時資訊。

- **Logistics**（物流）：是電子商務模型的基本要素，定義是指產品從生產者移轉到經銷商、消費者的整個流通過程，透過有效管理程序，並結合包括倉儲、裝卸、包裝、運輸等相關活動。

- **Long Tail Keyword**（長尾關鍵字）：是網頁上相對不熱門，不過也可以帶來搜尋流量，但接近主要關鍵字的關鍵字詞。

- **Long Term Evolution, LTE**（長期演進技術）：是以現有的 GSM/UMTS 的無線通信技術為主來發展，不但能與 GSM 服務供應商的網路相容，用戶在靜止狀態的傳輸速率達 1Gbps，而在行動狀態也可以達到最快的理論傳輸速度 170Mbps 以上，是全球電信業者發展 4G 的標準。例如各位傳輸 1 個 95M 的影片檔，只要 3 秒鐘就完成。

- **Machine Learning, ML（機器學習）**：機器通過演算法來分析數據、在大數據中找到規則，機器學習是大數據發展的下一個進程，可以發掘多資料元變動因素之間的關聯性，進而自動學習並且做出預測，充分利用大數據和演算法來訓練機器。

- **Marketing Mix（行銷組合）**：可以看成是一種協助企業建立各市場系統化架構的元素，藉著這些元素來影響市場上的顧客動向。美國行銷學學者麥卡錫教授（Jerome McCarthy）在 20 世紀的 60 年代提出了著名的 4P 行銷組合，所謂行銷組合的 4P 理論是指行銷活動的四大單元，包括產品（Product）、價格（Price）、通路（Place）與促銷（Promotion）等四項。

- **Market Segmentation（市場區隔）**：是指任何企業都無法滿足所有市場的需求，應該著手建立產品的差異化，行銷人員根據市場的觀察進行判斷，在經過分析市場的機會後，接著便在該市場中選擇最有利可圖的區隔市場，並且集中企業資源與火力，強攻下該市場區隔的目標市場。

- **Merchandise Turnover Rate（商品迴轉率）**：指商品從入庫到售出時所經過的這一段時間和效率，也就是指固定金額的庫存商品在一定的時間內週轉的次數和天數，可以作為零售業的銷售效率或商品生產力的指標。

- **Metcalfe's Law（梅特卡夫定律）**：是一種網路技術發展規律，也就是使用者越多，其價值便大幅增加，對原來的使用者而言，反而產生的效用會越大。

- **Metrics（指標）**：觀察項目量化後的數據被稱為「指標」（Metrics），也就是是進一步觀察該訪客的相關細節，這是資料的量化評估方式。舉例來說，「語言」維度可連結「使用者」等指標，在報表中就可以觀察到特定語言所有使用者人數的總計值或比率。

- **Micro Film（微電影）**：又稱為「微型電影」，它是在一個較短時間且較低預算內，把故事情節或角色 / 場景，以視訊方式傳達其理念或品牌，適合在短暫的休閒時刻或移動的情況下觀賞。

- **Mobile-Friendliness（行動友善度）**：就是讓行動裝置操作環境能夠盡可能簡單化與提供使用者最佳化行動瀏覽體驗，包括閱讀時的舒適程度，介面排

版簡潔、流暢的行動體驗、點選處是否有足夠空間、字體大小、橫向滾動需求、外掛程式是否相容等等。

- **Mixed Reality（混合實境）**：介於 AR 與 VR 之間的綜合模式，打破真實與虛擬的界線，同時擷取 VR 與 AR 的優點，透過頭戴式顯示器將現實與虛擬世界的各種物件進行更多的結合與互動，產生全新的視覺化環境，並且能夠提供比 AR 更為具體的真實感，未來很有可能會是視覺應用相關技術的主流。

- **Mobile Advertising（行動廣告）**：就是在行動平台上做的廣告，與一般傳統與網路廣告的方式並不相同，擁有隨時隨地互動的特性與一般傳統廣告的方式並不相同。

- **Mobile Commerce, m-Commerce（行動商務）**：電商發展最新趨勢，不但促進了許多另類商機的興起，更有可能改變現有的產業結構。自從 2015 年開始，現代人人手一機，人們的視線已經逐漸從電視螢幕轉移到智慧型手機上，從網路優先（Web First）向行動優先（Mobile First）靠攏的數位浪潮上，而且這股行銷趨勢越來越明顯。

- **Mobile Marketing（行動行銷）**：主要是指伴隨著手機和其他以無線通訊技術為基礎的行動終端的發展而逐漸成長起來的一種全新的行銷方式，不僅突破了傳統定點式網路行銷受到空間與時間的侷限，也就是透過行動通訊網路來進行的商業交易行為。

- **Mobile Payment（行動支付）**：就是指消費者通過手持式行動裝置對所消費的商品或服務進行賬務支付的一種方式，很多人以為行動支付就是用手機付款，其實手機只是一個媒介，平板電腦、智慧手表，只要可以連網都可以拿來做為行動支付。

- **Moore's Law（摩爾定律）**：表示電子計算相關設備不斷向前快速發展的定律，主要是指一個尺寸相同的 IC 晶片上，所容納的電晶體數量，因為製程技術的不斷提升與進步，每隔約十八個月會加倍，執行運算的速度也會加倍，但製造成本卻不會改變。

- **Multi-Channel（多通路）**：是指企業採用兩條或以上完整的零售通路進行銷售活動，每條通路都能完成銷售的所有功能，例如同時採用直接銷售、電話購物或在 PChome 商店街上開店，也擁有自己的品牌官方網站，就是每條通路都能完成買賣的功能。

- **Native Advertising（原生廣告）**：一種讓大眾自然而然閱讀下去，不容易發現自己在閱讀廣告的廣告形式，讓訪客瀏覽體驗時的干擾降到最低，不僅傳達產品廣告訊息，也提升使用者的接受度。

- **Natural Language Processing, NLP（自然語言處理）**：就是讓電腦擁有理解人類語言的能力，也就是一種藉由大量的文本資料搭配音訊數據，並透過複雜的數學聲學模型（Acoustic model）及演算法來讓機器去認知、理解、分類並運用人類日常語言的技術。

- **Nav Tag（Nav 標籤）**：能夠設置網站內的導航區塊，可以用來連結到網站其他頁面，或者連結到網站外的網頁，例如主選單、頁尾選單等，能讓搜尋引擎把這個標籤內的連結視為重要連結。

- **Near Field Communication, NFC（近場通訊）**：是由 PHILIPS、NOKIA 與 SONY 共同研發的一種短距離非接觸式通訊技術，可在你的手機與其他 NFC 裝置之間傳輸資訊，例如手機、NFC 標籤或支付裝置，因此逐漸成為行動交易、行銷接收工具的最佳解決方案。

- **Network Economy（網路經濟）**：是一種分散式的經濟，帶來了與傳統經濟方式完全不同的改變，最重要的優點就是可以去除傳統中間化，降低市場交易成本，整個經濟體系的市場結構也出現了劇烈變化，這種現象讓自由市場更有效率地靈活運作。

- **Network Effect（網路效應）**：對於網路經濟所帶來的效應而言，有一個很大的特性就是產品的價值取決於其總使用人數，透過網路無遠弗屆的特性，一旦使用者數目跨過門檻，也就是越多人有這個產品，那麼它的價值自然越高，登時展開噴出行情。

- **New Visit（新造訪）**：沒有任何造訪記錄的訪客，數字愈高表示廣告成功地吸引了全新的消費訪客。

- **Nofollow Tag（Nofollow 標籤）**：由於連結是影響搜尋排名的其中一項重要指標，Nofollow 標籤就是用於向搜尋引擎表示目前所處網站與特定網站之間沒有關連，這個標籤是在告訴搜尋引擎，不要前往這個連結指向的頁面，也不要將這個連結列入權重。

- **Omni-Channel（全通路）**：全通路是利用各種通路為顧客提供交易平台，以消費者為中心的 24 小時營運模式，並且消除各個通路間的壁壘，以前所未見的速度與範圍連結至所有消費者，包括在實體和數位商店之間的無縫轉換，去真正滿足消費者的需要，提供了更客製化的行銷服務，不管是透過線上或線下都能達到最佳的消費體驗。

- **Online Analytical Processing, OLAP（線上分析處理）**：可被視為是多維度資料分析工具的集合，使用者在線上即能完成的關聯性或多維度的資料庫（例如資料倉儲）的資料分析作業並能即時快速地提供整合性決策。

- **Online and Offline（ONO）**：就是將線上網路商店與線下實體店面能夠高度結合的共同經營模式，從而實現線上線下資源互通，雙邊的顧客也能彼此引導與消費的局面。

- **Online Broker（線上仲介商）**：主要的工作是代表其客戶搜尋適當的交易對象，並協助其完成交易，藉以收取仲介費用，本身並不會提供商品，包括證券網路下單、線上購票等。

- **Online Community Provider, OCP（線上社群提供者）**：是聚集相同興趣的消費者形成一個虛擬社群來分享資訊、知識、甚或販賣相同產品。多數線上社群提供者會提供多種讓使用者互動的方式，可以為聊天、寄信、影音、互傳檔案等。

- **Online Interacts with Offline（OIO）**：就是線上線下互動經營模式，近年電商業者陸續建立實體據點與體驗中心，即除了電商提供網購服務之外，並協助實體零售業者在既定的通路基礎上，可以給予消費者與商品面對面接觸，並且為消費者提供交貨或者送貨服務，彌補了電商平台經營服務的不足。

- **Offline Mobile Online（OMO 或 O2M）**：更強調的是行動端，打造線上 - 行動 - 線下三位一體的全通路模式，形成實體店家、網路商城、與行動終端深入整合行銷，並在線下完成體驗與消費的新型交易模式。

- **Online Service Offline（OSO）**：所謂 OSO（Online Service Offline）模式並不是線上與線下的簡單組合，而是結合 O2O 模式與 B2C 的行動電商模式，把用戶服務納入進來的新型電商運營模式即線上商城 + 直接服務 + 線下體驗。

- **Offline to Online（反向 O2O）**：從實體通路連回線上，消費者可透過在線下實際體驗後，透過 QR code 或是行動終端連結等方式，引導消費者到線上消費，並且在線上平台完成購買並支付。

- **Online to Offline（O2O）**：O2O 模式就是整合「線上」（Online）與「線下」（Offline）兩種不同平台所進行的一種行銷模式，也就是將網路上的購買或行銷活動帶到實體店面的模式。

- **On-line Transaction Processing, OLTP（線上交易處理）**：是指經由網路與資料庫的結合，以線上交易的方式處理一般即時性的作業資料。

- **Organic Traffic（自然流量）**：指訪問者通過搜尋引擎，由搜尋結果進去你的網站的流量，通常品質是較好。

- **Page View, PV（頁面瀏覽次數）**：是指在瀏覽器中載入某個網頁的次數，如果使用者在進入網頁後按下重新載入按鈕，就算是另一次網頁瀏覽。簡單來說就是瀏覽的總網頁數。數字越高越好，表示你的內容被閱讀的次數越多。

- **Paid Search（付費搜尋流量）**：這類管道和自然搜尋有一點不同，它不像自然搜尋是免費的，反而必須付費的，例如 Google、Yahoo 關鍵字廣告（如 Google Ads 等關鍵字廣告），讓網站能夠在特定搜尋中置入於搜尋結果頁面，簡單的說，它是透過搜尋引擎上的付費廣告的點擊進入到你的網站。

- **Parallel Processing（平行處理）**：這種技術是同時使用多個處理器來執行單一程式，借以縮短運算時間。其過程會將資料以各種方式交給每一顆處理器，為了實現在多核心處理器上程式效能的提升，還必須將應用程式分成多個執行緒來執行。

- **PayPal**：是全球最大的線上金流系統與跨國線上交易平台，適用於全球 203 個國家，屬於 ebay 旗下的子公司，可以讓全世界的買家與賣家自由選擇購物款項的支付方式。

- **Pay Per Click, PPC（點擊數收費）**：就是一種按點擊數付費廣方式，是指搜尋引擎的付費競價排名廣告推廣形式，就是按照點擊次數計費，不管廣告曝光量多少，沒人點擊就不用付錢，多數新手都會使用單次點擊出價。

- **Pay Per Mille, PPM（廣告千次曝光費用）**：這種收費方式是以曝光量計費也，就是廣告曝光一千次所要花費的費用，就算沒有產生任何點擊，只要千次曝光就會計費，這種方式對商家的風險較大，不過最適合加深大眾印象，需要打響商家名稱的廣告客戶，並且可將廣告投放於有興趣客戶。

- **Pop-Up Ads（彈出式廣告）**：當網友點選連結進入網頁時，會彈跳出另一個子視窗來播放廣告訊息，強迫使用者接受，並連結到廣告主網站。

- **Portal（入口網站）**：是進入 WWW 的首站或中心點，它讓所有類型的資訊能被所有使用者存取，提供各種豐富個別化的服務與導覽連結功能。當各位連上入口網站的首頁，可以藉由分類選項來達到各位要瀏覽的網站，同時也提供許多的服務，諸如：搜尋引擎、免費信箱、拍賣、新聞、討論等，例如 Yahoo、Google、蕃薯藤、新浪網等。

- **Porter Five Forces Analysis（五力分析模型）**：全球知名的策略大師麥可・波特（Michael E. Porter）於 80 年代提出以五力分析模型作為競爭策略的架構，他認為有五種力量促成產業競爭，每一個競爭力都是為對稱關係，透過這五方面力的分析，可以測知該產業的競爭強度與獲利潛力，並且有效的分析出客戶的現有競爭環境。五力分別是供應商的議價能力、買家的議價能力、潛在競爭者進入的能力、替代品的威脅能力、現有競爭者的競爭能力。

- **Positioning（市場定位）**：是檢視公司商品能提供之價值，向目標市場的潛在顧客介紹商品的價值。品牌定位是 STP 的最後一個步驟，也就是針對作好的市場區隔及目標選擇，為企業立下一個明確不可動搖的層次與品牌印象。

- **Pre-Roll（插播廣告）**：影片播放之前的插播廣告。

- **Private Cloud（私有雲）**：是將雲基礎設施與軟硬體資源建立在防火牆內，以供機構或企業共享數據中心內的資源。

- **Public Cloud（公用雲）**：是透過網路及第三方服務供應者，提供一般公眾或大型產業集體使用的雲端基礎設施，通常公用雲價格較低廉。

- **Publisher（出版商）**：平台上的個體，廣告賣方，例如媒體網站 Blogger 的管理者，以提供網站固定版位給予廣告主曝光。例如 Facebook 發展至今，已經成為網路出版商（Online Publishers）的重要平台。

- **Quick Response Code, QR Code**：是在 1994 年由日本 Denso-Wave 公司發明，利用線條與方塊所除了文字之外，還可以儲存圖片、記號等相關資訊。QR Code 連結行銷相關的應用相當廣泛，可針對不同屬性活動搭配不同的連結內容。

- **Radio Frequency Identification, RFID（無線射頻辨識技術）**：是一種自動無線識別數據獲取技術，可以利用射頻訊號以無線方式傳送及接收數據資料，例如在所出售的衣物貼上晶片標籤，透過 RFID 的辨識，可以進行衣服的管理，例如全球最大的連鎖通路商 Wal-Mart 要求上游供應商在貨品的包裝上裝置 RFID 標籤，以便隨時追蹤貨品在供應鏈上的即時資訊。

- **Reach（觸及）**：一定期間內，個用來記錄廣告至少一次觸及到了多少人的總數。

- **Real-Time Bidding, RTB（即時競標）**：即時競標為近來新興的目標式廣告模式，相當適合強烈網路廣告需求的電商業者，由程式瞬間競標拍賣方式，廣告購買方對某一個曝光出價，價高者得標，贏家的廣告會馬上出現在媒體廣告版位，可以提升廣告主的廣告投放效益。至於無得標（Zero Win Rate）則是在即時競價（RTB）中，沒有任何特定廣告買主得標的狀況。

- **Referral（參照連結網址）**：Google Analytics 會自動識別是透過第三方網站上的連結而連上你的網站，這類流量來源則會被認定為參照連結網址，也就是從其他網站到我們網站的流量。

- **Referral Traffic（推薦流量）**：其他網站上有你的網站連結，訪客透過點擊連結，進去你的網站的流量。

- **Relationship Marketing（關係行銷）**：是以一種建構在「彼此有利」為基礎的觀念，強調銷售是關係的開始，而非交易的結束，發展出了解顧客需求，而進行顧客服務，以建立並維持與個別顧客的關係，謀求雙方互惠的利益。

- **Repeat Visitor（重複訪客）**：訪客至少有一次或以上造訪記錄。

- **Responsive Web Design, RWD**：RWD 開發技術已成了新一代的電商網站設計趨勢，因為 RWD 被公認為是能夠對行動裝置用戶提供最佳的視覺體驗，原理是使用 CSS3 以百分比的方式來進行網頁畫面的設計，在不同解析度下能自動改變網頁頁面的佈局排版，讓不同裝置都能以最適合閱讀的網頁格式瀏覽同一網站，不用一直忙著縮小放大拖曳，給使用者最佳瀏覽畫面。

- **Retention Time（停留時間）**：是指瀏覽者或消費者在網站停留的時間。

- **Return of Investment, ROI（投資報酬率）**：指通過投資一項行銷活動所得到的經濟回報，以百分比表示，計算方式為淨收入（訂單收益總額 – 投資成本）除以「投資成本」。

- **Return on Ad Spend, ROAS（廣告收益比）**：計算透過廣告所有花費所帶來的收入比率。

- **Revenue-Per-Mille, RPM（每千次觀看收益）**：代表每 1000 次影片觀看次數，你所賺取的收益金額，RPM 就是為 YouTuber 量身訂做的制度，RPM 是根據多種收益來源計算而得，也就是 YouTuber 所有項目的總瀏覽量，包括廣告分潤、頻道會員、Premium 收益、超級留言和貼圖等等，主要就是概算出你每千次展示的可能收入，有助於你瞭解整體營利成效。

- **Revolving-Door Effect（旋轉門效應）**：許多企業往往希望不斷的拓展市場，經常把焦點放在吸收新顧客上，卻忽略了手邊原有的舊客戶，如此一來，也就是費盡心思地將新顧客拉進來時，被忽略的舊用戶又從後門悄悄溜走了。

- **Segmentation（市場區隔）**：是指任何企業都無法滿足所有市場的需求，應該著手建立產品的差異化，企業在經過分析市場的機會後，接著便在該市場中選擇最有利可圖的區隔市場，並且集中企業資源與火力，強攻下該市場區隔的目標市場。

- **Search Engine Results Page, SERP（搜尋結果頁面）**：是使用關鍵字，經搜尋引擎根據內部網頁資料庫查詢後，所呈現給使用者的自然搜尋結果的清單頁面，SERP 的排名是越前面越好。

- **Search Engine Marketing, SEM（搜尋引擎行銷）**：指的是與搜尋引擎相關的各種直接或間接行銷行為，由於傳播力量強大，吸引了許多網路行銷人員與店家努力經營。廣義來說，也就是利用搜尋引擎進行數位行銷的各種方法，包括增進網站的排名、購買付費的排序來增加產品的曝光機會、網站的點閱率與進行品牌的維護。

- **Search Engine Optimization, SEO（搜尋引擎最佳化）**：也稱作搜尋引擎優化，是近年來相當熱門的網路行銷方式，就是一種讓網站在搜尋引擎中取得 SERP 排名優先方式，終極目標就是要讓網站的 SERP 排名能夠到達第一。

- **Secure Electronic Transaction, SET（安全電子交易機制）**：由信用卡國際大廠 VISA 及 MasterCard，在 1996 年共同制定並發表的安全交易協定，並陸續獲得 IBM、Microsoft、HP 及 Compaq 等軟硬體大廠的支持，加上 SET 安全機制採用非對稱鍵值加密系統的編碼方式，並採用知名的 RSA 及 DES 演算法技術，讓傳輸於網路上的資料更具有安全性。

- **Secure Socket Layer, SSL（網路安全傳輸協定）**：於 1995 年間由網景（Netscape）公司所提出，是一種 128 位元傳輸加密的安全機制，目前大部分的網頁伺服器或瀏覽器，都能夠支援 SSL 安全機制。

- **Service Provider（服務提供者）**：是比傳統服務提供者更有價值、便利與低成本的網站服務，收入可包括訂閱費或手續費。例如翻開報紙的求職欄，幾乎都被五花八門分類小廣告佔領所有廣告版面，而一般正當的公司企業，除了偶爾刊登求才廣告來塑造公司形象外，大部分都改由網路人力銀行中尋找人才。

- **Session（工作階段）**：工作階段（Session）代表指定的一段時間範圍內在網站上發生的多項使用者互動事件；舉例來說，一個工作階段可能包含多個網頁瀏覽、滑鼠點擊事件、社群媒體連結和金流交易。當一個工作階段的結束，可能就代表另一個工作階段的開始。一位使用者可開啟多個工作階段。

- **Sharing Economy（共享經濟）**：這種模式正在日漸成長，共享經濟的成功取決於建立互信，以合理的價格與他人共享資源，同時讓閒置的商品和服務創造收益，讓有需要的人得以較便宜的代價借用資源。

- **Shopping Cart Abandonment, CTAR（購物車放棄率）**：是指顧客最後拋棄購物車的數量與總購物車成交數量的比例。

- **Six Degrees of Separation（六度分隔理論）**：哈佛大學心理學教授米爾格藍（Stanley Milgram）所提出的「六度分隔理論」（Six Degrees of Separation，SDS）運作，是說在人際網路中，要結識任何一位陌生的朋友，中間最多只要通過六個朋友就可以。換句話說，最多只要透過六個人，你就可以連結到全世界任何一個人。例如像 Facebook 類型的 SNS 網路社群就是六度分隔理論的最好證明。

- **Social Media Marketing（社群行銷）**：就是透過各種社群媒體網站，讓企業吸引顧客注意而增加流量的方式。由於大家都喜歡在網路上分享與交流，透過朋友間的串連、分享、社團、粉絲頁與動員令的高速傳遞，創造了互動性與影響力強大的平台，進而提高企業形象與顧客滿意度，並間接達到產品行銷及消費，所以被視為是便宜又有效的行銷工具。

- **Social Networking Service, SNS（社群網路服務）**：Web 2.0 體系下的一個技術應用架構，隨著各類部落格及社群網站（SNS）的興起，網路傳遞的主控權已快速移轉到網友手上，從早期的 BBS、論壇，一直到近期的部落格、Plurk（噗浪）、Twitter（推特）、Pinterest、Instagram、微博、Facebook 或 YouTube 影音社群，主導了整個網路世界中人跟人的對話。

- **Social, Location, Mobile（SoLoMo 模式）**：是由 KPCB 合夥人約翰、杜爾（John Doerr）在 2011 年提出的一個趨勢概念，強調「在地化的行動社群活動」，主要是因為行動裝置的普及和無線技術的發展，讓 Social（社

交)、Local（在地）、Mobile（行動）三者合一能更為緊密結合，顧客會同時受到社群（Social）、本地商店資訊（Local）、以及行動裝置（Mobile）的影響，稱為 SoLoMo 消費者。

- **Social Traffic（社交媒體流量）**：社交（Social）媒體是指透過社群網站的管道來拜訪你的網站的流量，例如 Facebook、IG、Google+，當然來自社交媒體也區分為免費及付費，藉由這些管量的流量分析，可以作為投放廣告方式及預算的決策參考。

- **Spam（垃圾郵件）**：網路上亂發的垃圾郵件之類的廣告訊息。

- **Spark**：Apache Spark 是由加州大學柏克萊分校的 AMPLab 所開發，是目前大數據領域最受矚目的開放原始碼（BSD 授權條款）計畫，Spark 相當容易上手使用，可以快速建置演算法及大數據資料模型，目前許多企業也轉而採用 Spark 做為更進階的分析工具，也是目前相當看好的新一代大數據串流運算平台。

- **Start Page（起始網頁）**：訪客用來搜尋你網站的網頁。

- **Stay at Home Economic（宅經濟）**：這個名詞迅速火紅，在許多報章雜誌中都可以看見它的身影，「宅男、宅女」這名詞是從日本衍生而來，指許多整天呆坐在家中看 DVD、玩線上遊戲等地消費群，在這一片不景氣當中，宅經濟帶來的「宅」商機卻創造出另一個經濟奇蹟，也為遊戲產業注入一股新的活水。

- **Streaming Media（串流媒體）**：是近年來熱門的一種網路多媒體傳播方式，它是將影音檔案經過壓縮處理後，再利用網路上封包技術，將資料流不斷地傳送到網路伺服器，而用戶端程式則會將這些封包一一接收與重組，即時呈現在用戶端的電腦上，讓使用者可依照頻寬大小來選擇不同影音品質的播放。

- **Structured Data（結構化資料）**：則是目標明確，有一定規則可循，每筆資料都有固定的欄位與格式，偏向一些日常且有重覆性的工作，例如薪資會計作業、員工出勤記錄、進出貨倉管記錄等。

- **Structured Schema（結構化資料）**：是指放在網站後台的一段 HTML 中程式碼與標記，用來簡化並分類網站內容，讓搜尋引擎可以快速理解網站，好處是可以讓搜尋結果呈現最佳的表現方式，然後依照不同類型的網站就會有許多不同資訊分類，例如在健身網頁上，結構化資料就能分類工具、體位和體脂肪、熱量、性別等內容。

- **Supply Chain（供應鏈）**：觀念源自於物流（Logistics），目標是將上游零組件供應商、製造商、流通中心，以及下游零售商上下游供應商成為夥伴，以降低整體庫存之水準或提高顧客滿意度為宗旨。

- **Supply Chain Management, SCM（供應鏈管理）**：理論的目標是將上游零組件供應商、製造商、流通中心，以及下游零售商上下游供應商成為夥伴，以降低整體庫存之水準或提高顧客滿意度為宗旨。如果企業能作好供應鏈的管理，可大為提高競爭優勢，而這也是企業不可避免的趨勢。

- **Supply Side Platform, SSP（供應方平台）**：幫助網路媒體（賣方，如部落格、FB 等），託管其廣告位和廣告交易，就是擁有流量的一方，出版商能夠在 SSP 上管理自己的廣告位，可以獲得最高的有效展示費用。

- **SWOT Analysis（SWOT 分析）**：是由世界知名的麥肯錫咨詢公司所提出，又稱為態勢分析法，是一種很普遍的策略性規劃分析工具。當使用 SWOT 分析架構時，可以從對企業內部優勢與劣勢與面對競爭對手所可能的機會與威脅來進行分析，然後從面對的四個構面深入解析，分別是企業的優勢（Strengths）、劣勢（Weaknesses）、與外在環境的機會（Opportunities）和威脅（Threats），就此四個面向去分析產業與策略的競爭力。

- **Target Audience, TA（目標受眾）**：又稱為目標顧客，是一群有潛在可能會喜歡你品牌、產品或相關服務的消費者，也就是一群「對的消費者」。

- **Targeting（市場目標）**：是指完成了市場區隔後，我們就可以依照我們的區隔來進行目標的選擇，把這適合的目標市場當成你的最主要的戰場，將目標族群進行更深入的描述，設定那些最可能族群，從中選擇適合的區隔做為目標對象。

- **Target Keyword（目標關鍵字）**：就是網站確定的主打關鍵字，也就是網站上目標使用者搜尋量相對最大與最熱門的關鍵字，會為網站帶來大多數的流量，並在搜尋引擎中獲得排名的關鍵字。

- **The Long Tail（長尾效應）**：克里斯・安德森（Chris Anderson）於 2004 年首先提出長尾效應（The Long Tail）的現象，也顛覆了傳統以暢銷品為主流的觀念，過去一向不被重視，在統計圖上像尾巴一樣的小眾商品，因為全球化市場的來臨，即眾多小市場匯聚成可與主流大市場相匹敵的市場能量，可能就會成為具備意想不到的大商機，足可與最暢銷的熱賣品匹敵。

- **The Sharing Economy（共享經濟）**：這樣的經濟體系是讓個人都有額外創造收入的可能，就是透過網路平台所有的產品、服務都能被大眾使用、分享與出租的概念，例如類似計程車「共乘服務」（Ride-Sharing Service）的 Uber。

- **The Two Tap Rule（兩次點擊原則）**：一旦你打開你的 APP，如果要點擊兩次以上才能完成使用程序，就應該馬上重新設計。

- **Third-Party Payment（第三方支付）**：就是在交易過程中，除了買賣雙方外由具有實力及公信力的「第三方」設立公開平台，做為銀行、商家及消費者間的服務管道代收與代付金流，就可稱為第三方支付。第三方支付機制建立了一個中立的支付平台，為買賣雙方提供款項的代收代付服務。

- **Traffic（流量）**：是指該網站的瀏覽頁次（Page View）的總合名稱，數字愈高表示你的內容被點擊的次數越高。

- **Trueview（真實觀看）**：通常廣告出現 5 秒後便可以跳過，但觀眾一定要看滿 30 秒才有算有效廣告，這種廣告被稱為「Trueview」（真實觀看），YouTube 會向廣告主收費後，才會分潤給 YouTuber。

- **Trusted Service Manager, TSM（信任服務管理平台）**：是銀行與商家之間的公正第三方安全管理系統，也是一個專門提供 NFC 應用程式下載的共享平台，主要負責中間的資料交換與整合，在台灣建立 TSM 平台的業者共有四家，商家可向 TSM 請款，銀行則付款給 TSM。

- **Ubiquinomics（隨經濟）**：盧希鵬教授所創造的名詞，是指因為行動科技的發展，讓消費時間不再受到實體通路營業時間的限制，行動通路成了消費者在哪裡，通路即在哪裡，消費者隨時隨處都可以購物。

- **Ubiquity（隨處性）**：能夠清楚連結任何地域位置，除了隨處可見的行銷訊息，還能協助客戶隨處了解商品及服務，滿足使用者對即時資訊與通訊的需求。

- **Unstructured Data（非結構化資料）**：是指那些目標不明確，不能數量化或定型化的非固定性工作、讓人無從打理起的資料格式，例如社交網路的互動資料、網際網路上的文件、影音圖片、網路搜尋索引、Cookie 記錄、醫學記錄等資料。

- **Upselling（向上銷售、追加銷售）**：鼓勵顧客在購買時是最好的時機進行追加銷售，能夠銷售出更高價或利潤率更高的產品，以獲取更多的利潤。

- **Unique Page View（不重複瀏覽量）**：是指同一位使用者在同一個工作階段中產生的網頁瀏覽，也代表該網頁獲得至少一次瀏覽的工作階段數（或稱拜訪次數）。

- **Unique User, UV（不重複訪客）**：在特定的時間內時間之內所獲得的不重複（只計算一次）訪客數目，如果來造訪網站的一台電腦用戶端視為一個不重複訪客，所有不重複訪客的總數。

- **Uniform Resource Locator, URL（全球資源定址器）**：主要是在 WWW 上指出存取方式與所需資源的所在位置來享用網路上各項服務，也可以看成是網址。

- **User（使用者）**：在 GA 中，使用者指標是用識別使用者的方式（或稱不重複訪客），所謂使用者通常指同一個人，「使用者」指標會顯示與所追蹤的網站互動的使用者人數。例如如果使用者 A 使用「同一部電腦的相同瀏覽器」在一個禮拜內拜訪了網站 5 次，並造成了 12 次工作階段，這種情況就會被 Google Analytics 記錄為 1 位使用者、12 次工作階段。

- **User Generated Content, UCG（使用者創作內容）**：是代表由使用者來創作內容的一種行銷方式，這種聚集網友創作來內容，也算是近年來蔚為風潮的內容行銷手法的一種。

- **User Interface, UI（使用者介面）**：是一種虛擬與現實互換資訊的橋樑，以浩瀚的網際網路資訊來說，UI 是人們真正會使用的部分，它算是一個工具，用來和電腦做溝通，以便讓瀏覽者輕鬆取得網頁上的內容。

- **User Experience, UX（使用者體驗）**：著重在「產品給人的整體觀感與印象」，這印象包括從行銷規劃開始到使用時的情況，也包含程式效能與介面色彩規劃等印象。所以設計師在規劃設計時，不單只是考慮視覺上的美觀清爽而已，還要考慮使用者使用時的所有細節與感受。

- **UTM, Urchin Tracking Module**：UTM 是發明追蹤網址成效表現的公司縮寫，作法是將原本的網址後面連接一段參數，只要點擊到帶有這段參數的連結，Google Analytics 都會記錄其來源與在網站中的行為。

- **Video On Demand, VoD（隨選視訊）**：是一種嶄新的視訊服務，使用者可不受時間、空間的限制，透過網路隨選並即時播放影音檔案，並且可以依照個人喜好「隨選隨看」，不受播放權限、時間的約束。

- **Viral Marketing（病毒式行銷）**：身處在數位世界，每個人都是一個媒體中心，可以快速的自製並上傳影片、圖文，行銷如病毒般擴散，並且一傳十、十傳百地快速轉寄這些精心設計的商業訊息，病毒行銷要成功，關鍵是內容必須在「吵雜紛擾」的網路世界脫穎而出，才能成功引爆話題。

- **Virtual Hosting**：（虛擬主機）是網路業者將一台伺服器分割模擬成為很多台的「虛擬」主機，讓很多個客戶共同分享使用，平均分攤成本，也就是請網路業者代管網站的意思，對使用者來說，就可以省去架設及管理主機的麻煩。

- **Virtual Reality Modeling Language, VRML（虛擬實境技術）**：是一種程式語法，主要是利用電腦模擬產生一個三度空間的虛擬世界，提供使用者關

於視覺、聽覺、觸覺等感官的模擬，利用此種語法可以在網頁上建造出一個 3D 的立體模型與立體空間。VRML 最大特色在於其互動性與即時反應，可讓設計者或參觀者在電腦中就可以獲得相同的感受，如同身處在真實世界一般，並且可以與場景產生互動，360 度全方位地觀看設計成品。

- **Visibility（廣告能見度）**：廣告的能見度就是指廣告有沒有被網友給看到，也就是確保廣告曝光的有效性，例如以 IAB/MRC 所制定的基準，是指影音廣告有 50% 在持續播放過程中至少可被看見兩秒。

- **Voice Assistant（語音助理）**：就是依據使用者輸入的語音內容、位置感測而完成相對應的任務或提供相關服務，讓你完全不用動手，輕鬆透過說話來命令機器打電話、聽音樂、傳簡訊、開啟 APP、設定鬧鐘等功能。

- **Virtual YouTuber, Vtuber（虛擬頻道主）**：他們不是真人，而是以虛擬人物（如動畫、卡通人物）來進行 YouTube 平台相關的影音創作與表現。

- **Web Analytics（網站分析）**：所謂網站分析就是透過網站資料的收集，進一步作為種網站訪客行為的研究，接著彙整成有用的圖表資訊，透過這些所得到的資訊與關鍵績效指標來加以判斷該網站的經營情況，以作為網站修正、行銷活動或決策改進的依據。

- **Webinar**：是指透過網路舉行的專題討論或演講，稱為「網路線上研討會」（Web Seminar 或 Online Seminar），目前多半可以透過社群平台的直播功能，提供演講者與參與者更多互動的新式研討會。

- **Website（網站）**：就是用來放置網頁（Page）及相關資料的地方，當我們使用工具設計網頁之前，必須先在自己的電腦上建立一個資料夾，用來儲存所設計的網頁檔案，而這個檔案資料夾就稱為「網站資料夾」。

- **White Hat SEO（白帽 SEO）**：所謂白帽 SEO 是腳踏實地來經營 SEO，也就是以正當方式優化 SEO，核心精神是只要對用戶有實質幫助的內容，排名往前的機會就能提高，例如加速網站開啟速度、選擇適合的關鍵字、優化使用者體驗、定期更新貼文、行動網站優先、使用較短的 URL 連結等。

- **Widget Ad**：一種桌面的小工具，可以在電腦或手機桌面上獨立執行，讓店家花極少的成本，就可迅速匯集超人氣，由於手機具有個人化的優勢，算是目前市場滲透率相當高的行銷裝置。

- **YouTuber（頻道主）**：所謂 YouTuber，是指經營 YouTuber 頻道的影音內容創作者，或稱為頻道主、直播主或實況主。

MEMO

MEMO

博碩文化

博碩文化